21世纪"互联网+教育"新型立体化系列教材
国家示范性高等职业教育机电类"十三五"规划教材

SolidWorks 2016 任务驱动教程

SolidWorks 2016
Renwu Qudong Jiaocheng

▲主　编　方显明　祝国磊　胡玫瑰
▲副主编　杜晓东　王　敏　姚瑞敏
　　　　　陶韵晖　吴　爽　唐海波

U0303363

华中科技大学出版社
http://www.hustp.com
中国·武汉

内 容 简 介

本书详细讲解了利用 SolidWorks 2016 进行零件建模(包括钣金、简单曲面)、零件装配(包括运动仿真)、制作工程图的方法和技巧。

本书采用任务驱动法阐述内容,对软件常用的命令进行渐进式、详细的应用讲解,辅以大量的图片说明,使得内容浅显易懂,降低学习门槛。

本书可供各大、中专院校师生学习、提高使用,亦是从事机械(模具)设计、制造和产品设计等相关工程技术人员参考、学习、提高的必备佳品。

图书在版编目(CIP)数据

SolidWorks 2016 任务驱动教程/方显明,祝国磊,胡玫瑰主编.—武汉:华中科技大学出版社,2016.8(2024.8重印)

ISBN 978-7-5680-1784-8

Ⅰ.①S… Ⅱ.①方… ②祝… ③胡… Ⅲ.①计算机辅助设计-应用软件-教材 Ⅳ.①TP391.72

中国版本图书馆 CIP 数据核字(2016)第 092269 号

SolidWorks 2016 任务驱动教程　　　　　　　　　　　　　　　　方显明　祝国磊　胡玫瑰　主编
SolidWorks 2016 Renwu Qudong Jiaocheng

策划编辑:倪　非
责任编辑:倪　非
责任校对:刘　竣
封面设计:原色设计
责任监印:朱　玢
出版发行:华中科技大学出版社(中国·武汉)　　　　电话:(027)81321913
　　　　　武汉市东湖新技术开发区华工科技园　　　　邮编:430223
录　　排:武汉正风天下文化发展有限公司
印　　刷:武汉邮科印务有限公司
开　　本:787mm×1092mm　1/16
印　　张:19
字　　数:492 千字
版　　次:2024 年 8 月第 1 版第 5 次印刷
定　　价:42.00 元

SolidWorks 是一款基于 Windows 平台开发的三维 CAD 系统,目前在用户数量、客户满意度和操作效率等方面均是主流市场上名列前茅的三维设计软件。在三维模型向二维工程图的转换方面,SolidWorks 具有十分突出的优势,是替换二维设计工具的首选三维设计工具,是定位于中高端的三维软件。其以适用、够用、好用、平民的特点受到广大三维设计爱好者的推崇。

为了便于读者学习和掌握该软件的要义,编者总结多年教学经验,结合市场现有同类型书籍特点,特意编写了本书。本书采用任务驱动方式阐述内容,详细讲解利用 SolidWorks 三维软件进行零件建模(包括钣金、简单曲面)、零件装配(包括运动仿真)、制作工程图的方法和技巧,通过渐进方式详细地讲解软件常用命令,并辅以大量图片,使建模内容浅显易懂,从而降低学习门槛,促进读者快速掌握三维建模技能。

本书分为 4 个部分,共 33 个任务,其中:第 1 部分是零件建模技术,包含 23 个任务,主要介绍建模过程中常用的命令及其应用技巧,也包括钣金、简单曲面等建模技术;第 2 部分是零件装配技术,包含 5 个任务,主要介绍常用的装配命令及其应用技巧,并且包括了实用的运动仿真技术,方便读者运用于工程实际;第 3 部分是工程图技术,包含 5 个任务,主要通过相关任务的实施,帮助读者快速掌握出工程图的相关技术;第 4 部分是习题部分。

本书每个任务包含学习要点、技能目标、项目案例导入、任务分解、相关知识(软件命令详解等)、任务实施等栏目,任务实施部分配有对应文字说明以及视频详解。本书每个任务设置二维码索引,读者在学习过程中扫码即可获取对应任务的视频详解,可以随时随地地学习。视频链接地址是华中科技大学出版社资源网站,读者在学习过程中可以边学习视频边做笔记。同时,本书单独设置有 QQ 交流群,编者还专门开设了微信公众平台以辅助读者学习,读者扫描封底二维码即可加群或关注编者微信公众号。

本书由方显明(金华市技师学院)、祝国磊(金华市技师学院)、胡玫瑰(义乌市城镇职业技术学校)担任主编,杜晓东(连云港工贸高等职业技术学校)、王敏(安徽科技贸易学校)、姚瑞敏(山西工程职业技术学院)、陶韵晖(湘西民族职业技术学院)、吴爽(沈阳职业技术学院)、唐海波(沈阳职业技术学院)担任副主编。方显明、祝国磊、杜晓东、王敏、姚瑞敏、吴爽编写了第 1 部分和第 3 部分,陶韵晖、胡玫瑰、唐海波编写了第 2 部分和习题部分。

本书可供各大、中专院校师生学习、提高使用,也是从事机械(模具)设计、制造和产品设计等相关工程技术人员参考、学习、提高的必备佳品。由于编者水平有限,书中难免有错漏之处,欢迎广大读者批评指正。

编　者
2016 年 3 月

◀ 二维码资源索引表 ▶

零件建模技术

◀ 任务 1　托架建模 ▶

【学习要点】

- 软件界面
- 直线、矩形、圆、切线弧等草图绘制命令
- 拉伸/切除命令的基本应用
- 中点重合、相等几何关系

【技能目标】

- 熟悉软件界面
- 掌握鼠标操作方法
- 了解拉伸及切除命令

任务视频二维码索引

【项目案例导入】

建立如图 1.1.1 所示的托架模型。

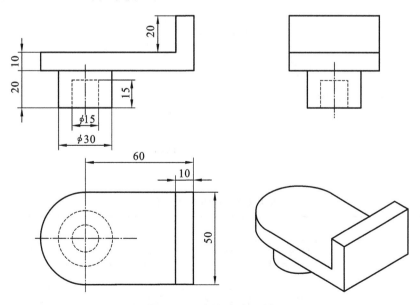

图 1.1.1　托架参考图样

【任务分解】

托架建模任务按图 1.1.2 所示步骤进行分解。

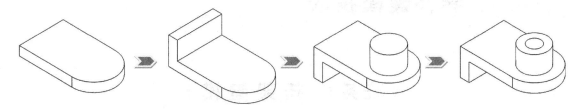

图 1.1.2 托架建模任务分解示意图

【相关知识】

1. 软件界面

软件界面如图 1.1.3 所示,各界面意义参见表 1.1.1。

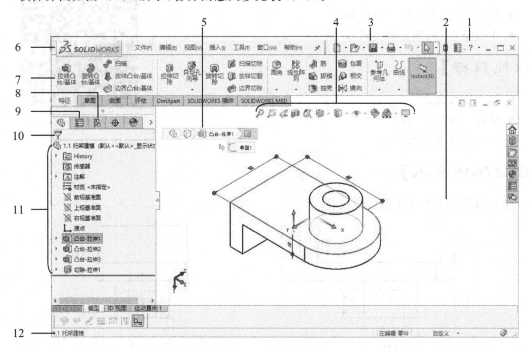

图 1.1.3 软件界面图

表 1.1.1 软件界面介绍表

序号	1	2	3	4	5	6
意义	帮助弹出菜单	绘图区域	工具栏	前导视图工具栏	选择导览列	菜单栏
序号	7	8	9	10	11	12
意义	命令管理器	配置管理器	属性管理器	特征过滤	设计树	状态栏

2. SolidWorks 的特性

SolidWorks 的特性如下。

（1）SolidWorks 的实体造型似乎就是搭积木，通过一些简单的模型构建方法（如拉伸）来生成实体零件。但建模的次序需要按照零件形态进行规划，并经过仔细斟酌方可确定。虽然是积木搭建方式，但零件截面形态需要十分精确，因此作草图是不能跨越的学习阶段。

（2）工程图视图直接由三维模型投影而来，且工程图和实体模型之间保持同步变化，这样可以有效地规避了数据冲突，因此，学习 SolidWorks，不仅应该掌握如何构建模型实体，还应该学会生成国标工程图。

（3）熟练掌握软件的基本操作是快捷应用软件的基础，因此，熟练掌握鼠标的基本操作尤为重要：左键可以选定目标；右键可以弹出快捷菜单；按下中键并拖动可以旋转实体（配合 Ctrl 键平移实体）；滚动中键可以缩放实体。

3. 拉伸凸台/基体

通过将三维对象在二维草图上进行拉伸，基本上添加了第三维而生成特征。拉伸可以是基体（此情形总是添加材料）、凸台（此情形添加材料，通常是在另一基体上进行）（见表 1.1.2）。

表 1.1.2 拉伸凸台/基体

命 令 条 件	参 数 设 置	结 果
在草图状态下绘制好用于拉伸的草图		
草图可以是开环或闭环	必要时反向	拉伸出指定尺寸的实体

4. 切除-拉伸 ▣

切除是从零件或装配体上移除材料的特征,常用封闭草图实现切除效果(见表 1.1.3)。

表 1.1.3 切除-拉伸

命 令 条 件	参 数 设 置	结 果
在草图状态下绘制好用于切除的草图	单击"切除-拉伸"命令 ▣ 从(F)：草图基准面 方向 1(1)：给定深度 指定切除的方向 15.00mm 输入切除的尺寸 向外拔模(O) 方向 2(2) 所选轮廓(S) 方向 1(1)：给定深度 单击我可以切换方向 给定深度／完全贯穿／完全贯穿-两者／成形到下一面／成形到一顶点／成形到一面／到离指定面指定的距离／成形到实体／两侧对称 选择切除的方式	
草图常为封闭	必要时修改切除方向和方式	切除的深度为给定深度

【任务实施】

任务实施过程如表 1.1.4 所示。

表 1.1.4 托架建模

建 模 步 骤	图 例
(1) 双击 **SW** 图标,打开软件。单击工具栏上的"新建"按钮 ▢ ,选中"零件",单击"确定"按钮,新建零件	新建 SOLIDWORKS 文件 零件　　装配体　　工程图

续表

建 模 步 骤	图 例
（2）单击上视基准面，在弹出的快捷工具条上单击"草图绘制"按钮，新建草图	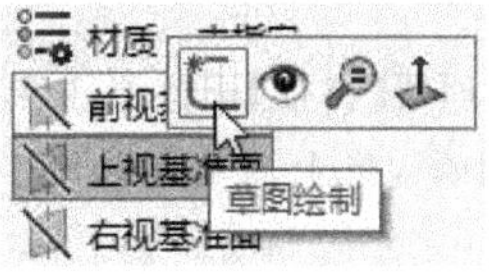
（3）在命令管理器【草图】标签页上单击"直线"按钮，绘制右图所示直线，注意蓝色推理线的应用（将鼠标移到合适位置开始单击鼠标，往需要的方向移动鼠标，再次单击左键，绘制一条直线，重复此操作，完成图示绘制（必要时按键盘上的 Esc 键结束命令）	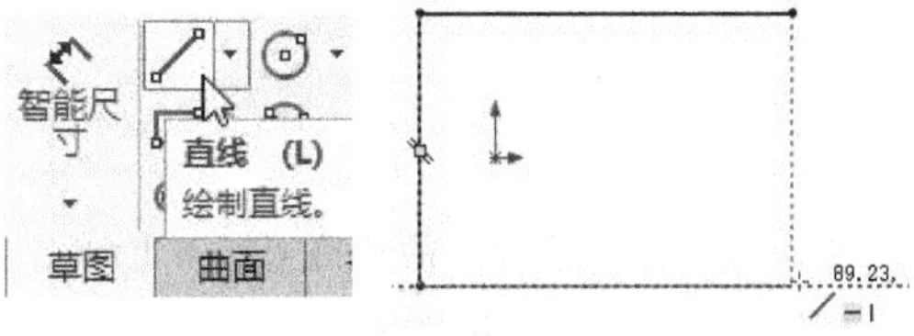
（4）按下键盘上的 Ctrl 键，分别单击图示原点及直线，在弹出的快捷工具条中单击"使成中点"按钮，添加中点重合几何关系（使之相对水平中心线对称）	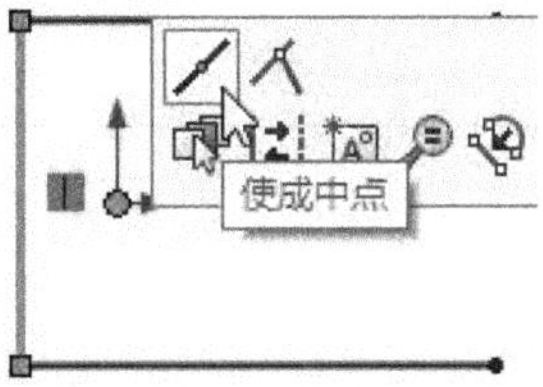
（5）按下键盘上的 Ctrl 键，分别单击图示两条直线，在弹出的快捷工具条中单击"使相等"按钮，添加相等几何关系	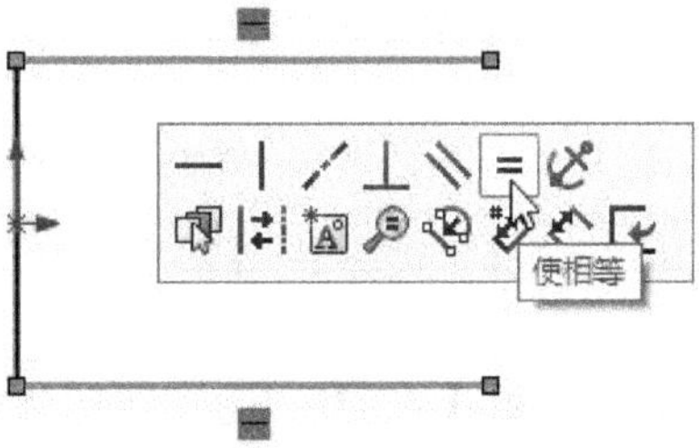
（6）在命令管理器【草图】标签页上单击"圆心/起/终点画弧"按钮，选择"切线弧"图标，从一直线端点绘制弧线至另一直线端点	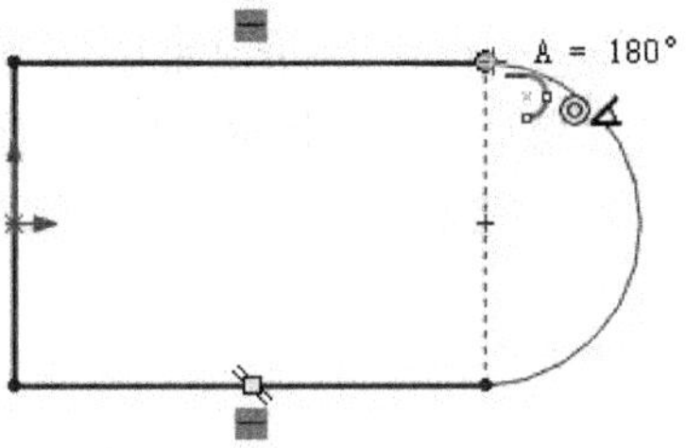
（7）在命令管理器【草图】标签页上单击"智能尺寸"按钮，标注两直线的尺寸（单击直线，并将鼠标移至合适位置单击放置尺寸，输入尺寸 60 mm 和 50 mm，单击"确定"按钮，完成尺寸标注）	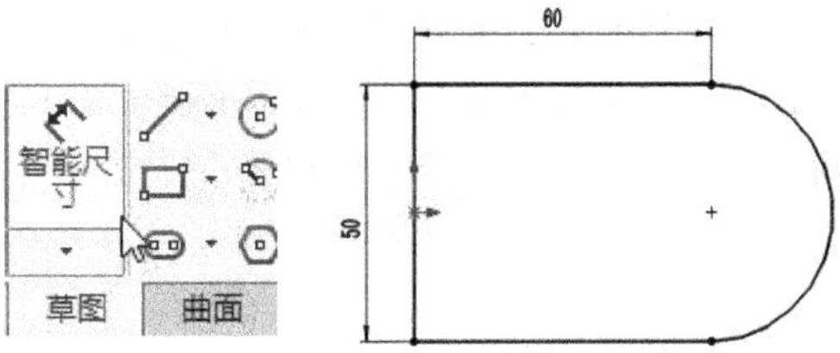

续表

建模步骤	图　例
（8）在命令管理器【特征】标签页上单击"拉伸凸台/基体"按钮，将上述草图拉伸到 10 mm 高度	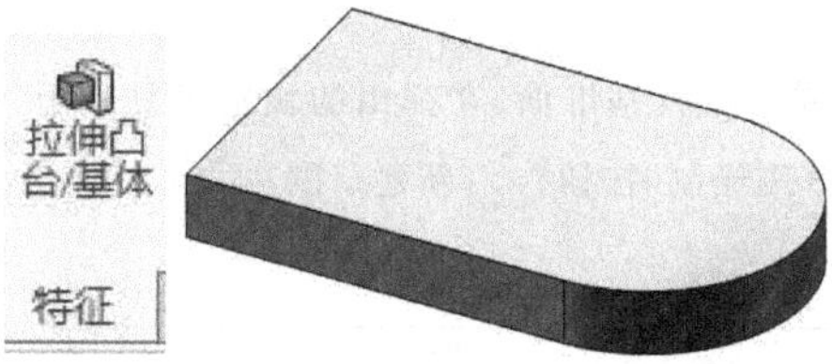
（9）单击图示表面，在弹出的快捷工具条上单击"草图绘制"按钮，新建草图	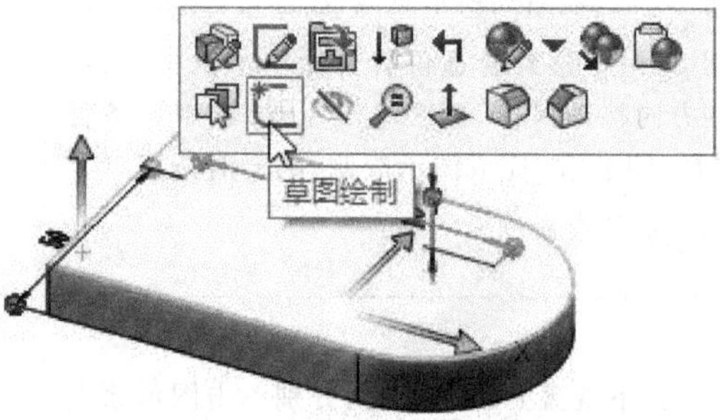
（10）按一下键盘上的 空格 键，单击"正视于"图标，刚才选中的面将转为正对屏幕	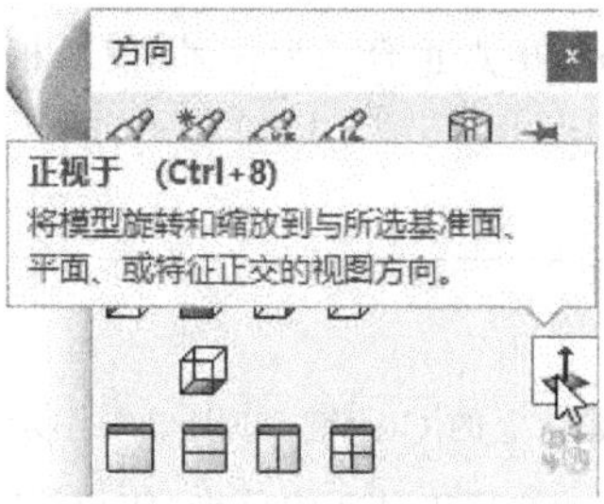
（11）在命令管理器【草图】标签页上单击"边角矩形"按钮，绘制一矩形（将鼠标移到 1 点处并单击鼠标，往右下角的方向移动鼠标，在 2 点处单击左键，绘制矩形，完成图示绘制。系统将自动添加重合的几何关系）	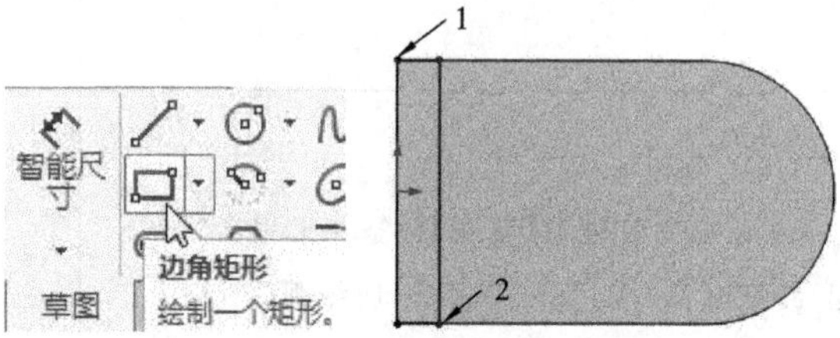
（12）单击"智能尺寸"按钮，标注相应尺寸（单击直线，并将鼠标移至合适位置单击放置尺寸，输入尺寸 10 mm，单击"确定"按钮，完成尺寸标注）	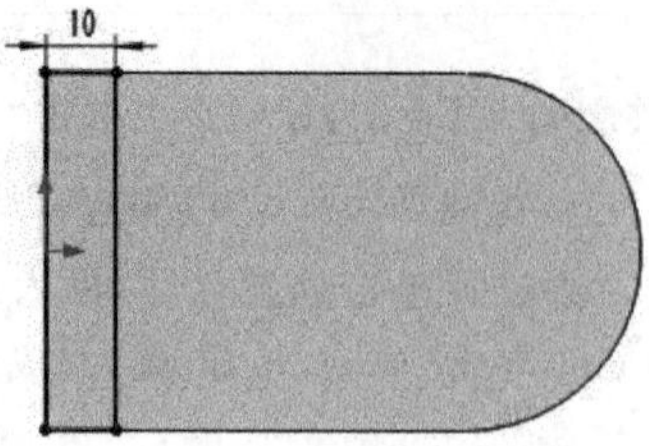

续表

建模步骤	图例
（13）在命令管理器【特征】标签页上单击"拉伸凸台/基体"按钮，将矩形拉伸到 20 mm 高度（注意拉伸方向）	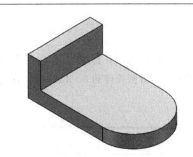
（14）单击图示表面，在弹出的快捷工具条上单击"草图绘制"按钮，新建草图（如有需要，按一下键盘上的 空格 键，单击"正视于"图标，刚才选中的面将转到正对屏幕）	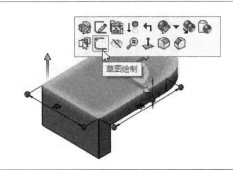
（15）在命令管理器【草图】标签页上单击"圆"按钮，绘制图示圆（先用鼠标碰一下已有的圆弧，会出现圆心标记，再在标记处单击左键，确定圆心位置，然后将鼠标移到合适位置，再次单击左键，完成圆的绘制）	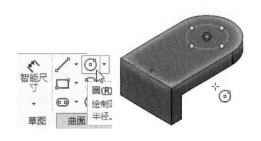
（16）单击"智能尺寸"按钮，标注相应尺寸（单击圆，并将鼠标移至合适位置单击放置尺寸，输入尺寸 30 mm，单击"确定"按钮，完成尺寸标注）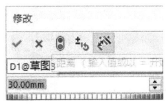	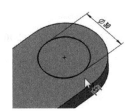

建 模 步 骤	图 例
（17）在命令管理器【特征】标签页上单击"拉伸凸台/基体"按钮，将圆拉伸到 20 mm 高度（注意拉伸方向）	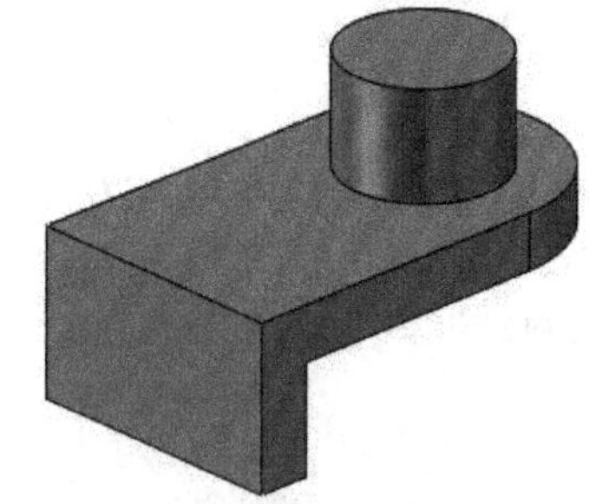
（18）在圆柱的上平面上新建草图	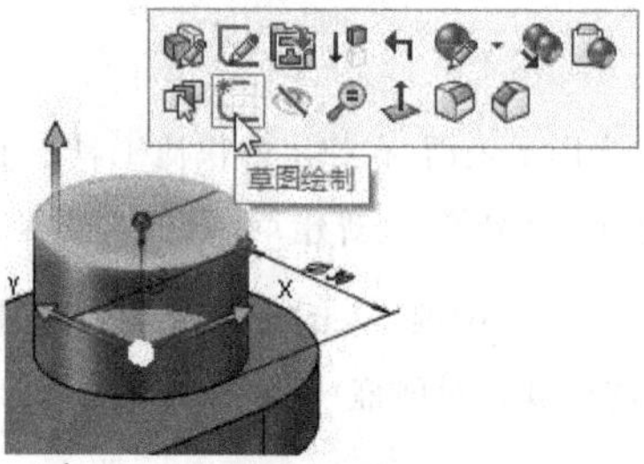
（19）在命令管理器【草图】标签页上单击"圆"按钮，绘制图示圆	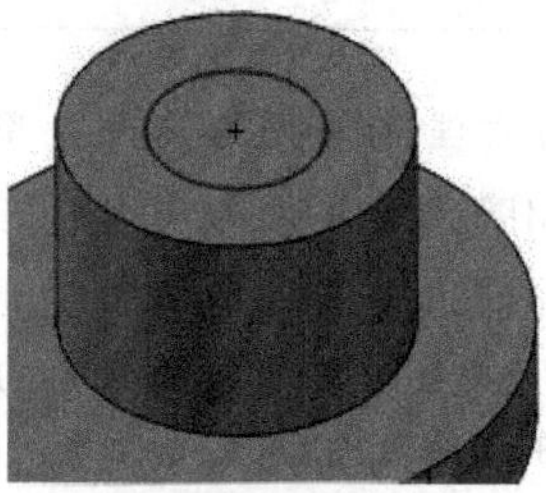
（20）单击"智能尺寸"按钮，标注圆的尺寸	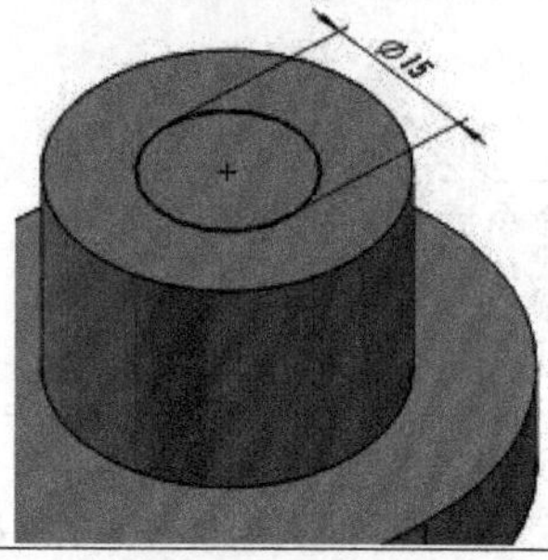
（21）在命令管理器【特征】标签页上单击"切除-拉伸"按钮，输入尺寸 15 mm，单击"确定"按钮，完成建模	

本任务结束！

◀ 任务 2 连接块建模 ▶

【学习要点】

- 矩形、圆等草图绘制命令
- 拉伸切除命令的基本应用
- 等距实体、转换实体引用、剪裁实体命令的基本应用
- 重合、相等、水平等几何关系

【技能目标】

- 掌握基本的草图绘制命令
- 较熟练地应用拉伸及切除命令
- 合理运用几何关系

任务视频二维码索引

【项目案例导入】

建立如图 1.2.1 所示的连接块模型。

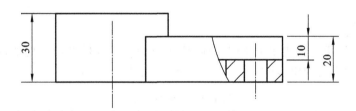

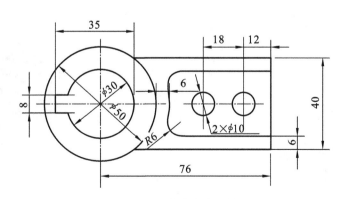

图 1.2.1　连接块参考图样

【任务分解】

连接块建模任务按图 1.2.2 所示步骤进行分解。

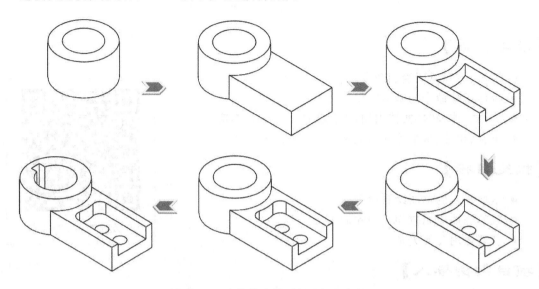

图 1.2.2 连接块建模任务分解示意图

【相关知识】

1. 等距实体 ⊏

按特定的距离等距一个或多个草图实体、所选模型边线或模型面。例如,用户可等距诸如样条曲线或圆弧、模型边线组、环等类型的草图实体(见表 1.2.1)。

表 1.2.1 等距实体

命 令 条 件	参 数 设 置	结 果
选择实体表面为绘图平面 (在草图状态下)		
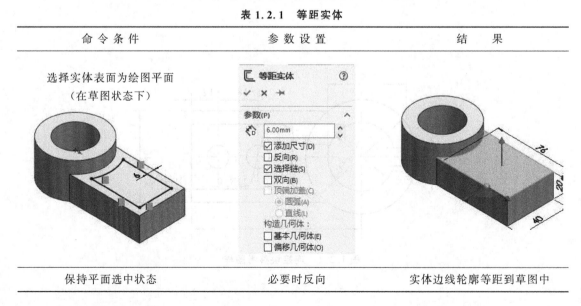		
保持平面选中状态	必要时反向	实体边线轮廓等距到草图中

2. 转换实体引用 ⬚

用户可通过投影一边线、环、面、曲线或外部草图轮廓线、一组边线或一组草图曲线到草图基准面上以在草图中生成一条或多条曲线(见表 1.2.2)。

表 1. 2. 2　转换实体引用

命 令 条 件	参 数 设 置	结　　果
选择实体要引用的边线 （在草图状态下） 	单击命令按钮自动完成引用 	
保持边线选中状态	必要时继续选取要引用的边线	实体边线等距到草图中

3. 薄壁切除

薄壁切除时,用非封闭草图实现切除效果(见表 1.2.3)。

表 1. 2. 3　薄壁切除

命 令 条 件	参 数 设 置	结　　果
在草图状态下绘制好 用于切除的草图 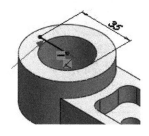	单击"切除-拉伸"命令 	
草图为非封闭	必要时去掉某个方向的切除	薄壁切除只能完全贯穿

【任务实施】

任务实施过程如表 1.2.4 所示。

表 1.2.4　连接块建模

建模步骤	图例
(1) 双击 **SW** 图标,打开软件。新建零件	—
(2) 单击上视基准面,在弹出的快捷工具条上单击"草图绘制"按钮,新建草图	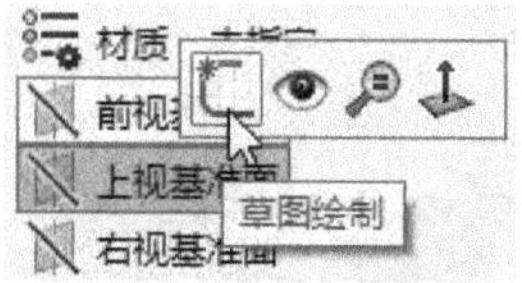
(3) 在命令管理器【草图】标签页上单击"圆"按钮,将圆心设定到原点绘制两个同心圆(将鼠标移到坐标原点处单击鼠标,往外移动鼠标,再次单击左键放置圆(必要时按键盘上的 Esc 键结束命令)	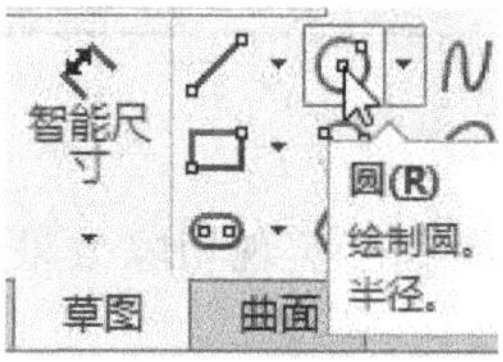 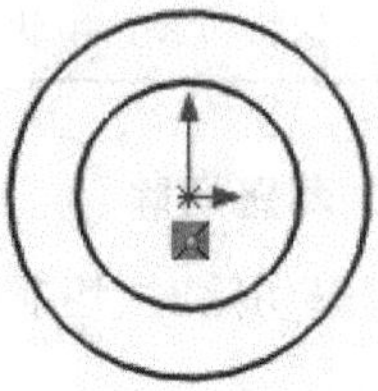
(4) 单击"智能尺寸"按钮,标注两个同心圆的尺寸(单击大圆,并将鼠标移至合适位置单击放置尺寸,输入尺寸,单击"确定"按钮,完成尺寸标注)	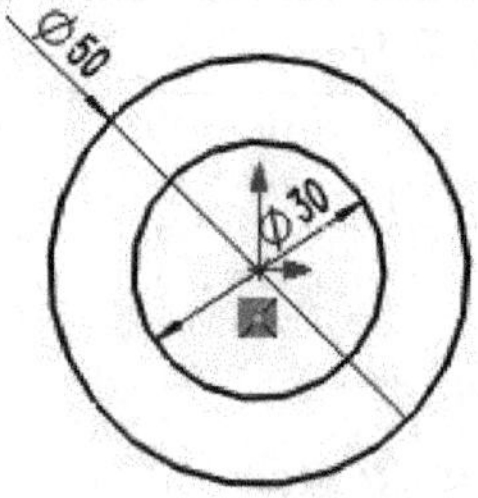
(5) 在命令管理器【特征】标签页上单击"拉伸凸台/基体"按钮,将两同心圆拉伸到 30 mm 高度	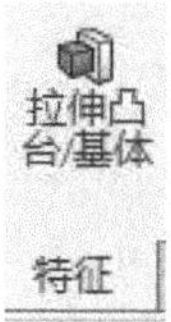 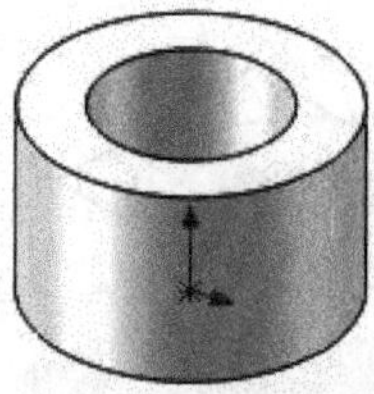
(6) 单击上一步拉伸的凸台底面,在弹出的快捷工具条上单击"草图绘制"按钮,新建草图(按下【鼠标中键】并移动鼠标,使草图旋转,大致如图(即底面转到屏幕,注意坐标)所示时,松开鼠标)	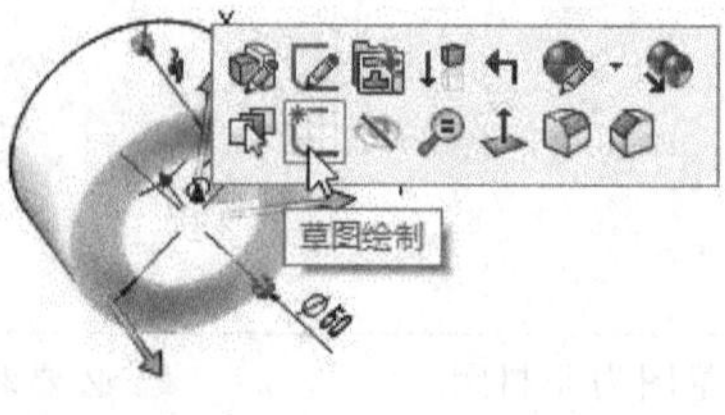

续表

建 模 步 骤	图 例
（7）按一下键盘上的 空格 键，单击"正视于"图标，刚才选中的面将转为正对屏幕	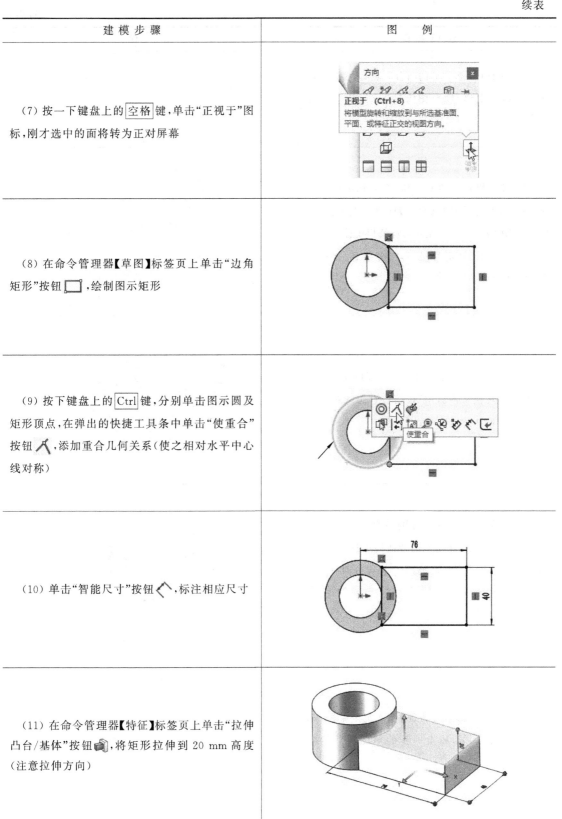
（8）在命令管理器【草图】标签页上单击"边角矩形"按钮 ▱，绘制图示矩形	
（9）按下键盘上的 Ctrl 键，分别单击图示圆及矩形顶点，在弹出的快捷工具条中单击"使重合"按钮 ⚒，添加重合几何关系（使之相对水平中心线对称）	
（10）单击"智能尺寸"按钮 ◇，标注相应尺寸	
（11）在命令管理器【特征】标签页上单击"拉伸凸台/基体"按钮 🗔，将矩形拉伸到 20 mm 高度（注意拉伸方向）	

建 模 步 骤	图 例
（12）单击上一步拉伸的凸台上表面，在弹出的快捷工具条上单击"草图绘制"按钮 ，新建草图	—
（13）按下键盘上的 Ctrl 键，分别选中图示三条边线，在命令管理器【草图】标签页上单击"等距实体"按钮 ，并在左侧的特征树中输入尺寸"6 mm"，单击"确定"按钮 （必要时，在单击"确定"按钮前调整方向）	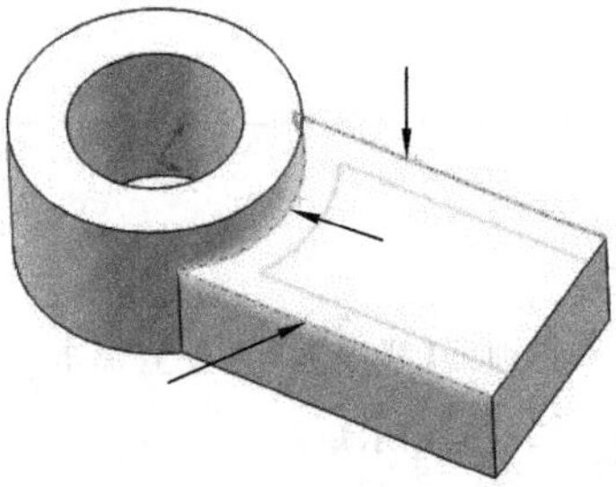
（14）选中图示边线，在命令管理器【草图】标签页上单击"转换实体引用"按钮 （边线被引入草图）	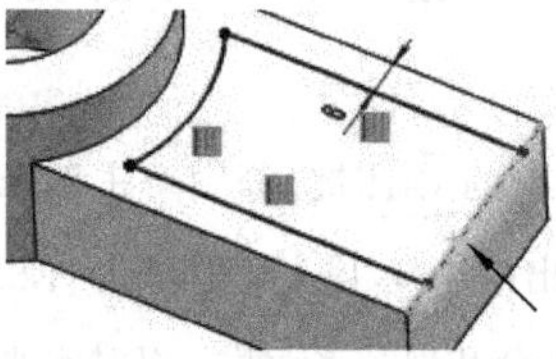
（15）在命令管理器【草图】标签页上单击"剪裁实体"按钮 ，并在左侧的特征树中选中"强劲剪裁"图标，按下鼠标左键，拖动鼠标分别通过图示两段线（注意不要通过其他线），单击"确定"按钮 完成剪裁	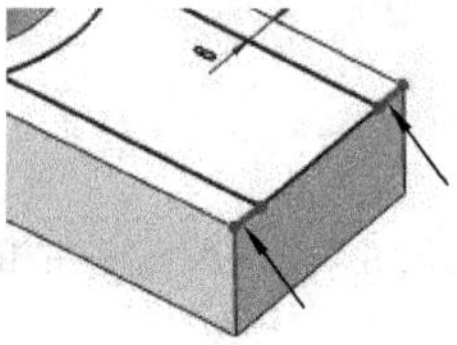
（16）在命令管理器【特征】标签页上单击"切除-拉伸"按钮 ，将上一步的草图往下切除10 mm	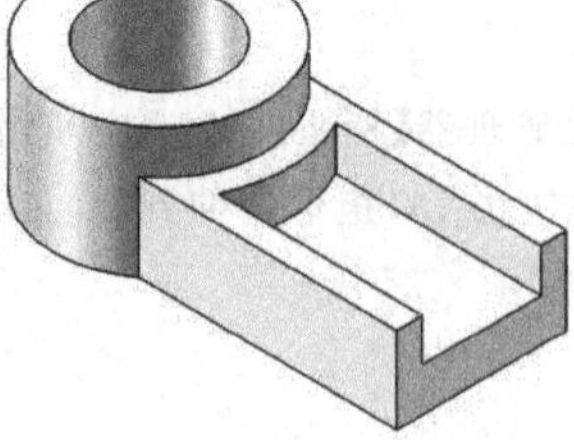

续表

建 模 步 骤	图 例
（17）在新切的平面上新建草图	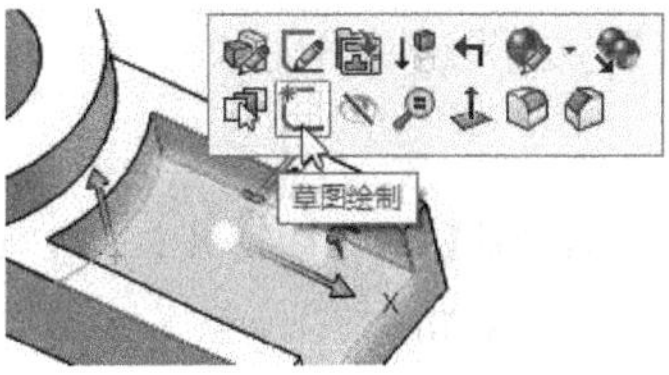
（18）在命令管理器【草图】标签页上单击"圆"按钮 ⊙ ,绘制图示圆	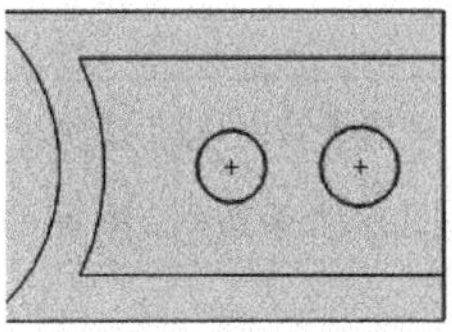
（19）按下键盘上的 Ctrl 键,分别单击两个圆,在弹出的快捷工具条中单击"使相等"按钮 = ,添加相等几何关系	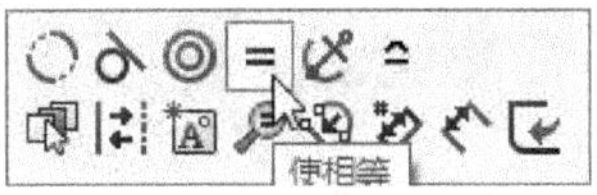
（20）按下键盘上的 Ctrl 键,分别单击图示三个圆心,在弹出的快捷工具条中单击"使水平"按钮 ━━ ,添加水平几何关系,使三个圆心处于同一水平位置	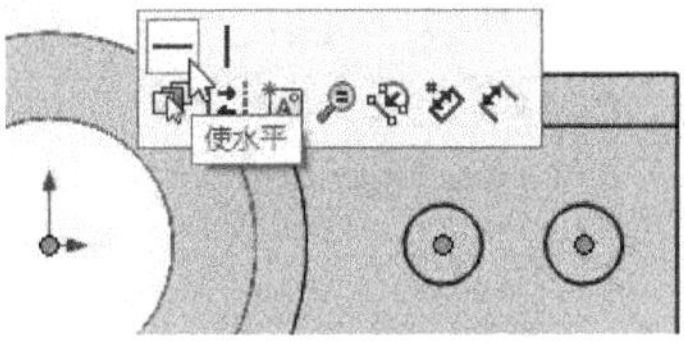
（21）单击"智能尺寸"按钮 ◇ ,标注图示尺寸	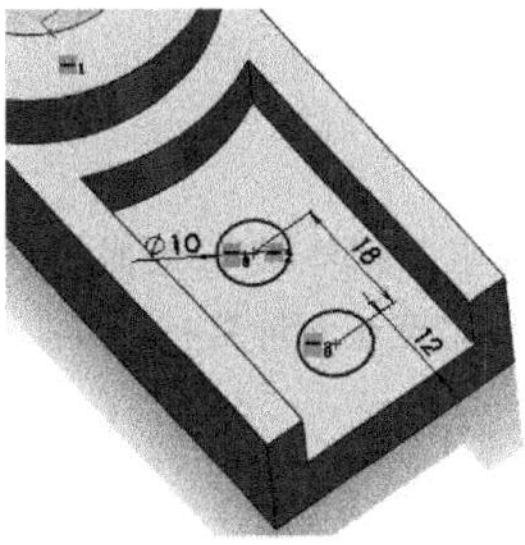

建 模 步 骤	图 例
（22）在命令管理器【特征】标签页上单击"切除拉伸"按钮 📦，将两孔切穿	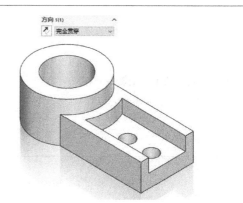
（23）在命令管理器【特征】标签页上单击"圆角"按钮 🔲，选中图标两条边线，添加两个 R6 的圆角 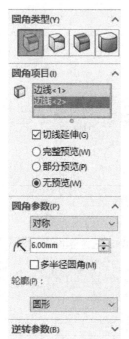	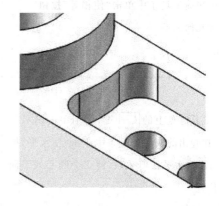
（24）在图示面上新建草图（必要时，参考第（7）步，将绘图平面调整至正对屏幕）	

续表

建 模 步 骤	图 例
（25）在命令管理器【草图】标签页上单击"直线"按钮 ，绘制图示直线	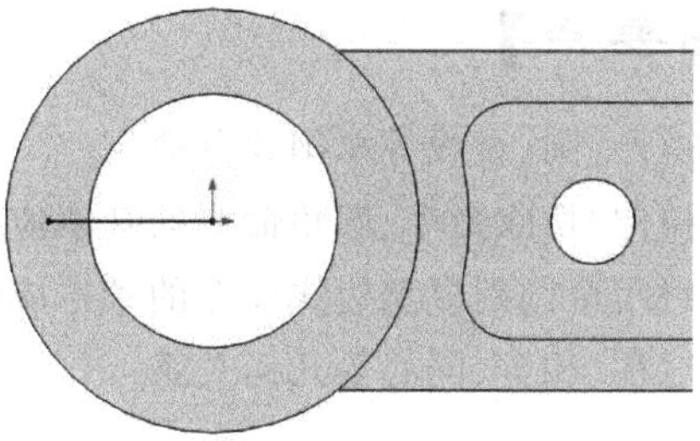 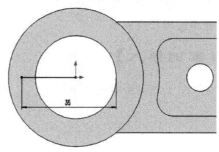
（26）单击"智能尺寸"按钮 ，按住键盘上的 Shift 键，分别单击直线端点和圆外侧位置，标注图示尺寸	
（27）在命令管理器【特征】标签页上单击"切除拉伸"按钮 ，切除出键槽 	

本任务结束！

◀ 任务 3 基座建模 ▶

【学习要点】

- 矩形、圆、直线等草图绘制命令
- 拉伸/切除命令、圆角命令的基本应用
- 封闭草图到模型边线命令的基本应用
- 对称、相等、同心等几何关系

任务视频二维码索引

【技能目标】

- 掌握基本的草图绘制命令
- 较熟练地应用拉伸及切除命令
- 合理运用几何关系

【项目案例导入】

建立如图 1.3.1 所示的基座模型。

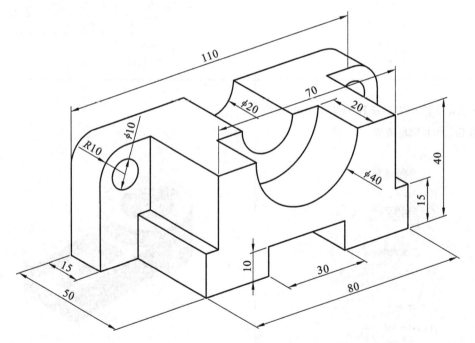

图 1.3.1 基座参考图样

【任务分解】

基座建模任务按图 1.3.2 所示步骤进行分解。

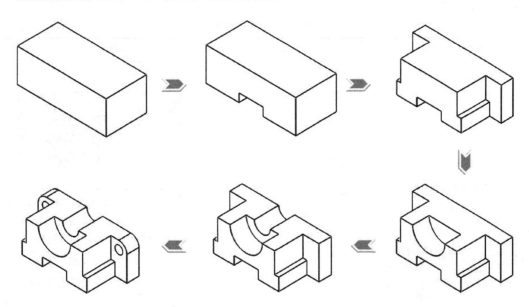

图 1.3.2 基座建模任务分解示意图

【相关知识】

1. 镜向实体 ⑪⑪

一镜像平面上预先存在二维草图实体,然后选择镜向所绕实体。当用户生成镜向实体时,SolidWorks 软件会在每一对相应的草图点(镜向直线的端点、圆弧的圆心等)之间应用一对称关系;如果用户更改被镜向的实体,则其镜向图像也会随之更改(见表 1.3.1)。

表 1.3.1 镜向实体

命 令 条 件	参 数 设 置	结　果
已完成想要镜向操作的草图	⑪⑪ 镜向 ② ✓ ✕ →┤　操作方法提示 信息 ∧ 选择要镜向的实体及一镜向所绕的草图或线性模型边线 选项(P) 要镜向　选择镜向的实体 ☑ 复制(C)　选择镜向的对称中心线或草图线 镜向点:	
必要时绘制镜向中心线	操作时注意鼠标右键功能	镜向的实体自动添加对称几何关系

2. 剪裁实体

用户可以剪裁草图实体，包括无限直线和延伸草图实体（直线、中心线和圆弧）以符合其他实体（见表 1.3.2）。

表 1.3.2　剪裁实体

命令条件	参数设置	结果
已绘制完成相应的草图 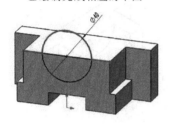		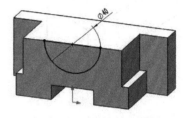
		强劲剪裁　将指针拖过实体即可剪裁多个相邻草图实体，或选中实体并拖动指针即可延伸实体
		边角　剪裁或延伸两个草图实体，直到它们在虚拟边角处相交
		在内剪除　剪裁位于两个边界实体内打开的草图实体
		在外剪除　剪裁位于两个边界实体外打开的草图实体
		剪裁到最近端　剪裁或延伸草图实体到最近交叉点
保持草图绘制状态	根据需要选择不同的剪裁方式	剪裁选项及完成效果

3. 封闭草图到模型边线

在一个开环轮廓中利用已存在的模型边线来封闭草图（见表 1.3.3）。

表 1.3.3　封闭草图到模型边线

命令条件	参数设置	结果
在已存在的实体表面绘制开环草图	单击菜单：【工具】→【草图工具】→【封闭草图到模型边线】	根据所要封闭的草图方向，确定是否选中"反转草图封闭方向"复选框。
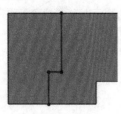		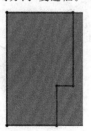
草图为非封闭	必要时反转方向	草图自动沿模型边线闭合

【任务实施】

任务实施过程如表 1.3.4 所示。

表 1.3.4　基座建模

建 模 步 骤	图　　例
(1) 双击 **SW** 图标,打开软件。新建零件	—
(2) 单击前视基准面,在弹出的快捷工具条上单击"草图绘制"按钮，新建草图	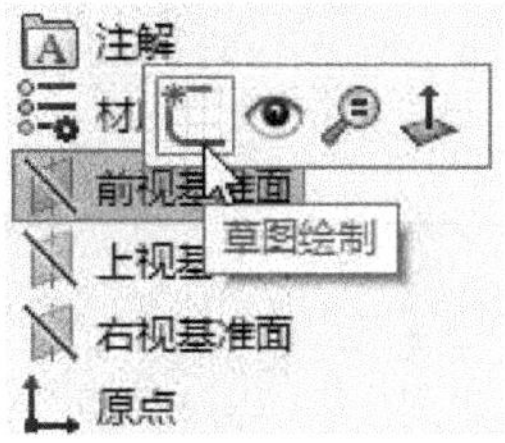
(3) 在命令管理器【草图】标签页上单击"边角矩形"按钮，绘制图示矩形	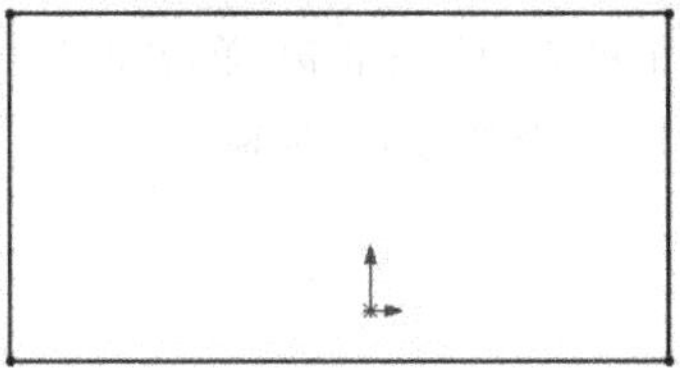
(4) 按下键盘上的 Ctrl 键,分别单击图示原点及直线,在弹出的快捷工具条中单击"使成中点"按钮，添加中点重合几何关系(使之相对竖直中心线对称)	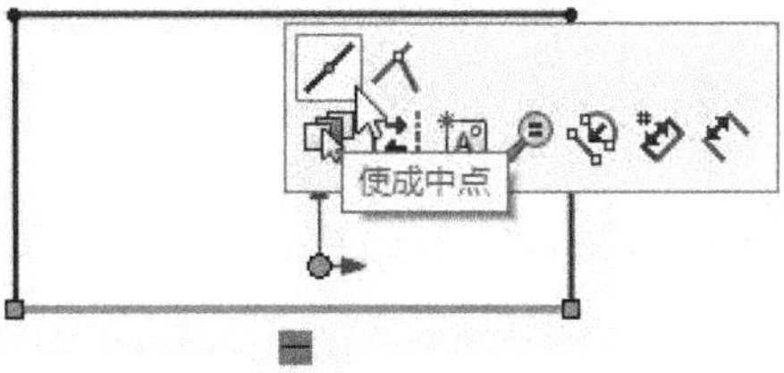
(5) 单击"智能尺寸"按钮，标注矩形两条边的尺寸(单击直线,并将鼠标移至合适位置单击放置尺寸,输入尺寸 40 mm 和 110 mm,单击"确定"按钮，完成尺寸标注)	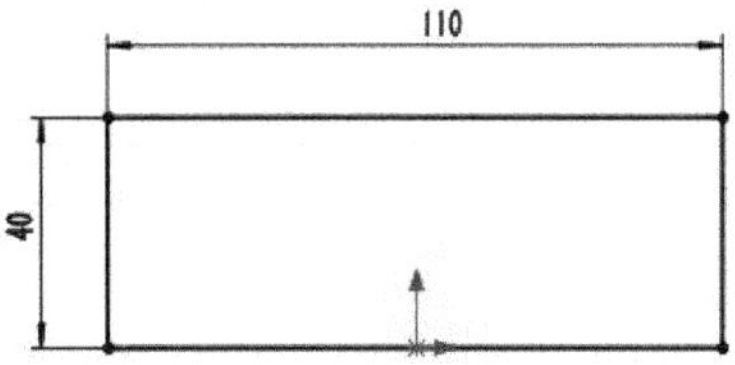
(6) 在命令管理器【特征】标签页上单击"拉伸凸台/基体"按钮，将矩形拉伸到 50 mm 厚度	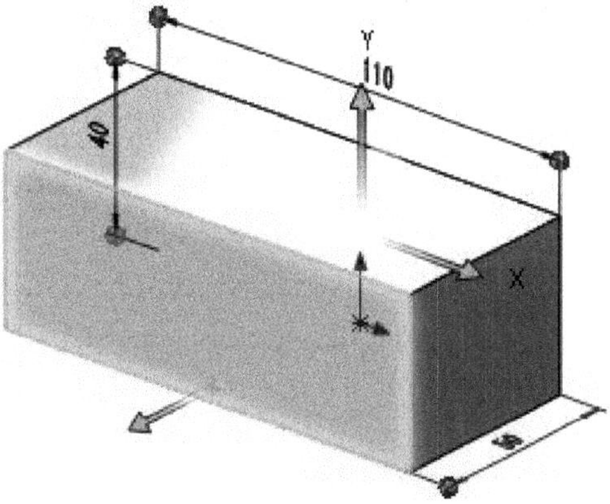

建模步骤	图例
（7）单击上一步拉伸的 50 mm 的平面，在弹出的快捷工具条上单击"草图绘制"按钮，新建草图	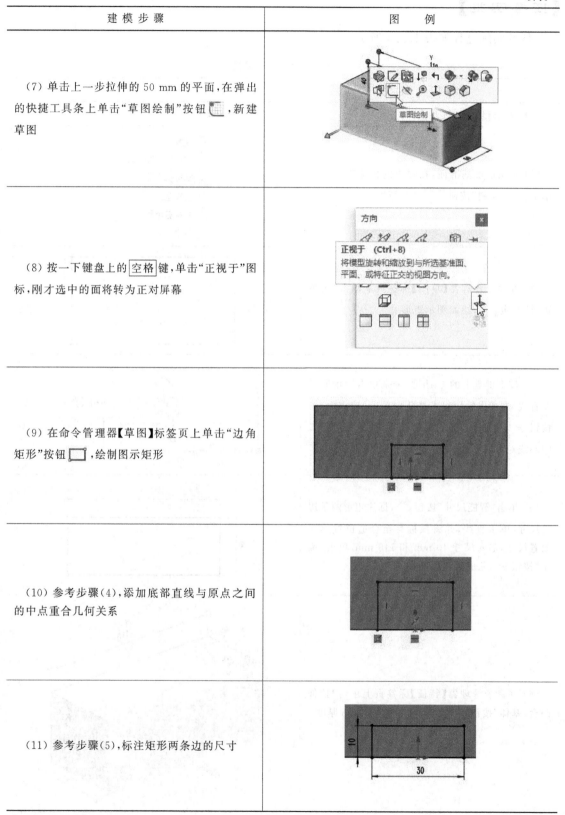
（8）按一下键盘上的 空格 键，单击"正视于"图标，刚才选中的面将转为正对屏幕	
（9）在命令管理器【草图】标签页上单击"边角矩形"按钮，绘制图示矩形	
（10）参考步骤（4），添加底部直线与原点之间的中点重合几何关系	
（11）参考步骤（5），标注矩形两条边的尺寸	

建 模 步 骤	图 例
（12）在命令管理器【特征】标签页上单击"切除-拉伸"按钮，将上一步的草图切除至完全贯穿 	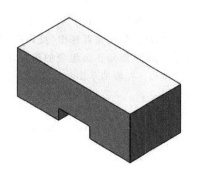
（13）还是在步骤（7）的平面上继续新建草图，在命令管理器【草图】标签页上单击"直线"按钮，绘制图示直线（必要时按键盘上的 Esc 键结束命令）	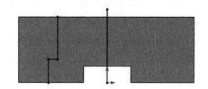
（14）选中通过原点的直线，在弹出的快捷工具条中单击构造几何线按钮，将直线转换成中心线（也可以在选中直线的状态下，选中左侧属性栏中的"作为构造线"复选框 ☑作为构造线(C) ）	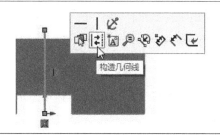
（15）单击菜单：【工具】→【草图工具】→【封闭草图到模型边线】	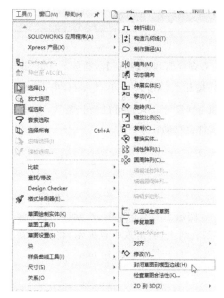

续表

建 模 步 骤	图 例
（16）出现一个黄色箭头和对话框。根据所要封闭的草图方向，确定是否选中"反转草图封闭方向"复选框。图示正是想要的情况，直接单击"是"按钮。左侧的草图将自动沿模型边线封闭	
（17）在命令管理器【草图】标签页上单击"镜向"按钮 ，选中中心线左侧的直线，然后切换到镜向点，再选中中心线，最后单击"确定"按钮 ✔ 完成镜向（在此项操作中，注意屏幕鼠标右键的提示变化，在切换和确定操作中，均可通过单击右键来实现）	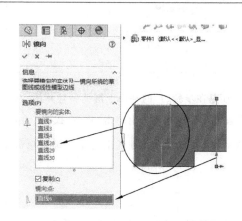
（18）单击"智能尺寸"按钮 ，标注图示尺寸	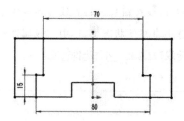
（19）在命令管理器【特征】标签页上单击"拉伸切除"按钮 ，输入尺寸 35 mm，单击"确定"按钮 ✔（尺寸输入也可以为代数式，如 50－15，软件会自动计算）	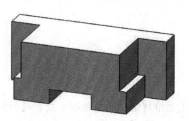
（20）在图示面上新建草图，绘制一个圆（将鼠标移到直线上，会出现中点提示，将圆心放在中点处）。标注尺寸直径 40 mm	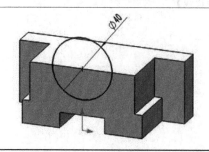

建 模 步 骤	图 例
（21）在命令管理器【草图】标签页上单击"转换实体引用"按钮 ⬛，将图示直线引用到草图	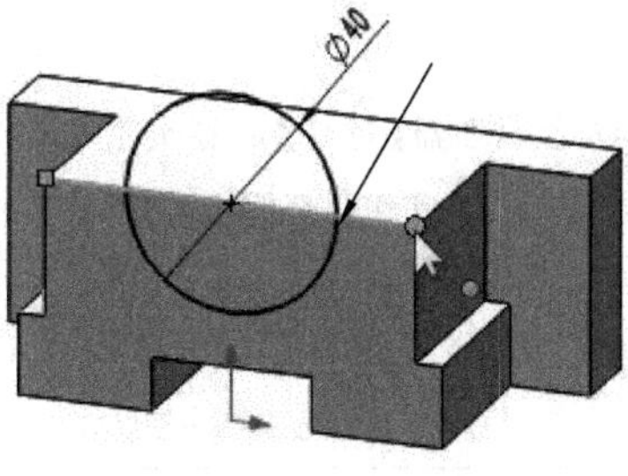
（22）在命令管理器【草图】标签页上单击"剪裁实体"按钮 ✂，并在左侧的特征树中选中"强劲剪裁"图标，按下鼠标左键，拖动鼠标分别通过图示两段线和上半个圆（注意不要通过其他线），单击"确定"按钮 ✔ 完成剪裁	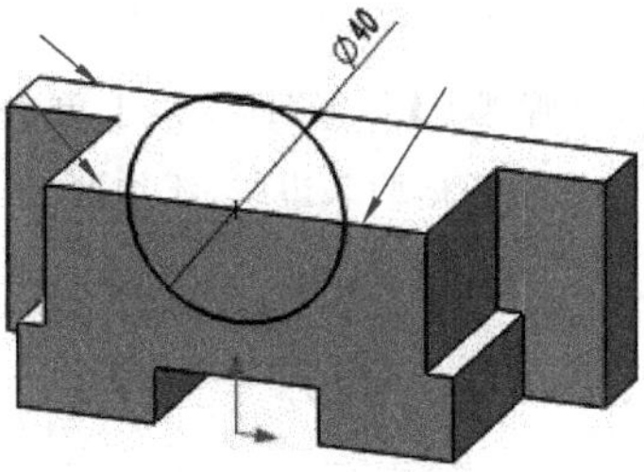
（23）在命令管理器【特征】标签页上单击"切除-拉伸"按钮 ⬛，输入尺寸 20 mm，单击"确定"按钮 ✔	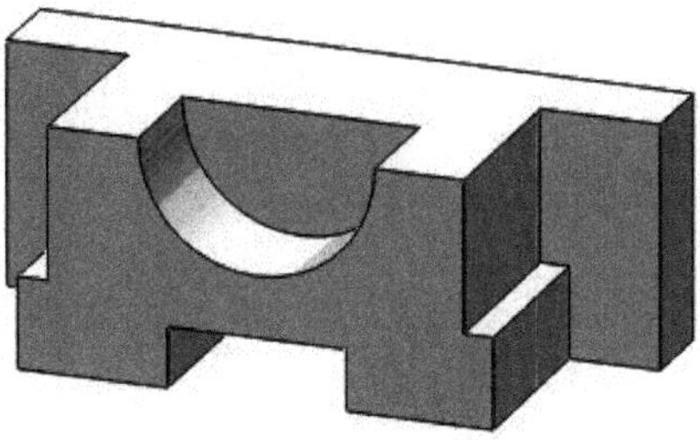
（24）在图示面上新建草图	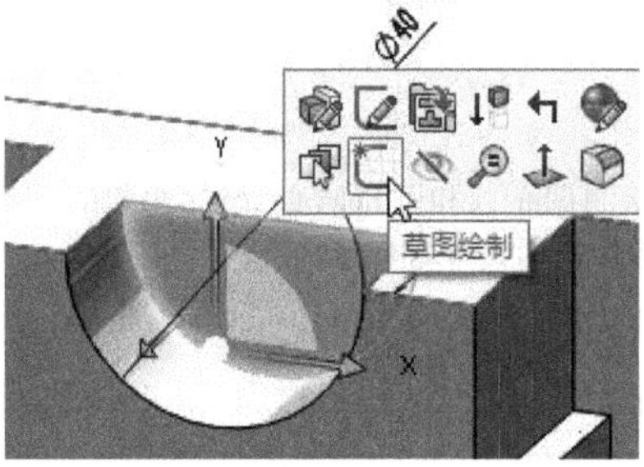
（25）绘制一个圆（将鼠标移到直线上，会出现中点提示，将圆心放在中点处）。标注尺寸直径 20 mm	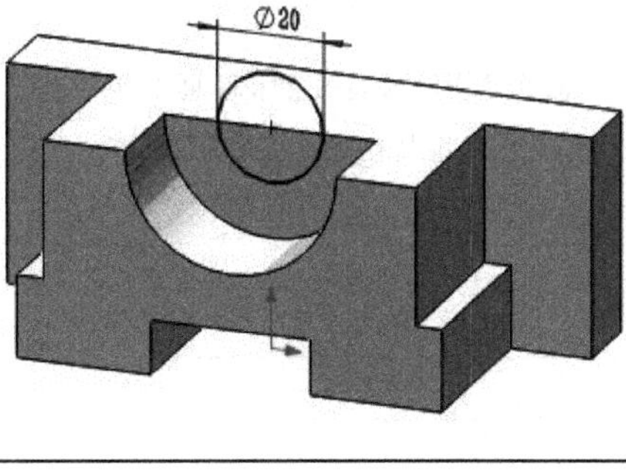

建 模 步 骤	图 例
（26）在命令管理器【特征】标签页上单击"切除-拉伸"按钮 ⬚，将其切除至完全贯穿，单击"确定"按钮 ✔	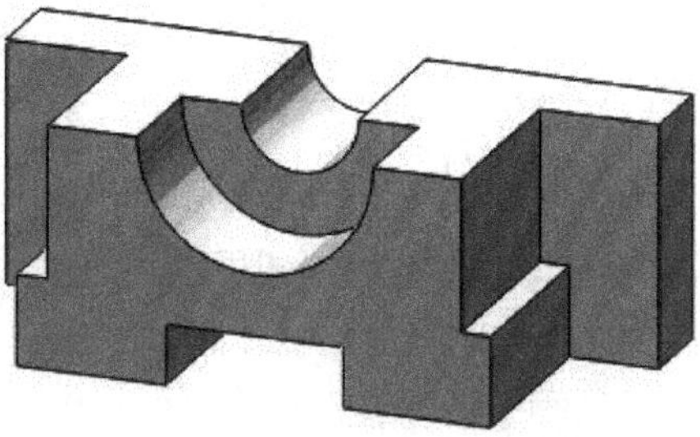
（27）在命令管理器【特征】标签页上单击"圆角"按钮 ⬚，选中图标两条边线，添加两个 *R*10 的圆角	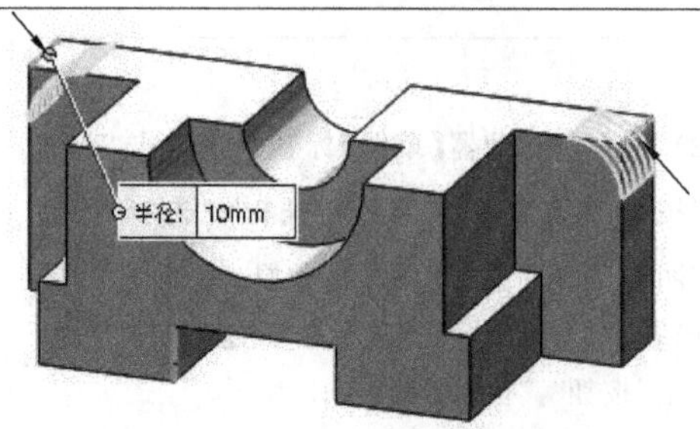
（28）在图示平面上新建草图	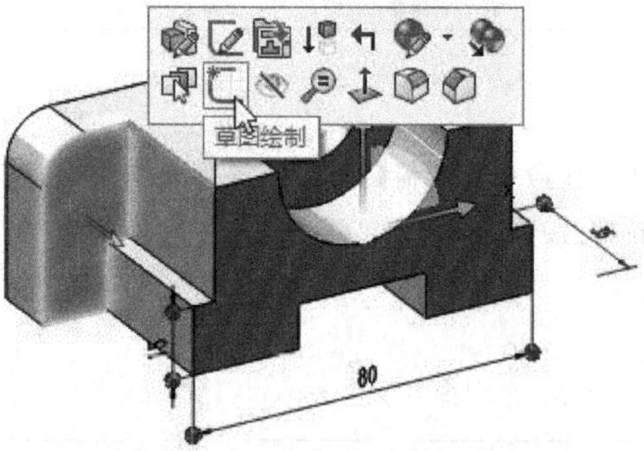
（29）绘制两个圆和圆角同心，添加两圆的相等几何关系并标注尺寸直径 10 mm	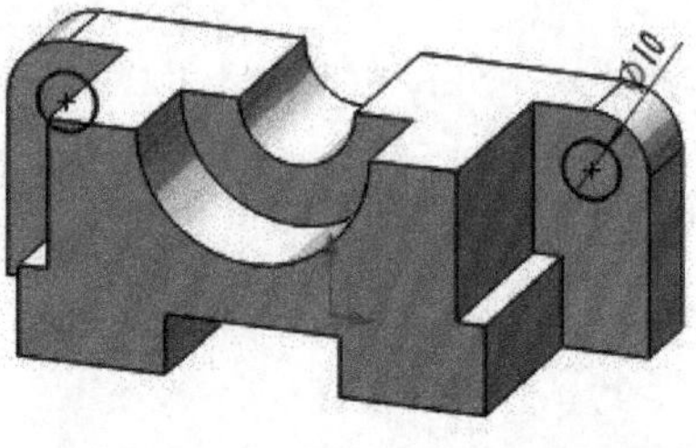
（30）在命令管理器【特征】标签页上单击"切除-拉伸"按钮 ⬚，将其切除至完全贯穿，单击"确定"按钮 ✔	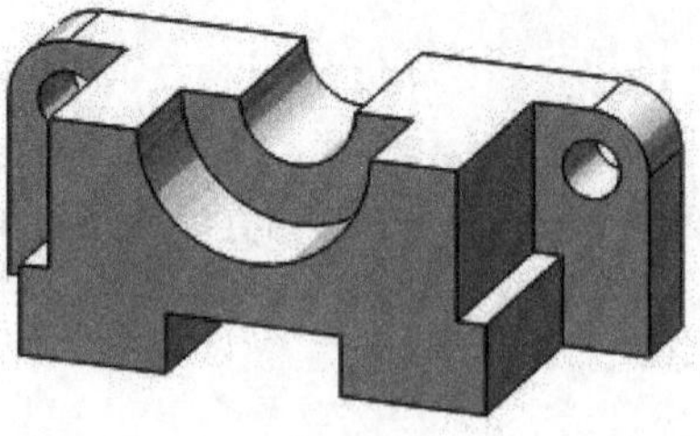

本任务结束！

◀ 任务4 固定块建模 ▶

【学习要点】

- 矩形、圆、切线等草图绘制命令
- 拉伸切除命令的基本应用
- 直槽口命令的基本应用
- 共享草图的基本应用
- 对称、相等、同心等几何关系

任务视频二维码索引

【技能目标】

- 掌握基本的草图绘制命令
- 较熟练地应用拉伸切除命令
- 合理运用几何关系

【项目案例导入】

建立如图1.4.1所示的固定块模型。

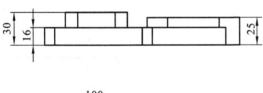

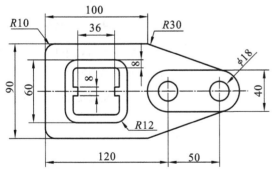

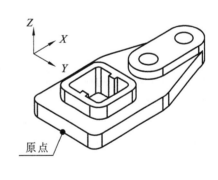

原点

图1.4.1 固定块参考图样

【任务分解】

固定块建模任务按图 1.4.2 所示步骤进行分解。

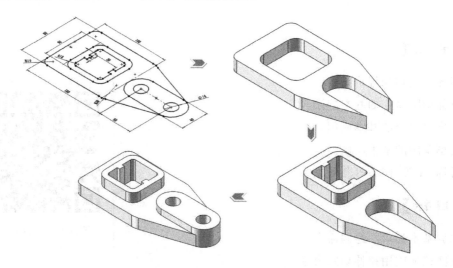

图 1.4.2　固定块建模任务分解示意图

【相关知识】

1. 直槽口 ⬭

直槽口有内含直槽口、中心点直槽口、三点圆弧槽口和中心点圆弧槽口四种槽口类型。用户可以选择不同的类型生成相应的槽口(见表 1.4.1)。

表 1.4.1　直槽口

命令条件	参数设置		结　果	
在命令管理器【草图】标签页上单击"直槽口"按钮⬭,绘制槽口。 (1)单击以指定槽口的起点; (2)移动指针然后单击以指定槽口长度; (3)移动指针然后单击以指定槽口宽度	槽口类型 □添加尺寸 参数 ⌖x 0.00mm ⌖Y 0.00mm ⊕ 0.00001mm ↨ 0.00001mm	⬭	直槽口	用两个端点绘制直槽口
		⬬	中心点直槽口	从中心点绘制直槽口
		⬭	三点圆弧槽口	在圆弧上用三个点绘制圆弧槽口
		⬭	中心点圆弧槽口	用圆弧的中心点和圆弧的两个端点绘制圆弧槽口
			添加尺寸	显示槽口的长度和圆弧尺寸
在草图状态下	可选多种槽口类型		按选定形式生成槽口	

2. 共享草图 📐

共享草图可使用同一草图来生成不同的特征(见表 1.4.2)。

表 1.4.2　共享草图

命令条件	参数设置	结 果
完成用于多个特征的草图,并完成第一个特征 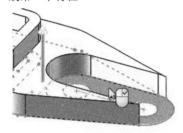	在命令管理器【特征】标签页上单击"拉伸凸台/基体"按钮 📦 	
选中所要操作的区域	先展开特征并选中草图	生成第二个特征

【任务实施】

任务实施过程如表 1.4.3 所示。

表 1.4.3　固定块建模

建 模 步 骤	图 例
(1) 双击 SW 图标,打开软件。新建零件	—
(2) 单击上视基准面,在弹出的快捷工具条上单击"草图绘制"按钮 📐,新建草图	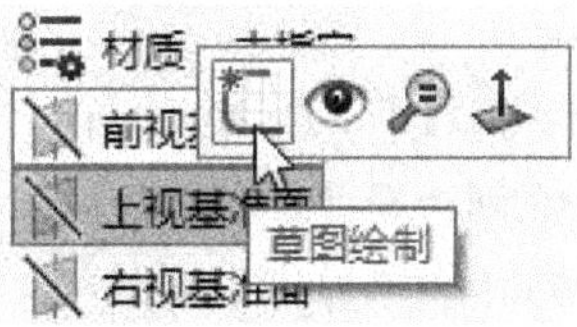
(3) 在命令管理器【草图】标签页上单击"边角矩形"按钮 ▭,绘制图示矩形	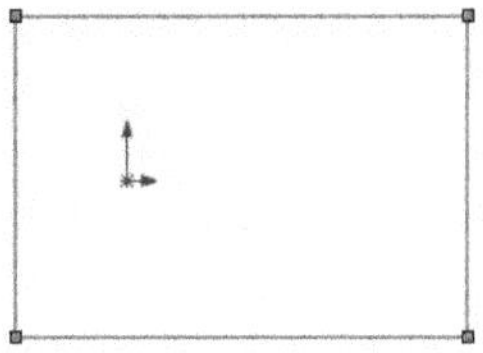
(4) 按下键盘上的 Ctrl 键,分别单击图示原点及中点,在弹出的快捷工具条中单击"使重合"按钮 人,添加重合几何关系(使之相对水平中心线对称)	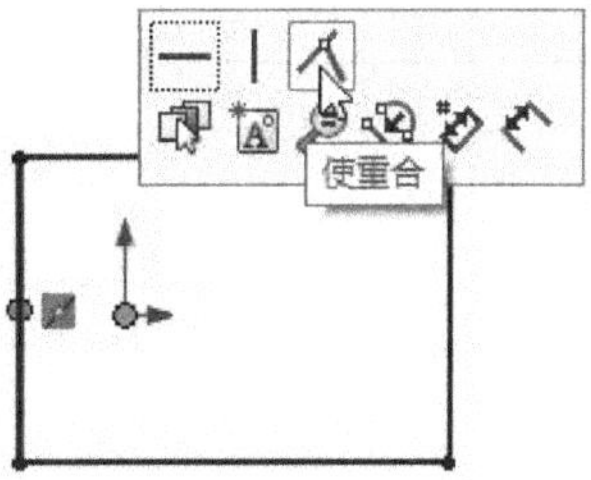

建模步骤	图例
(5) 在命令管理器【草图】标签页上单击"直槽口"按钮 ⊙，绘制槽口（将鼠标移到合适位置单击鼠标，往右移动鼠标，绘制直槽口的长度，然后往外移动鼠标，再次单击左键，定义槽口的宽度并放置）	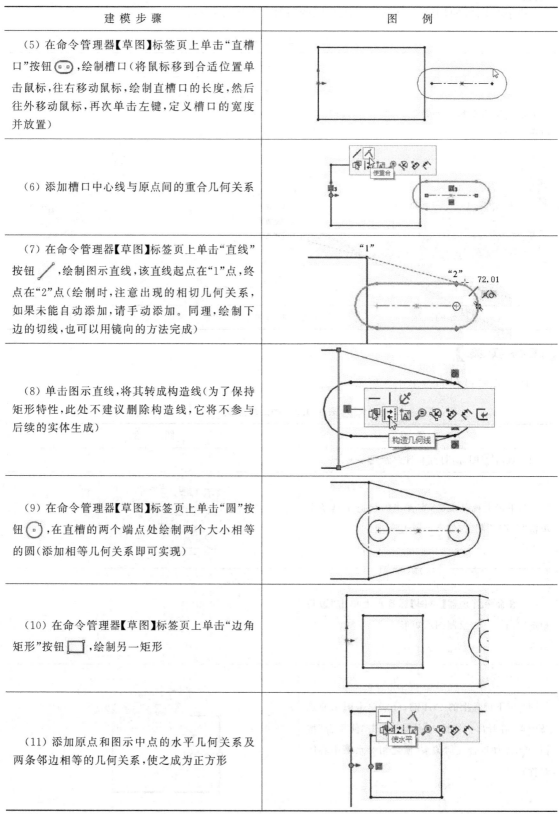
(6) 添加槽口中心线与原点间的重合几何关系	
(7) 在命令管理器【草图】标签页上单击"直线"按钮 ✏，绘制图示直线，该直线起点在"1"点，终点在"2"点（绘制时，注意出现的相切几何关系，如果未能自动添加，请手动添加。同理，绘制下边的切线，也可以用镜向的方法完成）	
(8) 单击图示直线，将其转成构造线（为了保持矩形特性，此处不建议删除构造线，它将不参与后续的实体生成）	
(9) 在命令管理器【草图】标签页上单击"圆"按钮 ⊙，在直槽的两个端点处绘制两个大小相等的圆（添加相等几何关系即可实现）	
(10) 在命令管理器【草图】标签页上单击"边角矩形"按钮 ▭，绘制另一矩形	
(11) 添加原点和图示中点的水平几何关系及两条邻边相等的几何关系，使之成为正方形	

建　模　步　骤	图　　　例
（12）添加图示直线中点的竖直几何关系(此关系为隐含条件)	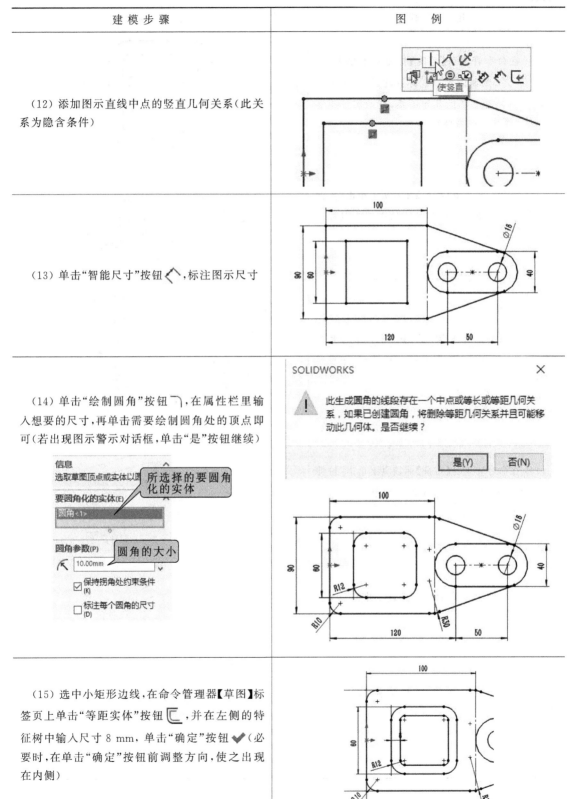
（13）单击"智能尺寸"按钮，标注图示尺寸	
（14）单击"绘制圆角"按钮，在属性栏里输入想要的尺寸，再单击需要绘制圆角处的顶点即可(若出现图示警示对话框，单击"是"按钮继续)	
（15）选中小矩形边线，在命令管理器【草图】标签页上单击"等距实体"按钮，并在左侧的特征树中输入尺寸 8 mm，单击"确定"按钮（必要时，在单击"确定"按钮前调整方向，使之出现在内侧）	

建 模 步 骤	图　例
（16）在命令管理器【草图】标签页上单击"直线"按钮 ✎，绘制图示直线并标注尺寸，剪裁多余的线条（添加必要的几何关系，使两部分相等并相对水平中心线对称）	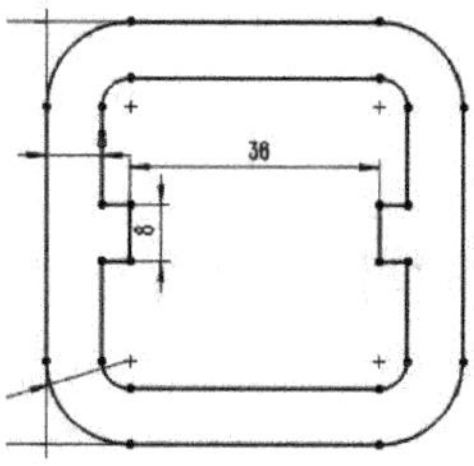
（17）在命令管理器【特征】标签页上单击"拉伸凸台/基体"按钮 ▣，在图示区域中单击鼠标左键，将其拉伸到 16 mm 高度	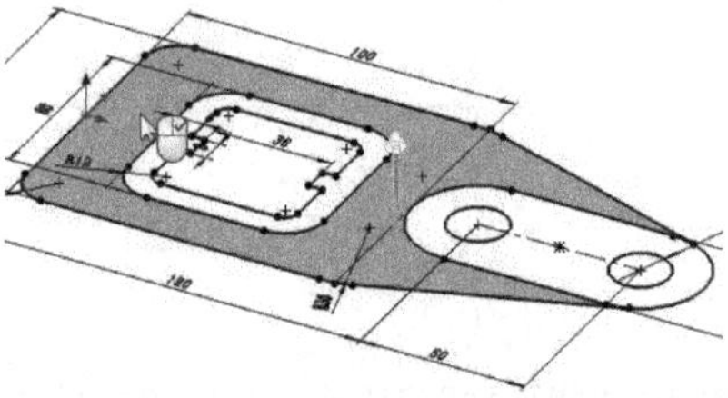
（18）单击特征管理器中的"▶"图标，展开其中的草图，单击"草图"按钮（在绘图区域，草图将显示出来）	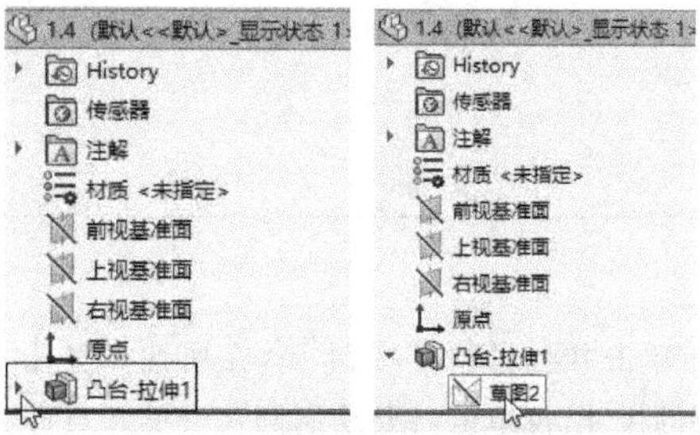
（19）在命令管理器【特征】标签页上单击"拉伸凸台/基体"按钮 ▣，在图示区域中单击左键，将其拉伸到 30 mm 高度	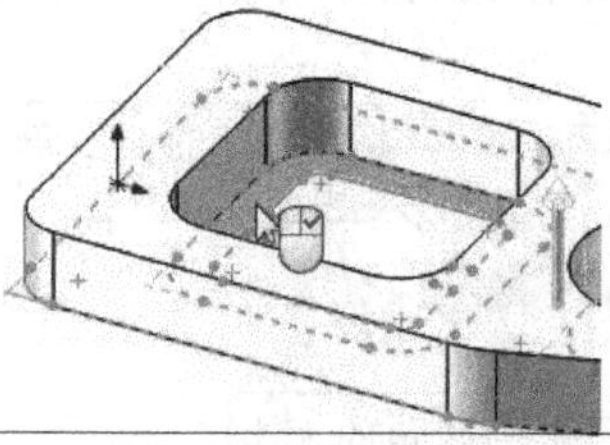
（20）重复第（18）步，将图示区域拉伸到 25 mm 高度	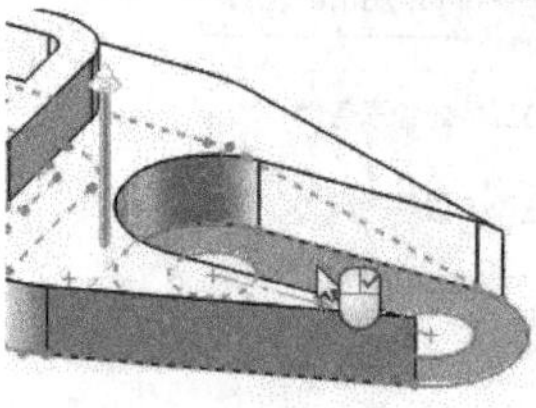
（21）步骤（18）～（20）即为共享草图画法。利用此方法，可以将所需绘制的草图一次性画出，然后分区域、分尺寸逐个拉伸或切除，从而完成建模	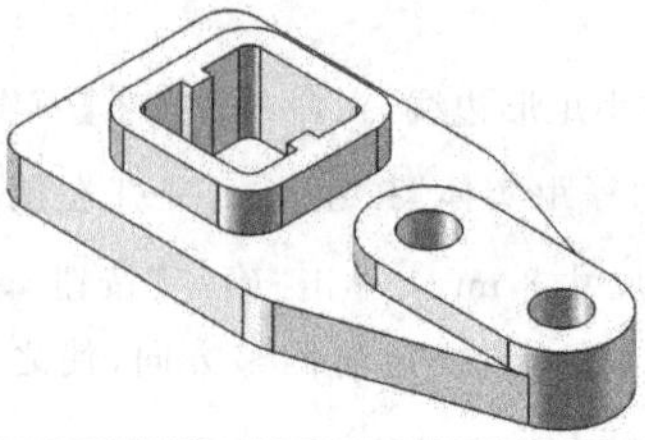

本任务结束！

◀ 任务 5　叉 架 建 模 ▶

【学习要点】

- 矩形、圆、直线等草图绘制命令
- 拉伸切除、筋、镜向等命令的基本应用
- 圆周及线性阵列的基本应用
- 对称、重合、同心等几何关系

【技能目标】

- 掌握基本的草图绘制命令
- 较熟练地应用阵列、筋命令
- 合理运用几何关系

任务视频二维码索引

【项目案例导入】

建立如图 1.5.1 所示的叉架模型。

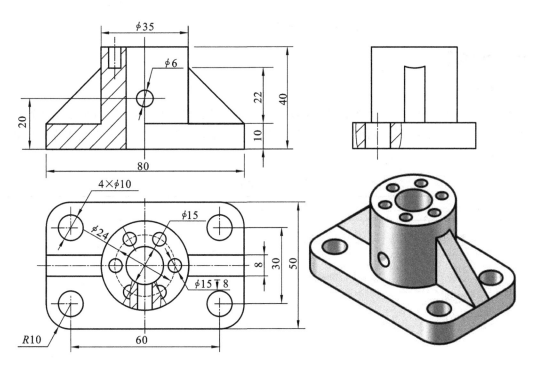

图 1.5.1　叉架参考图样

【任务分解】

叉架建模任务按图 1.5.2 所示步骤进行分解。

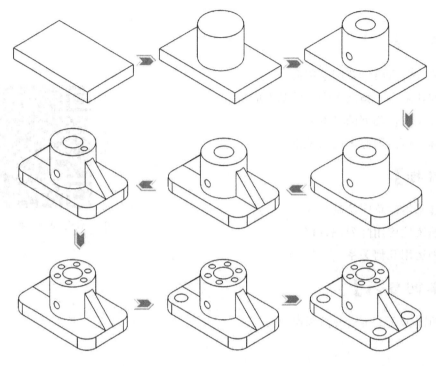

图 1.5.2　叉架建模任务分解示意图

【相关知识】

1. 镜向 ⊞⊞

沿面或基准面镜向,生成一个特征(或多个特征)的复制。用户可以选择特征或构成特征的面(在零件中,用户可选择镜像面、特征和实体;在装配体中,用户可选择镜像装配体特征),如表1.5.1所示。

表 1.5.1　镜向

命 令 条 件	参 数 设 置	结　果
已完成想要镜向操作的特征	镜向1 选择基准面或实体表面 镜向面/基准面(M) 右视基准面 要镜向的特征(F) 选择镜向的特征 筋2 要镜向的面(C)	
在实体状态	展开绘图区域的特征树选择	选中的特征按镜向面生成

2. 线性阵列

沿一条或两条直线路径以线性阵列的方式,生成一个或多个特征的多个实例(见表1.5.2)。

表 1.5.2　线性阵列

命 令 条 件	参 数 设 置	结　果
已完成想要阵列操作的特征	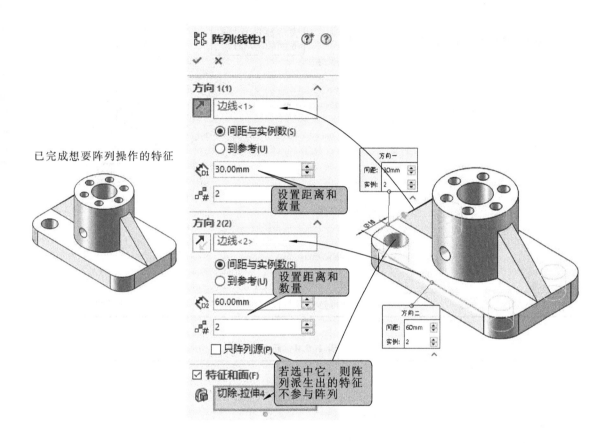	
在实体状态	注意阵列的方向	阵列预览效果

3. 圆周阵列

绕一轴心以圆周阵列的方式,生成一个或多个特征的多个实例(见表1.5.3)。

4. 筋

从开环或闭环绘制的轮廓所生成的特殊类型拉伸特征。它在轮廓与现有零件之间添加指定方向和厚度的材料。用户可使用单一或多个草图生成筋;用户也可以用拔模生成筋特征,或者选择一要拔模的参考轮廓(见表1.5.4)。

表 1.5.3　圆周阵列

命 令 条 件	参 数 设 置	结　　果
已完成想要阵列操作的特征	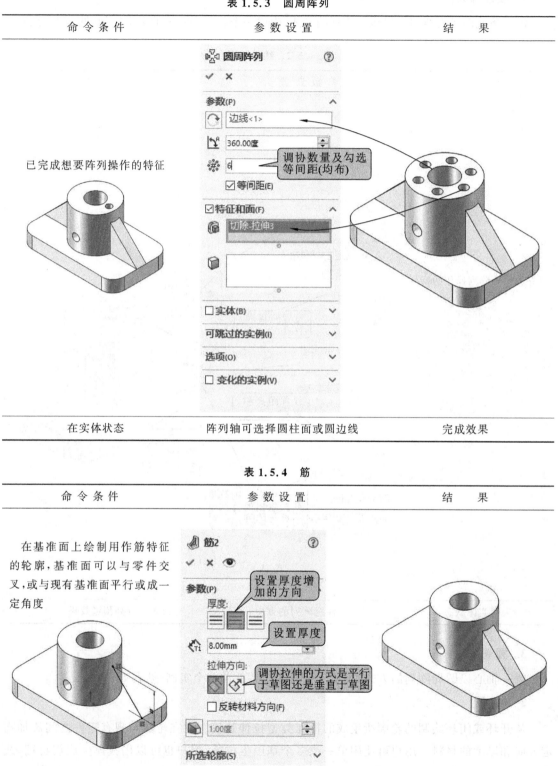	
在实体状态	阵列轴可选择圆柱面或圆边线	完成效果

表 1.5.4　筋

命 令 条 件	参 数 设 置	结　　果
在基准面上绘制用作筋特征的轮廓,基准面可以与零件交叉,或与现有基准面平行或成一定角度		
草图可以开环或闭环	必要时反转材料或拉伸方向	完成效果

【任务实施】

任务实施过程如表1.5.5所示。

表1.5.5 叉架建模

建 模 步 骤	图 例
（1）双击 **SW** 图标，打开软件。新建零件	—
（2）单击上视基准面，在弹出的快捷工具条上单击"草图绘制"按钮 ，新建草图	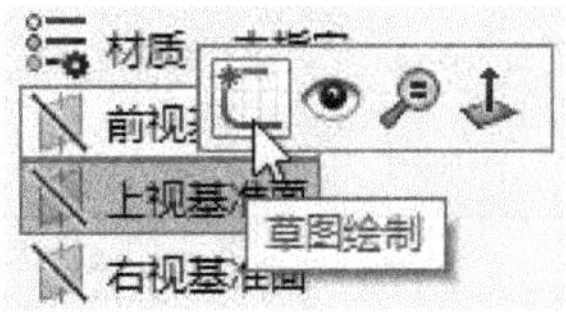
（3）在命令管理器【草图】标签页上单击"中心矩形"按钮 ，绘制图示矩形（矩形中心位于草图原点） 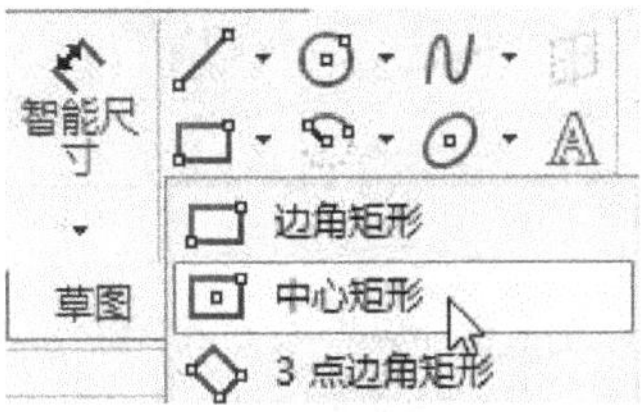	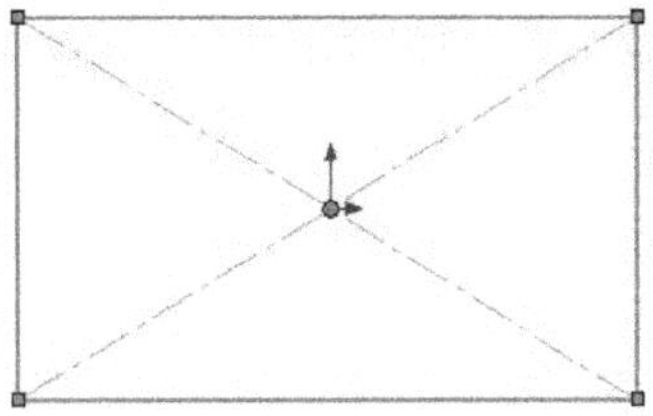
（4）单击"智能尺寸"按钮 ，标注矩形尺寸 80 mm 和 50 mm	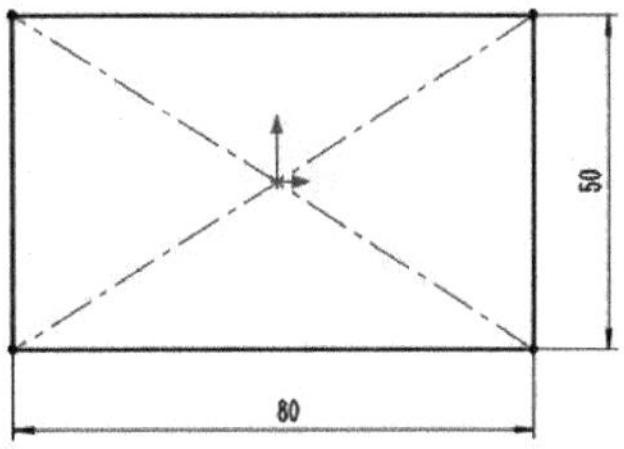
（5）在命令管理器【特征】标签页上单击"拉伸凸台/基体"按钮 ，将矩形拉伸到 10 mm 厚度	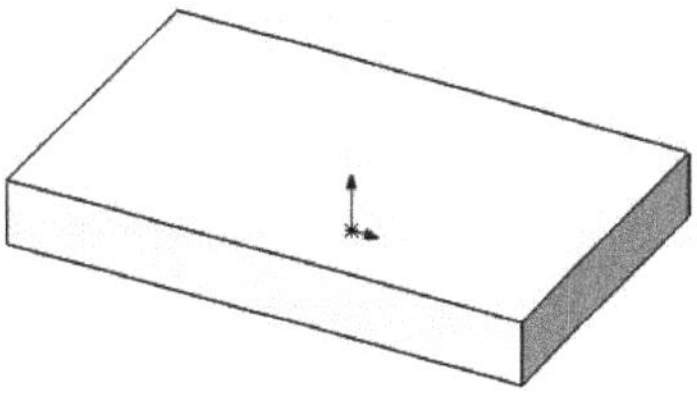
（6）在图示表面新建草图	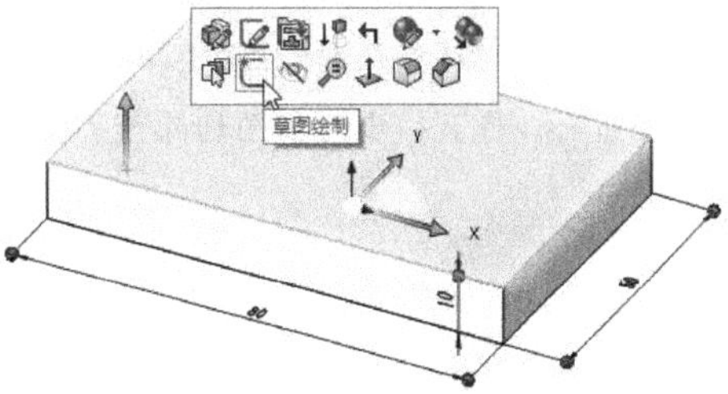

建 模 步 骤	图 例
（7）在命令管理器【草图】标签页上单击"圆"按钮（○），在原点处画圆，并标注尺寸 35 mm	
（8）在命令管理器【特征】标签页上单击"拉伸凸台/基体"按钮（◙），将圆拉伸到 30 mm 高度	
（9）在圆柱顶面新建直径为 15 mm 的圆，切除至完全贯穿	
（10）在前视基准面上新建草图，绘制圆（注意添加必要的几何关系），标注定形尺寸直径 6 mm 和定位尺寸 20 mm	
（11）在命令管理器【特征】标签页上单击"切除-拉伸"按钮（◙），将上一步的草图切除至完全贯穿	

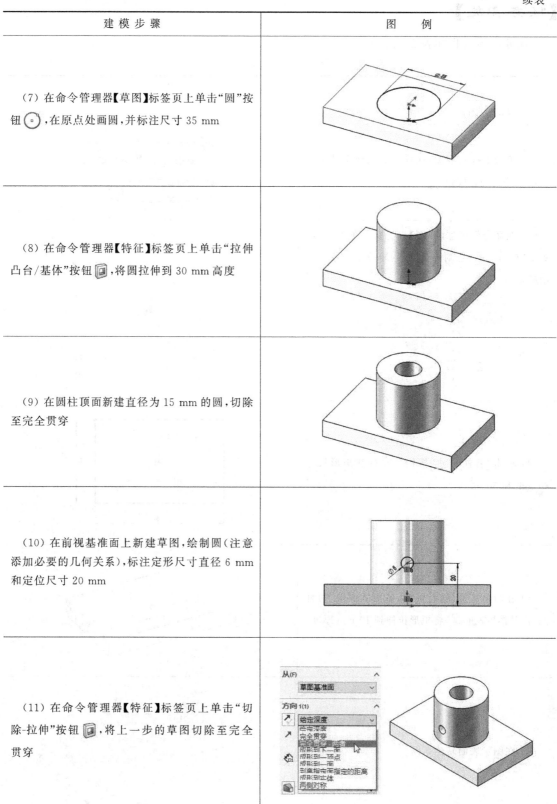

建 模 步 骤	图 例
（12）在命令管理器【特征】标签页上单击"圆角"按钮 ，选中矩形的四条立边，添加 4 个 $R10$ 的圆角（单击一条边线后，在弹出的快捷工具条中单击"连接到开始环，3 边线"按钮，可快速选择其余边线）	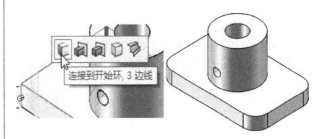
（13）在前视基准面上新建草图，绘制图示直线，标注尺寸 22 mm	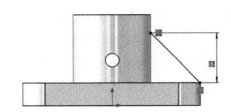
（14）在命令管理器【特征】标签页上单击"筋"按钮 ，输入筋的宽度 8 mm，单击"确定"按钮	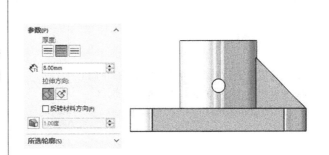
（15）在命令管理器【特征】标签页上单击"镜向"按钮 ，展开绘图区域的特征树，选择右视基准面作为镜向面，要镜向的特征选择上一步的筋特征，单击"确定"按钮	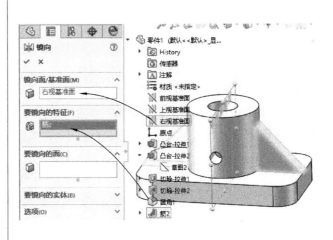

续表

建　模　步　骤	图　　例
（16）在圆柱上表面新建草图，绘制图示圆（注意圆放置的位置，参照辅助圆定位），标注尺寸（辅助圆直径 24 mm，圆直径 5 mm），切除深度 8 mm	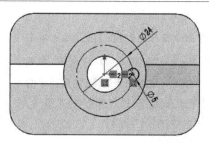
（17）在命令管理器【特征】标签页上单击"圆周阵列"按钮，特征和面选择上一步的切除特征，阵列轴选择圆柱面或圆边线，单击"确定"按钮 ✔	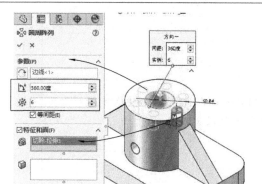
（18）在矩形上表面新建草图，绘制与圆角同心的圆，标注尺寸直径 10 mm，切除至完全贯穿	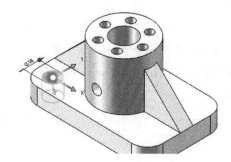
（19）在命令管理器【特征】标签页上单击"线性阵列"按钮，方向 1 和方向 2 按图示选择相应的边线，特征和面选择上一步的切除特征，单击"确定"按钮 ✔	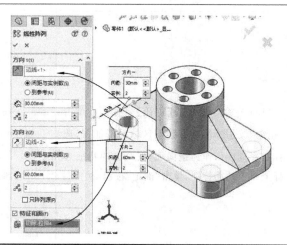

本任务结束！

◀ 任务6 卡 座 建 模 ▶

【学习要点】

- 矩形、圆、直线等草图绘制命令
- 拉伸切除、筋、圆角等命令的基本应用
- 基准面的建立
- 要素可见性的控制

任务视频二维码索引

【技能目标】

- 掌握基本的草图绘制命令
- 掌握基准面的建立
- 合理运用几何关系

【项目案例导入】

建立如图1.6.1所示的卡座模型。

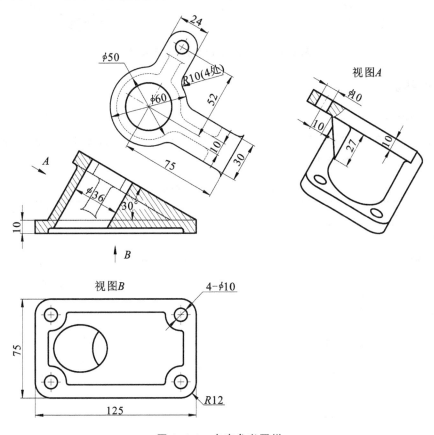

图 1.6.1　卡座参考图样

【任务分解】

卡座建模任务按图 1.6.2 所示步骤进行分解。

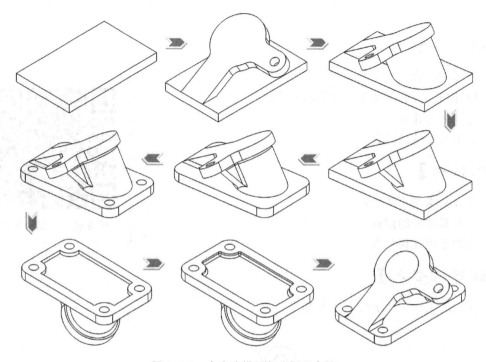

图 1.6.2 卡座建模任务分解示意图

【相关知识】

1. 观阅临时轴

每个视口中的透明前导视图工具栏提供操纵视图所需的所有普通工具。观阅临时轴命令控制临时轴的显示状态(见表 1.6.1)。

表 1.6.1 观阅临时轴

命 令 条 件	参 数 设 置	结 果
如果无实体或不存在临时轴,则无显示	开关式按钮 观阅临时轴 控制临时轴的显示状态。	
在任意状态	绘图区域上方的 前导视图工具栏	视图显示临时轴

2. 基准面 ▱

可以在零件或装配体文档中生成基准面。SolidWorks 提供前视、上视和右视平面作为默认值。方向(前视、上视、右视等)与这些平面相关。基准面用来绘制草图和为特征生成几何体。除了默认的基准面外,用户可以生成参考基准面,也可以在平面模型面上打开草图(系统会根据所选的要素,自动推荐最适合的基准面生成方式,操作时,除了数值外,其他一般无需干预),如表 1.6.2 所示。

表 1.6.2　基准面

命 令 条 件	参 数 设 置	结 果
当前没有适合进行草图绘制或实体操作所需的平面时		
在实体状态	根据选择要素不同,界面会有不同	基准面生成预览效果

【任务实施】

任务实施过程如表 1.6.3 所示。

表 1.6.3　卡座建模

建 模 步 骤	图 例
(1) 双击 SW 图标,打开软件。新建零件	—
(2) 单击上视基准面,在弹出的快捷工具条上单击"草图绘制"按钮 ▥ ,新建草图	

建模步骤	图例
（3）在命令管理器【草图】标签页上单击"中心矩形"按钮 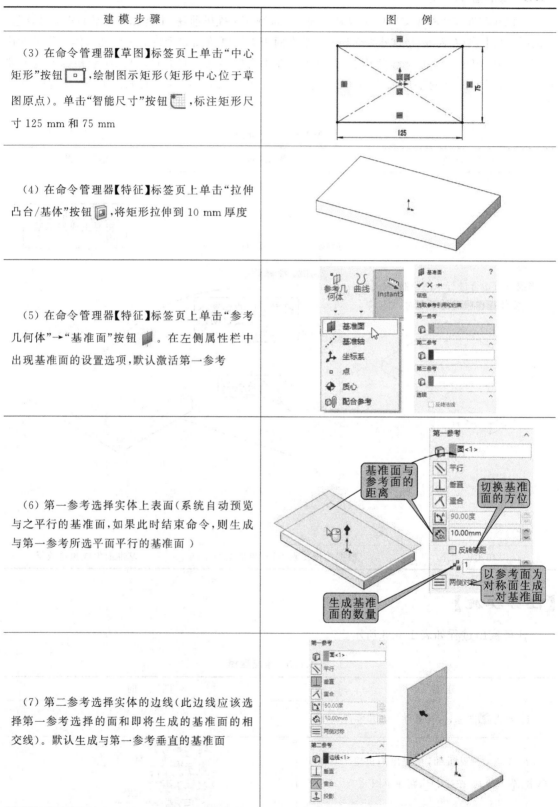，绘制图示矩形（矩形中心位于草图原点）。单击"智能尺寸"按钮 ，标注矩形尺寸 125 mm 和 75 mm	
（4）在命令管理器【特征】标签页上单击"拉伸凸台/基体"按钮 ，将矩形拉伸到 10 mm 厚度	
（5）在命令管理器【特征】标签页上单击"参考几何体"→"基准面"按钮 。在左侧属性栏中出现基准面的设置选项，默认激活第一参考	
（6）第一参考选择实体上表面（系统自动预览与之平行的基准面，如果此时结束命令，则生成与第一参考所选平面平行的基准面 ）	
（7）第二参考选择实体的边线（此边线应该选择第一参考选择的面和即将生成的基准面的相交线）。默认生成与第一参考垂直的基准面	

续表

建 模 步 骤	图 例
（8）单击"角度"按钮 ，输入角度值 30，单击"确定"按钮 ✔，创建与第一参考成 30° 夹角的基准面（此时应注意生成的基准面是否为想要生成的方位，如果不是，则勾选"反转等距"复选框 ☐ 反转等距，切换方向） 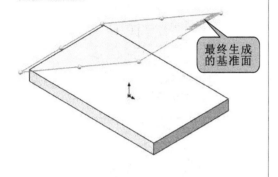	
（9）在新建的基准面上新建草图（必要时，按键盘上的 空格 键，使平面正对屏幕，便于绘制）	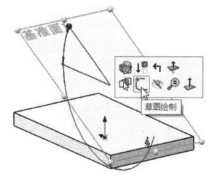
（10）绘制图示草图，标注尺寸（绘制过程中，注意合理运用矩形、直线、圆、直槽、圆角等命令并添加必要的几何关系）	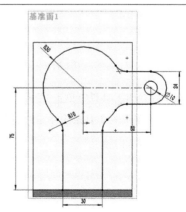

建 模 步 骤	图 例
（11）在命令管理器【特征】标签页上单击"拉伸凸台/基体"按钮 ，将上一步草图拉伸到10 mm厚度（注意拉伸的方向，必要时切换方向，使之朝向实体）	
（12）在特征树或绘图区域单击前述建立的基准面1，在弹出的快捷工具条中单击"隐藏"按钮 ，隐藏基准面（必要时可再次单击此按钮显示基准面），使绘图区域整洁，利于后续绘制	
（13）在第（11）步完成的实体上表面新建草图，标注尺寸，注意添加合适的几何关系	
（14）在命令管理器【特征】标签页上单击"拉伸凸台/基体"按钮 ，将上一步草图拉伸到指定平面	
（15）在前导视图工具栏中单击"隐藏/显示项目"按钮 ，在展开的工具条上单击"观阅临时轴"按钮 ，显示临时轴	

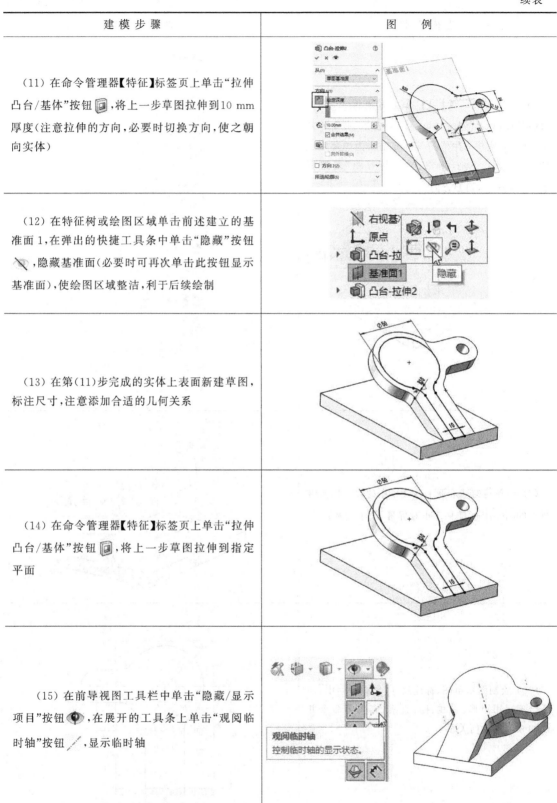

续表

建 模 步 骤	图 例
（16）在命令管理器【特征】标签页上单击"参考几何体"→"基准面"按钮 ▤。展开绘图区域的特征树。第一参考选择前视基准面，第二参考选择圆柱中心临时轴。单击"确定"按钮 ✔	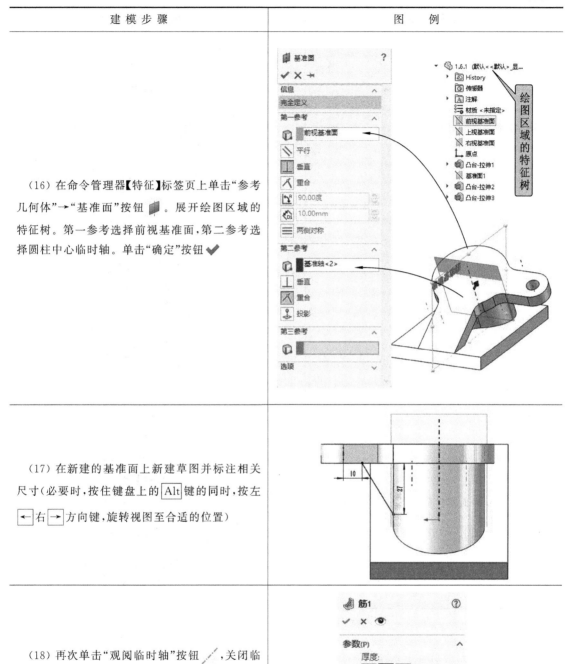
（17）在新建的基准面上新建草图并标注相关尺寸（必要时，按住键盘上的 Alt 键的同时，按左 ← 右 → 方向键，旋转视图至合适的位置）	
（18）再次单击"观阅临时轴"按钮 ⟋，关闭临时轴显示（此操作非必须，只是为了保证绘图区域的整洁）。在命令管理器【特征】标签页上单击"筋"按钮 ⬠，输入筋的宽度 10 mm，单击"确定"按钮 ✔，隐藏基准面	

建 模 步 骤	图 例
(19) 添加图示 R3 的圆角	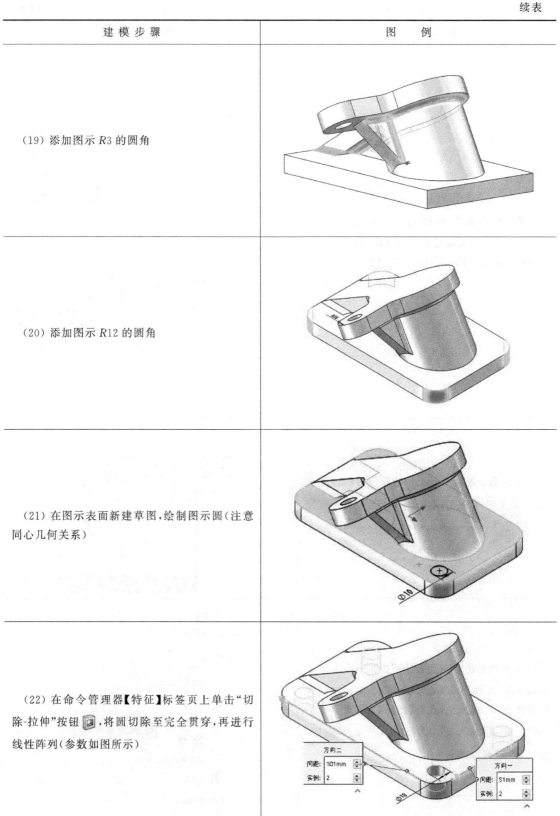
(20) 添加图示 R12 的圆角	
(21) 在图示表面新建草图,绘制图示圆(注意同心几何关系)	
(22) 在命令管理器【特征】标签页上单击"切除-拉伸"按钮 📷,将圆切除至完全贯穿,再进行线性阵列(参数如图所示)	

续表

建 模 步 骤	图 例
（23）在底面上新建草图	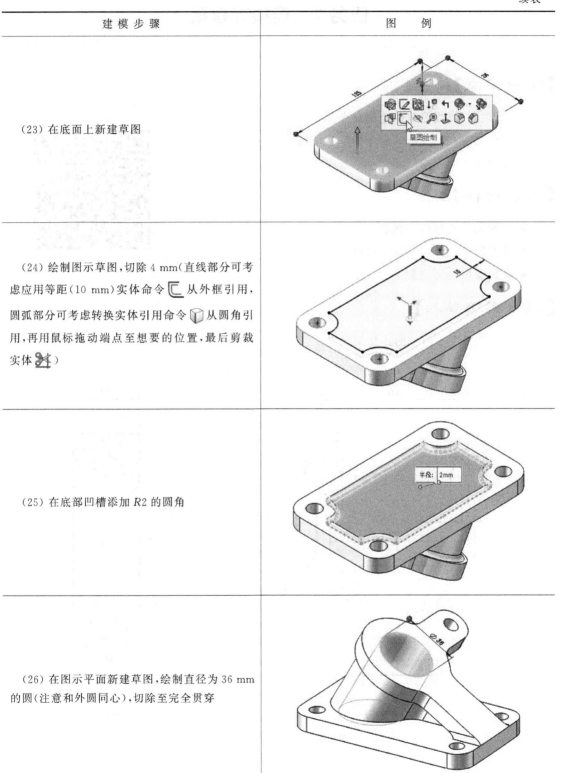
（24）绘制图示草图，切除 4 mm（直线部分可考虑应用等距（10 mm）实体命令 ⌷ 从外框引用，圆弧部分可考虑转换实体引用命令 ◻ 从圆角引用，再用鼠标拖动端点至想要的位置，最后剪裁实体 ✂）	
（25）在底部凹槽添加 R2 的圆角	
（26）在图示平面新建草图，绘制直径为 36 mm 的圆（注意和外圆同心），切除至完全贯穿	

本任务结束！

◀ 任务 7　连接架建模 ▶

【学习要点】

- 矩形、圆、直线等草图绘制命令
- 拉伸切除、筋、圆角等命令的基本应用
- 镜向命令的应用

【技能目标】

- 掌握基本的草图绘制命令
- 掌握薄壁拉伸切除及镜向命令
- 合理运用几何关系

【项目案例导入】

建立如图 1.7.1 所示的连接架模型。

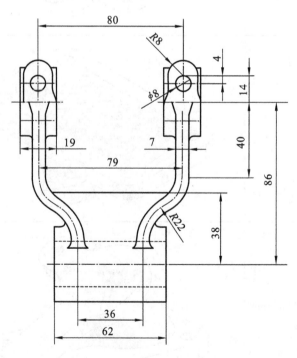

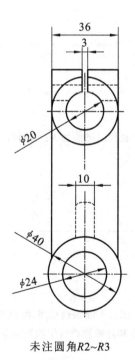

未注圆角R2~R3

图 1.7.1　连接架参考图样

【任务分解】

连接架建模任务按图 1.7.2 所示步骤进行分解。

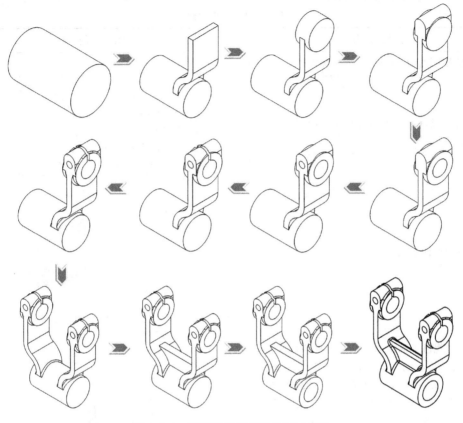

图 1.7.2　连接架建模任务分解示意图

【相关知识】

对称尺寸标注：标注对称件的尺寸或旋转成形时的直径类尺寸（见表 1.7.1）。

表 1.7.1　对称尺寸标注

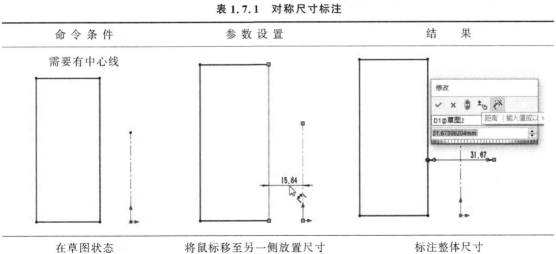

命令条件	参数设置	结果
需要有中心线		
在草图状态	将鼠标移至另一侧放置尺寸	标注整体尺寸

【任务实施】

任务实施过程如表 1.7.2 所示。

表 1.7.2　连接架建模

建 模 步 骤	图　例
（1）双击 **SW** 图标，打开软件。新建零件	—
（2）在右视基准面上新建草图。绘制直径为 40 mm的圆	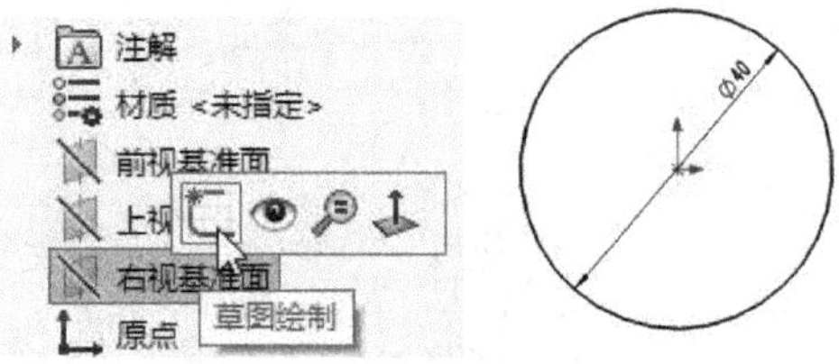
（3）对称拉伸至 62 mm	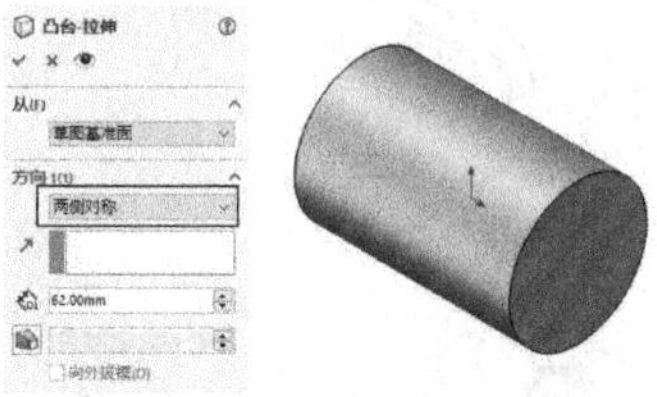
（4）在前视基准面上绘制草图并标注尺寸（注意添加相等、相切、水平等几何关系。标注 79 mm 和 36 mm 时，单击直线和中心线，将鼠标移到中心线的左侧，放置尺寸，输入相关数值即可实现图示效果）	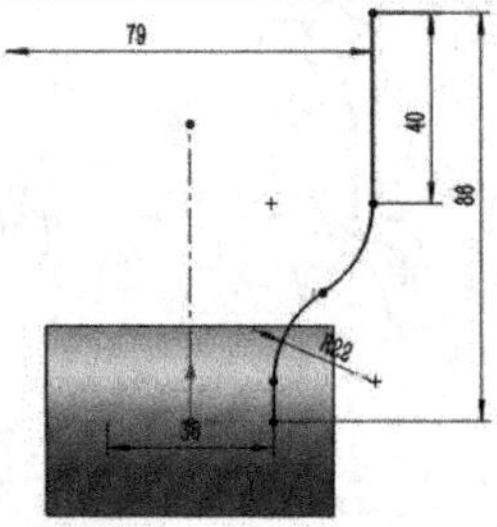
（5）在命令管理器【特征】标签页上单击"拉伸凸台/基体"按钮 ，将草图对称拉伸到 36 mm 的宽度并赋予 7 mm 的厚度（由于草图为非封闭图形，所以拉伸时将自动开启薄壁特征）	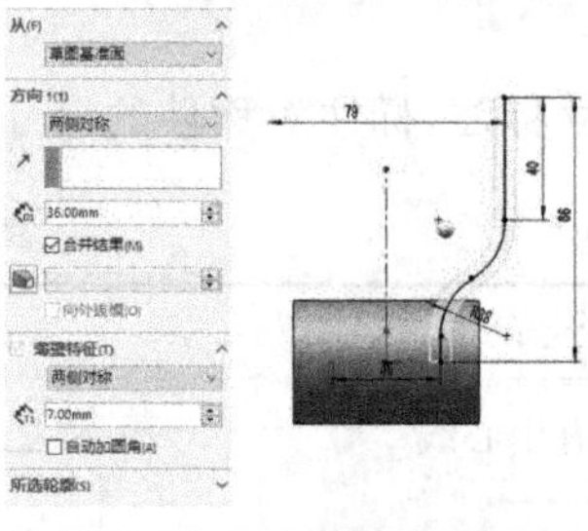
（6）在图示平面上新建草图并标注尺寸（注意：圆心在直线中点位置，直径与宽相等）	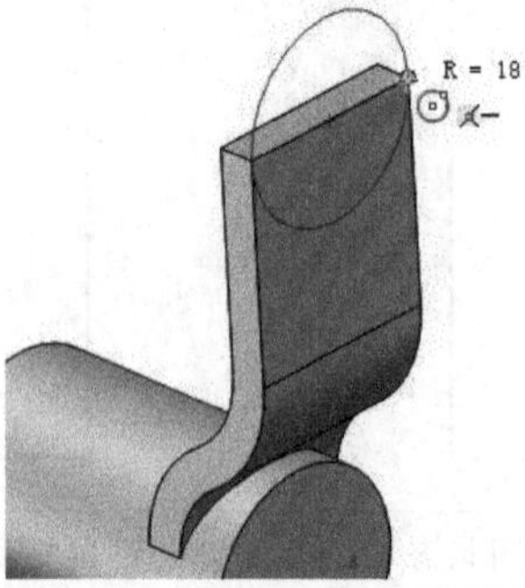

续表

建 模 步 骤	图 例
（7）单击"拉伸凸台/基体"按钮 ，将方向 1 给定 6 mm 的厚度，勾选方向 2 并给定 13 mm 的厚度，完成小圆柱的拉伸	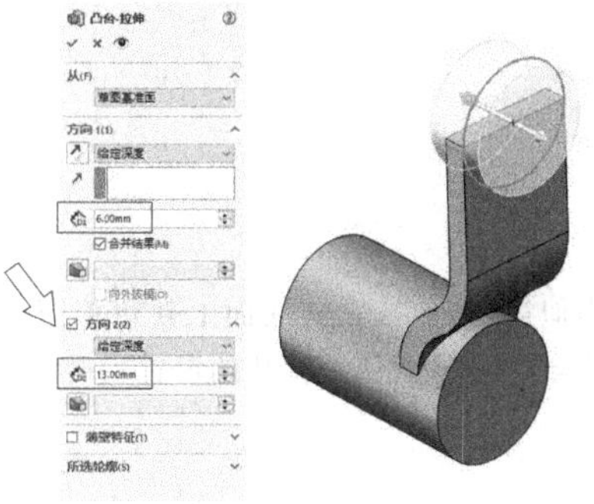
（8）在前视基准面上新建草图，绘制图示草图，标注尺寸 14 mm 和 R8 的圆角（注意添加必要的几何关系，使之位于圆柱中间位置并且底部与圆柱中心重合）	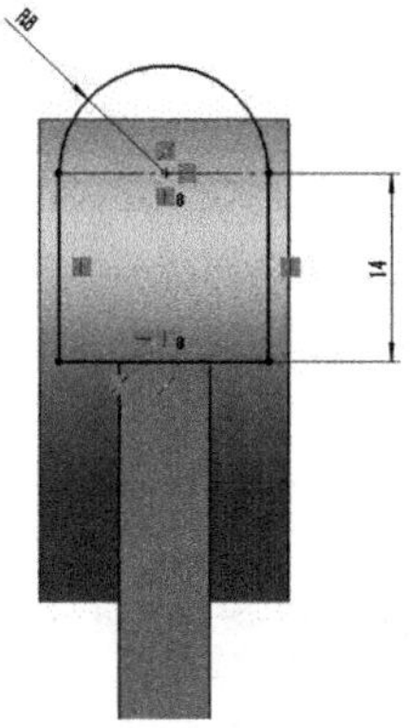
（9）单击"拉伸凸台/基体"按钮 ，两侧对称拉伸至 36 mm	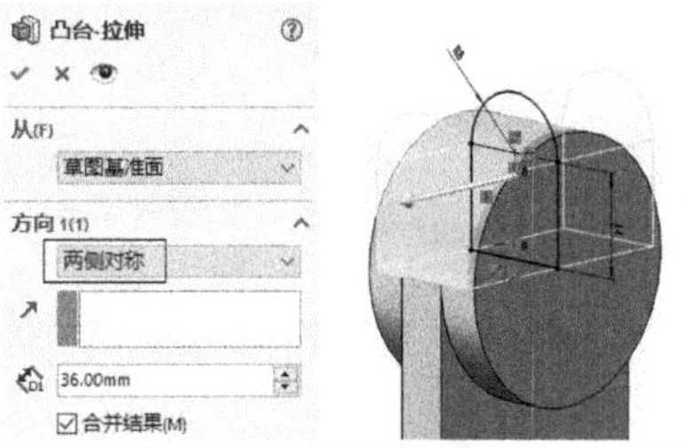
（10）在圆柱面上新建一直径为 20 mm 的同心圆，并切除至完全贯穿	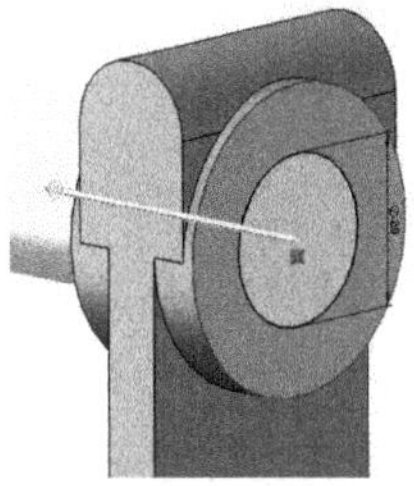
（11）在侧面居中位置新建一直径为 8 mm 的圆，此圆与圆弧中心距离 4 mm，切除至完全贯穿	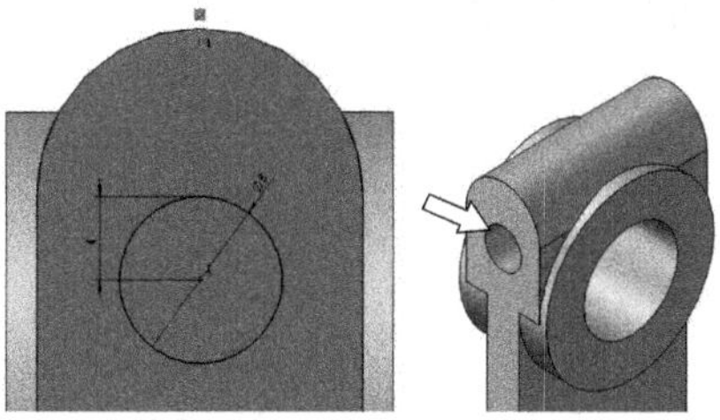

建 模 步 骤	图 例
（12）类似第（10）步，在圆柱面上新建草图，并切除至完全贯穿（注意薄壁特征的设置）	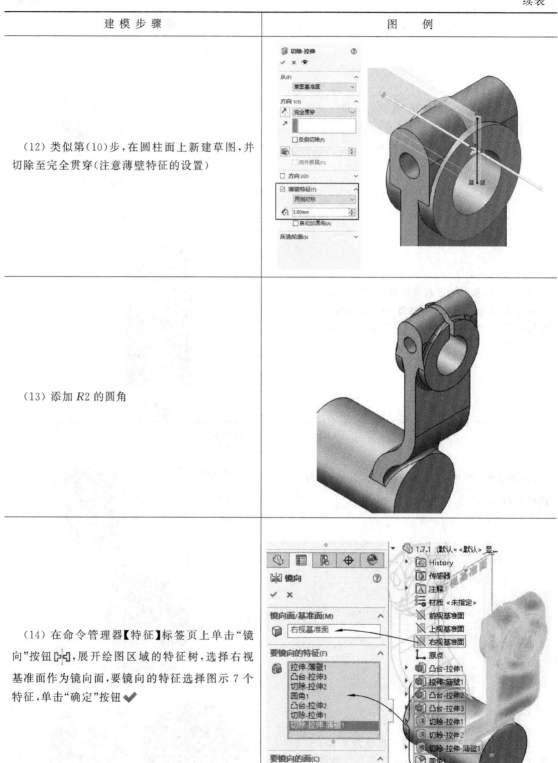
（13）添加 $R2$ 的圆角	
（14）在命令管理器【特征】标签页上单击"镜向"按钮 ，展开绘图区域的特征树，选择右视基准面作为镜向面，要镜向的特征选择图示 7 个特征，单击"确定"按钮	

建 模 步 骤	图 例
(15) 在前视基准面上新建草图,注意水平几何关系,标注尺寸 38 mm	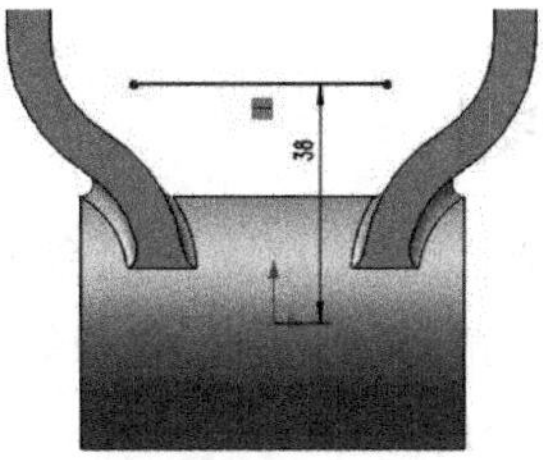
(16) 在命令管理器【特征】标签页上单击"筋"按钮 ，输入筋的宽度 10 mm,单击"确定"按钮 ✔	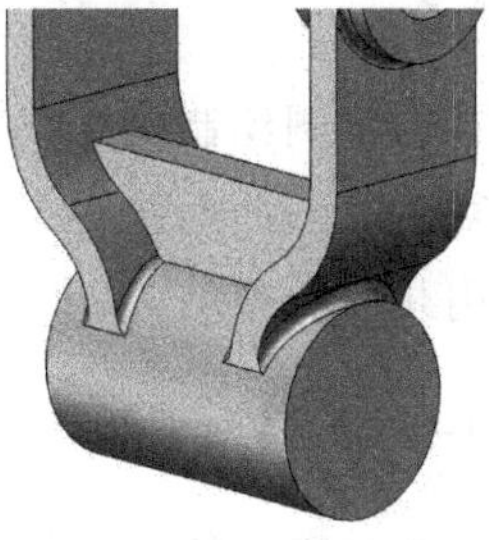
(17) 在图示平面新建一直径为 24 mm 的同心圆并完全贯穿	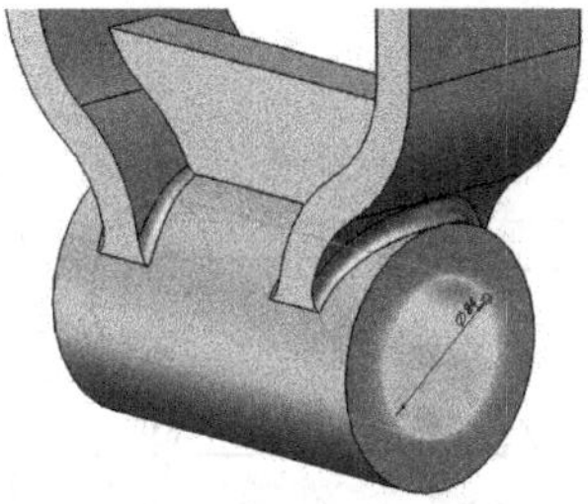
(18) 在筋的上方添加 $R3$ 的圆角	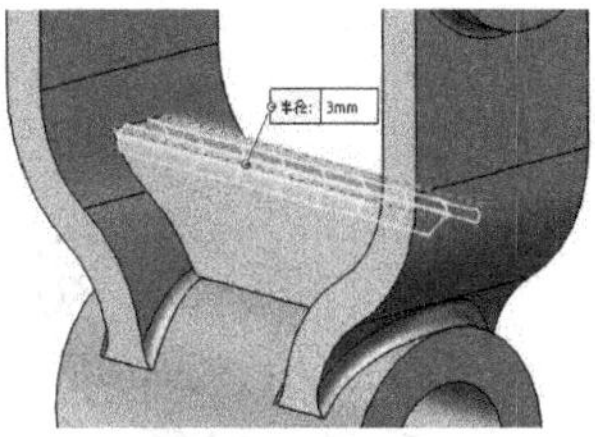
(19) 在筋的其他边线上添加 $R2$ 的圆角	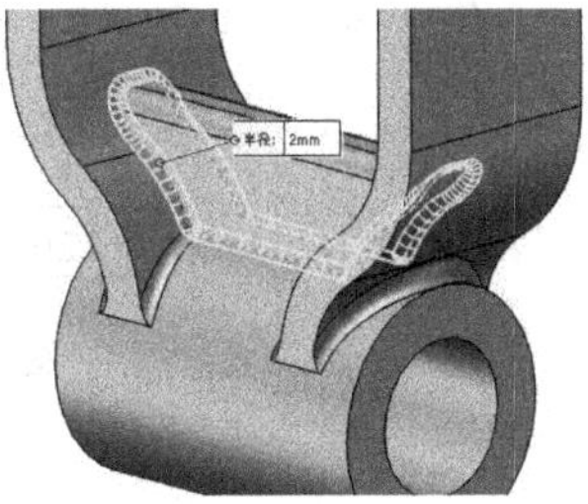

本任务结束!

◀ **任务 8　犀牛梳建模** ▶

【学习要点】

- 圆弧、圆、直线等草图绘制命令
- 分割、抽壳、曲面拉伸、组合等命令的基本应用
- 组合命令的应用

【技能目标】

- 掌握基本的草图绘制命令
- 熟悉分割、抽壳、曲面拉伸、组合命令的应用
- 合理运用几何关系

任务视频二维码索引

【项目案例导入】

建立如图 1.8.1 所示的犀牛梳模型。

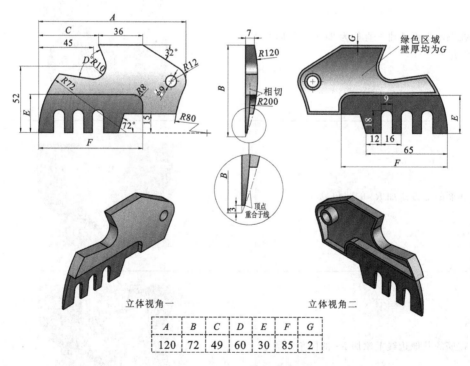

A	B	C	D	E	F	G
120	72	49	60	30	85	2

图 1.8.1　犀牛梳参考图样

【任务分解】

犀牛梳建模任务按图 1.8.2 所示步骤进行分解。

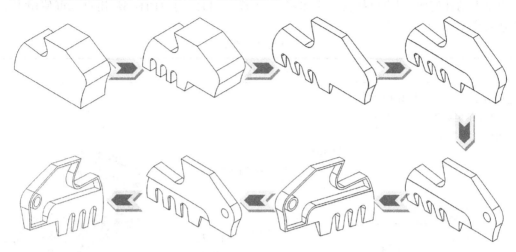

图 1.8.2　犀牛梳建模任务分解示意图

【相关知识】

1. 分割

菜单栏单击插入→特征→分割。使用"分割 Property Manager"将零件分为多个实体。分割零件时,用户可以使用"分割 Property Manager"保存新实体,或使用"保存实体 Property Manager"在完成分割后对其进行保存(见表 1.8.1)。

表 1.8.1　分割

命令条件	参数设置	结　果
在零件中,创建要用于将零件分割为实体的草图	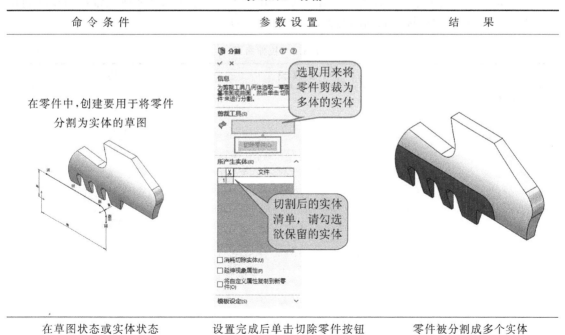	
在草图状态或实体状态	设置完成后单击切除零件按钮	零件被分割成多个实体

2. 抽壳

抽壳工具会掏空零件,使用户所选择的面敞开,在剩余的面上生成薄壁特征。如果用户未选择模型上的任何面,用户可抽壳一实体零件,生成一闭合、掏空的模型;用户也可使用多个厚度来抽壳模型(见表1.8.2)。

表 1.8.2　抽壳

命　令　条　件	参　数　设　置	结　　果
完成将要进行抽壳操作的零件(用户应在生成抽壳之前对零件应用任何圆角处理)	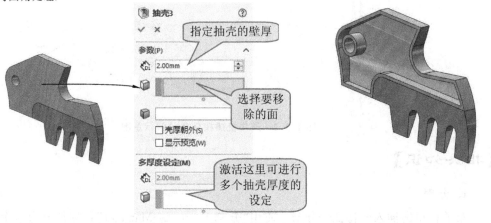	
在实体状态	如果不选面,则内空,全封闭	所选面被移除,生成指定壁厚实体

3. 拉伸曲面

曲面是一种可用来生成实体特征的几何体。用户可以从包含二维面或三维面的模型创建拉伸曲面,并将拉伸曲面接合到周围的特征(见表1.8.3)。

表 1.8.3　拉伸曲面

命　令　条　件	参　数　设　置	结　　果
绘制草图(曲面轮廓)	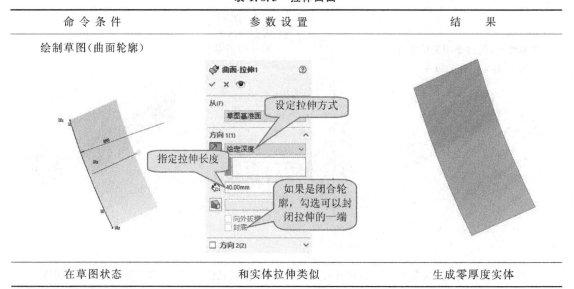	
在草图状态	和实体拉伸类似	生成零厚度实体

4. 组合

菜单栏单击插入→特征→组合。在多实体零件中,用户可将多个实体组合起来生成一个单一实体零件或另一个多实体零件。但用户只能将同一个多实体零件文件中所包含的各个实体进行组合,无法组合两个单独的零件。但用户可以使用插入零件创建一个多实体零件,来将一个零件放置到另一个零件文件中,就能够使用多实体零件上的组合。用户可以指定多实体零件中要添加、减除或重叠的实体(见表1.8.4)。

表1.8.4　组合

命 令 条 件	参 数 设 置	结　　果
存在多个实体	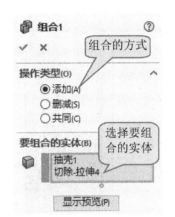	添加:在多实体零件中,用户可以将多个实体组合来创建一个单一实体。删减:在多实体零件中,用户可以从一个实体中减除一个或多个实体。共同:在多实体零件中,用户可以创建一个由多个实体的交叉处所定义的实体
在实体状态	选择合适的操作类型	生成组合后的实体

【任务实施】

任务实施过程如表1.8.5所示。

表1.8.5　犀牛梳建模

建 模 步 骤	图　　例
(1)在前视基准面上新建草图,标注图示尺寸(注意添加合适的几何关系,原点定位在左下角)。在命令管理器【特征】标签页上单击"拉伸凸台/基体"按钮，拉伸至40 mm	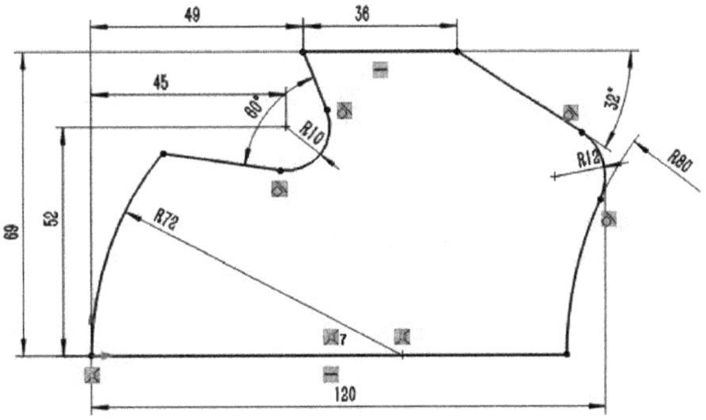 49　36　45　60°　R10　32°　R12　R80　52　R70　7　120

续表

建 模 步 骤	图 例
（2）在图示实体面上建立图示草图，在命令管理器【特征】标签页上单击"切除-拉伸"按钮 ，切除至完全贯穿	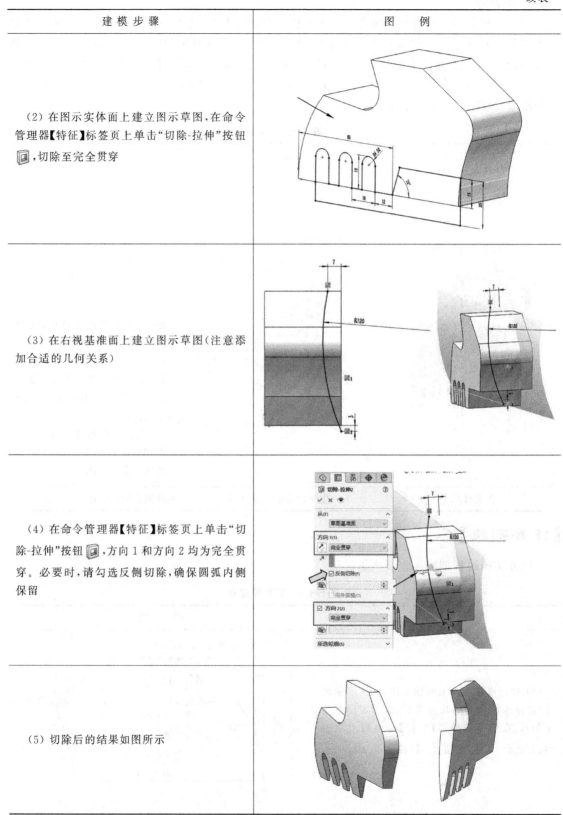
（3）在右视基准面上建立图示草图（注意添加合适的几何关系）	
（4）在命令管理器【特征】标签页上单击"切除-拉伸"按钮 ，方向 1 和方向 2 均为完全贯穿。必要时，请勾选反侧切除，确保圆弧内侧保留	
（5）切除后的结果如图所示	

建 模 步 骤	图　　例
（6）在前视基准面是新建草图	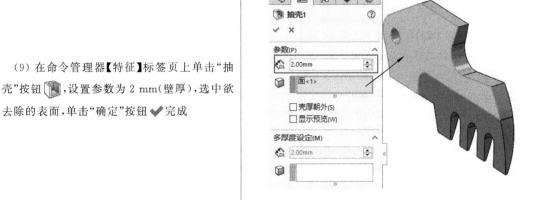
（7）菜单栏单击插入→特征→分割（如果是在草图绘制状态下执行该命令，则剪裁工具处会自动选中草图，否则，请手动选中用于分割的草图），然后单击"切除零件"按钮，在下方的所产生实体栏中会出现分割的实体列表，选中全部的实体后，单击"确定"按钮✔完成	
（8）在前视基准面上新建草图（注意圆和圆弧之间的同心几何关系），切除至完全贯穿	
（9）在命令管理器【特征】标签页上单击"抽壳"按钮，设置参数为 2 mm（壁厚），选中欲去除的表面，单击"确定"按钮✔完成	

建 模 步 骤	图 例
（10）在右视基准面建立图示草图（注意添加图示几何关系）	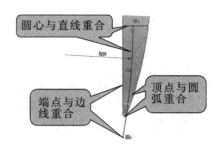 圆心与直线重合　顶点与圆弧重合　端点与边线重合
（11）在命令管理器【曲面】标签页上单击"曲面-拉伸"按钮，设置长度为 40 mm（注意拉伸的方向，最好不与实体重合；这里的长度可以任意设置，此拉伸的曲面主要用于后续的切除）。 注意：如果命令管理器未显示曲面标签页，则请在管理器上单击鼠标右键，勾选曲面即可显示标签。 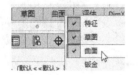	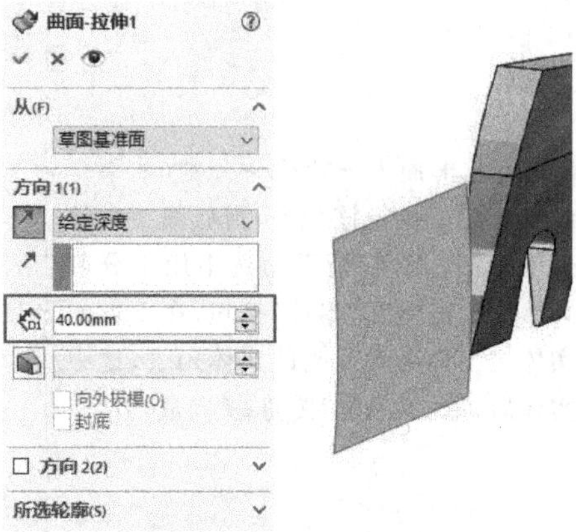 曲面-拉伸1 从(F) 草图基准面 方向1(1) 给定深度 40.00mm □向外拔模(O) □封底 □方向2(2) 所选轮廓(S)
（12）在前视基准面上新建图示草图（可用转换实体引用命令快速建立）	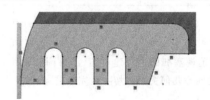
（13）在命令管理器【特征】标签页上单击"切除-拉伸"按钮，成形方式为成形到一面，成形面选择第（11）步的曲面，特征范围选自动选择或者手动点选齿状部分实体。单击"确定"按钮 ✔ 完成	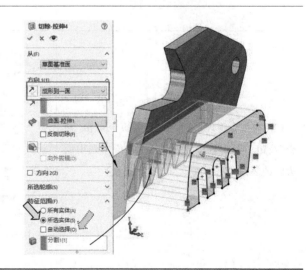切除-拉伸4 从(F) 草图基准面 方向1(1) 成形到一面 曲面拉伸1 □反侧切除(F) □向外拔模(O) □方向2(2) 所选轮廓(S) 特征范围(F) ○所有实体(A) ●所选实体(S) □自动选择(O) 分割1[1]

建 模 步 骤	图　　例
（14）因为之前的分割操作，目前该零件包含两个实体（必要时，可隐藏前述曲面）	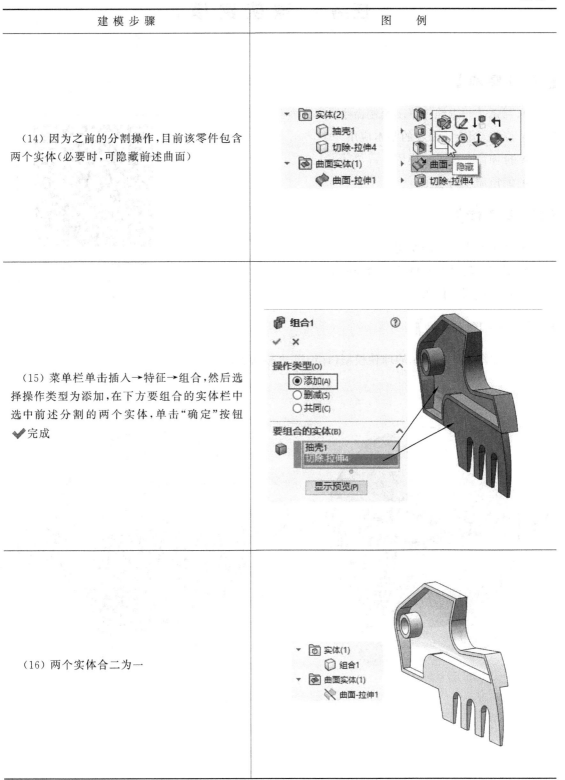
（15）菜单栏单击插入→特征→组合，然后选择操作类型为添加，在下方要组合的实体栏中选中前述分割的两个实体，单击"确定"按钮 ✔完成	
（16）两个实体合二为一	

本任务结束！

◀ 任 务 9 球 侠 建 模 ▶

【学习要点】

- 圆弧、圆、直线等草图绘制命令
- 旋转、圆顶等命令的基本应用
- 拉伸命令的进阶应用
- 倒角命令的应用

任务视频二维码索引

【技能目标】

- 掌握基本的草图绘制命令
- 了解旋转、圆顶、倒角等命令的应用
- 合理运用几何关系

【项目案例导入】

建立如图 1.9.1 所示的球侠模型(详细尺寸参见步骤)。

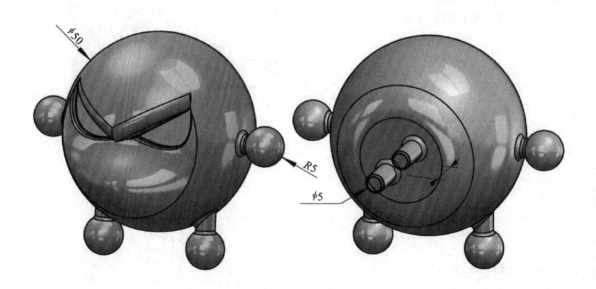

图 1.9.1 球侠参考图样

【任务分解】

球侠建模任务按图1.9.2所示步骤进行分解。

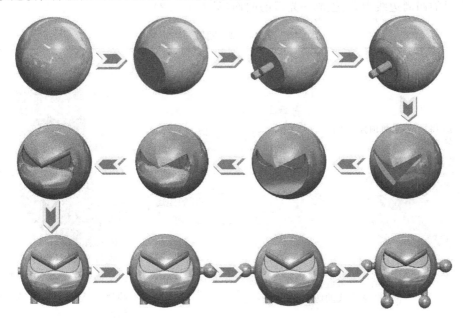

图1.9.2 球侠建模任务分解示意图

【相关知识】

1. 旋转凸台/基体

旋转凸台/基体的成形必须有一条旋转轴(必须为构造直线或草图直线)及一个旋转剖面(不可横跨旋转轴),旋转轴及旋转剖面必须在同一个草图上,旋转剖面会按旋转轴做圆形回转,适用于环状特征模型的建立(见表1.9.1)。

表1.9.1 旋转凸台/基体

命令条件	参数设置	结 果
生成草图(包含一个或多个轮廓)和以中心线、直线或边线作为特征旋转的轴	选择旋转轴 多种生成方式可供选择 勾选它可生成薄壁特征	形成回转体
可以是封闭或开环	根据需要设置回转角度	形成回转体

2. 圆顶

菜单栏单击插入→特征→圆顶。同一模型上同时生成一个或多个圆顶特征。简单地说，就是以所在面的四周边线为界，生成一光滑的曲面(见表1.9.2)。

表1.9.2　圆顶

命 令 条 件	参 数 设 置	结　　果
完成将要进行圆顶操作的零件及表面 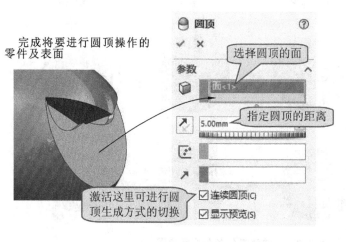	选择圆顶的面 指定圆顶的距离 激活这里可进行圆顶生成方式的切换	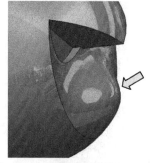 连续圆顶形状在所有边均匀向上倾斜。如果用户消除，连续圆顶形状将垂直于多边形的边线而上升
在实体状态	视情况决定是否勾选连续圆顶	生成圆顶

3. 拉伸切除

切除是从零件或装配体上移除材料的特征，常用封闭草图实现切除效果(见表1.9.3)。

表1.9.3　拉伸切除

命 令 条 件	参 数 设 置	结　　果
在草图状态下绘制好用于切除的草图	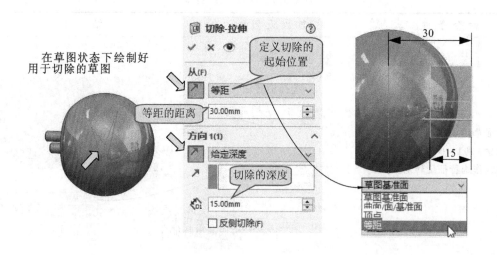	
草图可以是开环或闭环	必要时修改切除方向和方式	切除的深度为给定的深度

【任务实施】

任务实施过程如表 1.9.4 所示。

表 1.9.4 球侠建模

建 模 步 骤	图 例
（1）在前视基准面上新建草图——半圆，标注半径为 25 mm（圆心定位于原点）	
（2）在命令管理器【特征】标签页上单击"旋转凸台/基体"按钮 ，确认旋转角度为 360°，单击"确定"按钮 ✔ 完成	
（3）在前视基准面上建立图示直线（注意直线长度不得小于实体），标注与原点的距离为 20 mm	
（4）在命令管理器【特征】标签页上单击"切除-拉伸"按钮 ，方向 1 选择完全贯穿-两者，单击"确定"按钮 ✔ 完成	

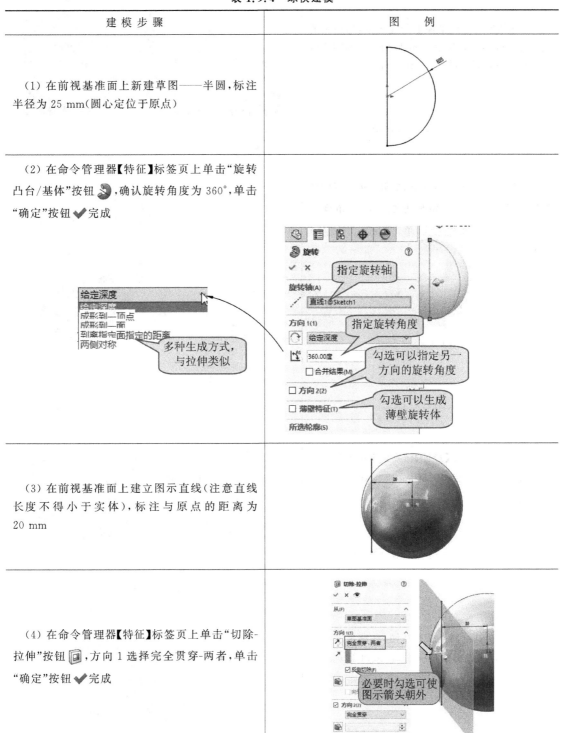

建 模 步 骤	图 例
（5）在切出的实体平面上新建草图，标注圆的直径为 5 mm，距离为 10 mm，倾角 45°，两圆连线的中点在原点，然后拉伸至 10 mm	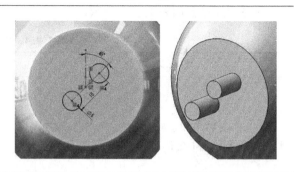
（6）在命令管理器【特征】标签页上单击"倒角"按钮 ，设置倒角的距离为 0.5 mm，角度为 45°，选中图示两圆柱边线，单击"确定"按钮 ✔ 完成 	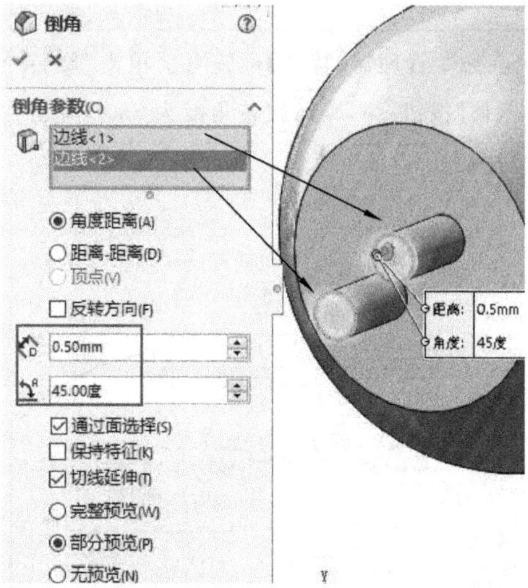
（7）在命令管理器【特征】标签页上单击"圆角"按钮 ，分别添加 R10 和 R1 的圆角，单击"确定"按钮 ✔ 完成	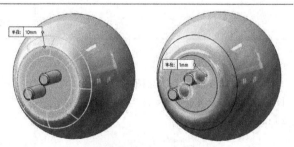
（8）在右视基准面上新建草图，注意添加必要的几何关系，使之左右对称。标注夹角 120°	

续表

建 模 步 骤	图 例
（9）在命令管理器【特征】标签页上单击"切除-拉伸"按钮，切除起始从选择**等距**，设置数值为 30 mm，注意等距的方向。方向 1 的切除方式设置为**给定深度**，数值为 15 mm，注意切除的方向，单击"确定"按钮 ✔ 完成	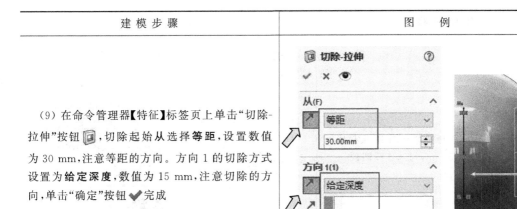
（10）在图示面上绘制图示草图（注意应用转换实体引用命令） 注：此部分草图可以与第（8）步一起完成	
（11）往外切除至完全贯穿	
（12）在第（11）步完成的平面上绘制草图。在命令管理器【草图】标签页上单击"样条曲线"按钮 ∿，绘制图示曲线，注意 3 个关键点及实体转换引用。切除 2 mm	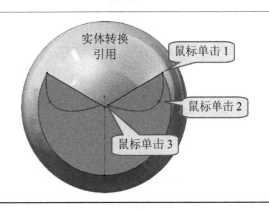

建模步骤	图例
(13) 菜单栏单击插入→特征→圆顶,选择要圆顶的平面,确认尺寸为 5 mm,勾选连续圆顶	
(14) 添加 $R3$ 和 $R0.5$ 的圆角	
(15) 在前视基准面上绘制直径为 5 mm 的圆,圆心在原点。两侧对称拉伸至 53 mm	
(16) 在上视基准面上绘制两直径为 5 mm 的圆,两圆距离 30 mm,水平连线中点在原点。往下拉伸至 23 mm	
(17) 四条边线添加 $R1$ 的圆角	

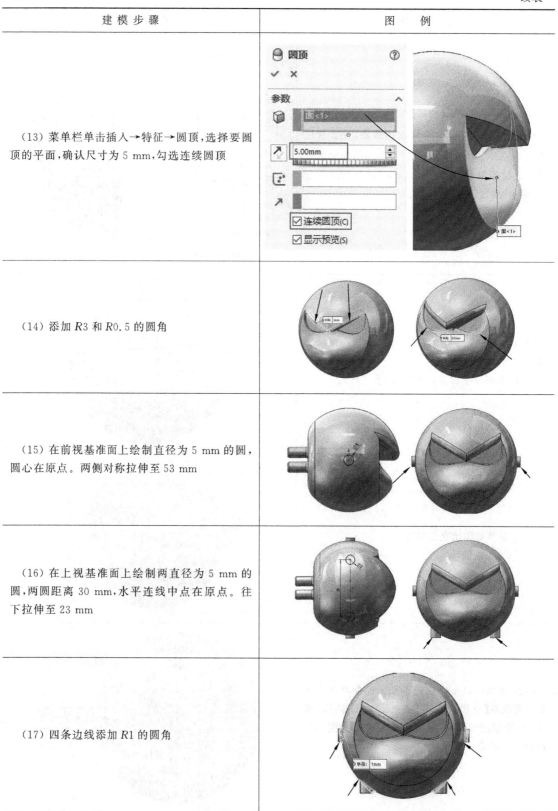

建 模 步 骤	图 例
（18）在右视基准面上绘制半径为 5 mm 的半圆，旋转成球体	
（19）在图示平面新建草图。绘制一样大小的圆并拉伸至球体（思考草图是否可以用转换实体引用命令）	
（20）添加 $R1$ 的圆角	
（21）参考第（18）～（20）步，完成其余的球体、拉伸及圆角绘制	

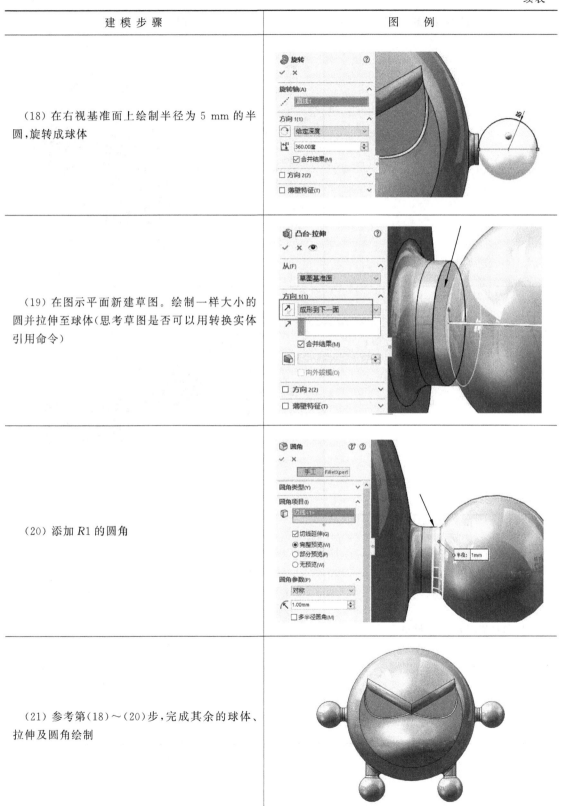

建 模 步 骤	图　　例
（22）添加图示眼部 $R0.2$ 的圆角	
（23）添加眼角 $R0.2$ 的圆角	
（24）添加眉间 $R0.2$ 的圆角	

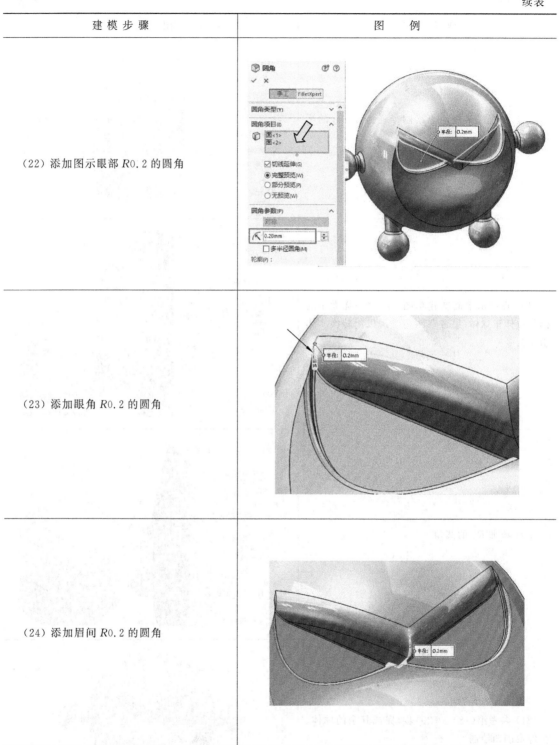

本任务结束！

◀ 任务 10　阀 体 建 模 ▶

【学习要点】

- 圆弧、圆、直线、多边形等草图绘制命令
- 旋转凸台/基体、旋转切除、装饰螺纹线等命令的基本应用
- 基准面、圆角命令的应用

【技能目标】

- 掌握基本的草图绘制命令
- 掌握旋转凸台/基体、旋转切除、装饰螺纹线等命令的应用
- 合理运用几何关系

任务视频二维码索引

【案例目标导入】

建立如图 1.10.1 所示的阀体模型。

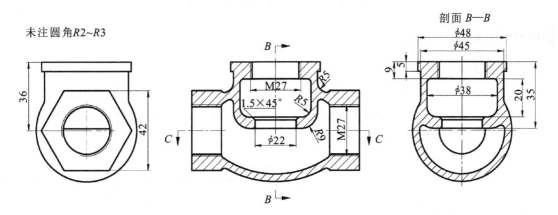

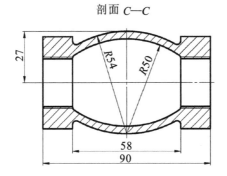

图 1.10.1　阀体参考图样

【任务分解】

阀体建模任务按图 1.10.2 所示步骤进行分解。

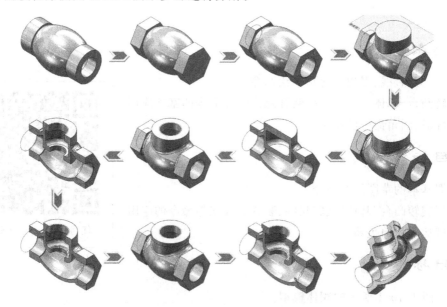

图 1.10.2　阀体建模任务分解示意图

【相关知识】

1. 旋转切除

旋转切除的成形必须有一条旋转轴(必须为构造直线或草图直线)及一个旋转剖面(不可横跨旋转轴),旋转轴及旋转剖面必须在同一个草图上,旋转剖面会按旋转轴做圆形回转,适用于去除环状特征模型的建立(见表 1.10.1)。

表 1.10.1　旋转切除

命 令 条 件	参 数 设 置	结　　果
已存在实体并且生成草图(包含一个或多个轮廓)和以中心线、直线或边线作为特征旋转的轴		
可以是封闭或开环	根据需要设置回转角度	切除回转体

2. 多边形 ⬡

生成边数在 3 至 40 之间的等边多边形(见表 1.10.2)。

表 1.10.2 多边形

命 令 条 件	参 数 设 置	结 果
单击图形区域以定位多边形中心,然后拖动多边形,单击鼠标左键放置 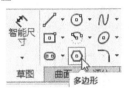	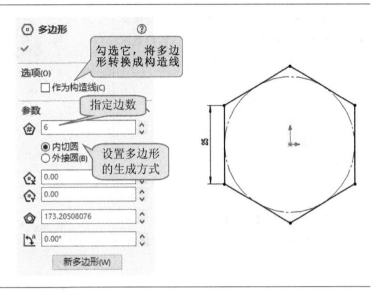	
在草图状态	视情决定选择多边形生成方式	添加必要的几何关系及尺寸

【任务实施】

任务实施过程如表 1.10.3 所示。

表 1.10.3 阀体建模

建 模 步 骤	图 例
(1) 在前视基准面上新建草图,添加必要的几何关系并标注尺寸(注意:对称中心定位于原点)	
(2) 在命令管理器【特征】标签页上单击"旋转凸台/基体"按钮 ,确认旋转角度为 360°,单击"确定"按钮 ✔ 完成	

续表

建 模 步 骤	图 例
（3）在实体端面上新建草图。在命令管理器【草图】标签页上单击"多边形"按钮 ⬡，绘制图示多边形（注意添加必要的几何关系）	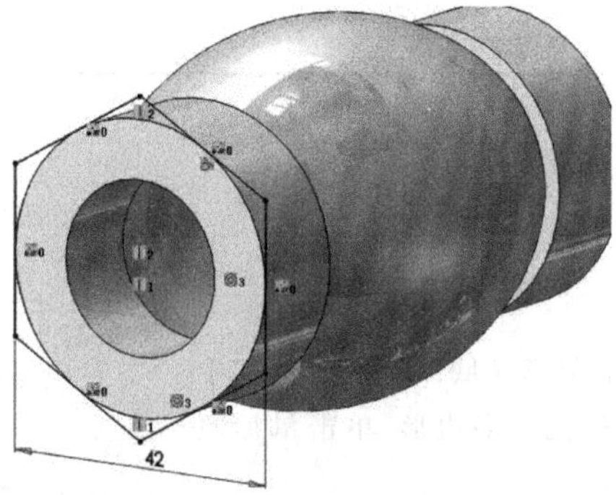 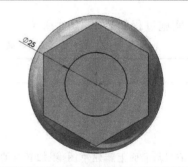
（4）在命令管理器【特征】标签页上单击"拉伸凸台/基体"按钮 ⬛，将多边形成形到指定面。同理完成另一侧（镜向命令可用？）	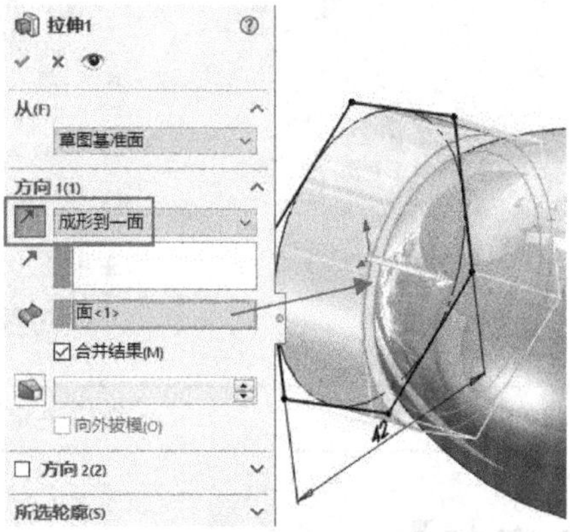
（5）在实体端面上新建草图，切除至完全贯穿	
（6）菜单栏单击插入→注解→装饰螺纹线 ⬛，选择端面的圆，设置相关参数后单击"确定"按钮 ✔完成。同理，完成另一端面的圆（此操作代表这两个孔为螺纹孔，在工程图中将会显示为螺纹孔）	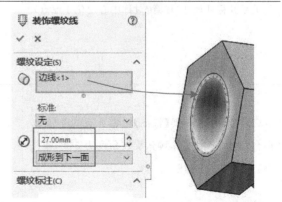

建 模 步 骤	图 例
（7）以前视基准面为第一参考,建立距离为36 mm的基准面(必要时,勾选反转等距)	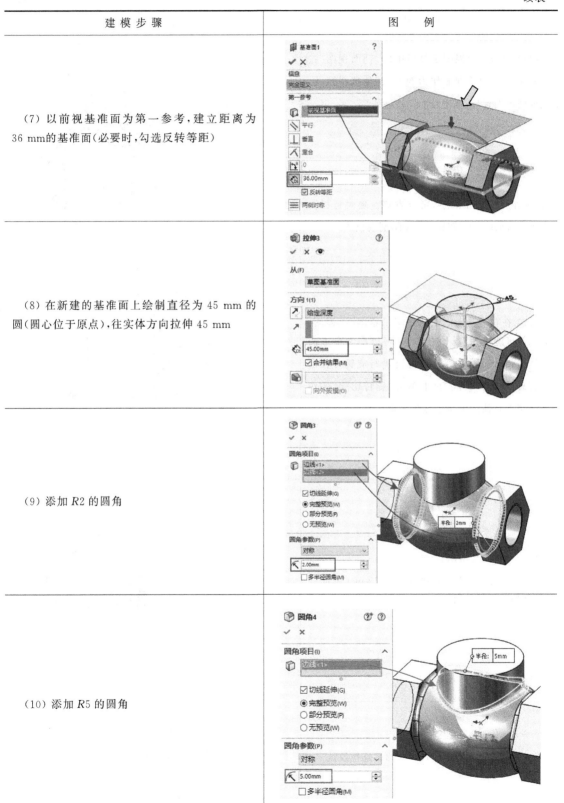
（8）在新建的基准面上绘制直径为45 mm的圆(圆心位于原点),往实体方向拉伸45 mm	
（9）添加R2的圆角	
（10）添加R5的圆角	

建 模 步 骤	图 例
（11）单击前导视图工具栏中的"剖面视图"按钮 ，选上视基准面作为剖面，其他选择默认，完成图示设置后，单击"确定"按钮 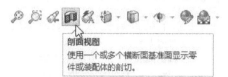 剖面视图 使用一个或多个横断面基准面显示零件或装配体的剖切。 （此操作仅为便于观察，可以省略。随时可以再次单击"剖面视图"按钮 关闭剖视模式）	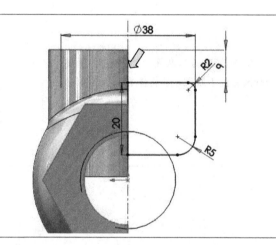
（12）在右视基准面上新建图示草图（正视图、后视图可能不一致，如有需要，可以按键盘上的 Alt 键和 → 或 ← 左右方向键进行旋转），在命令管理器【特征】标签页上单击"旋转切除"按钮 ，绕中心轴完成 360°旋转切除	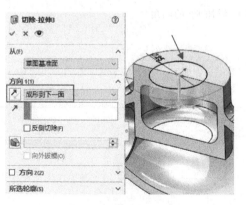
（13）在图示上平面新建直径为 25 mm 的同心圆，并切除至下一面	
（14）参考第（6）步，插入相同的装饰螺纹线	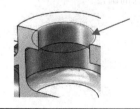

建 模 步 骤	图 例
（15）在第（13）步的上平面上新建直径为 22 mm 的圆，并切除至指定底面	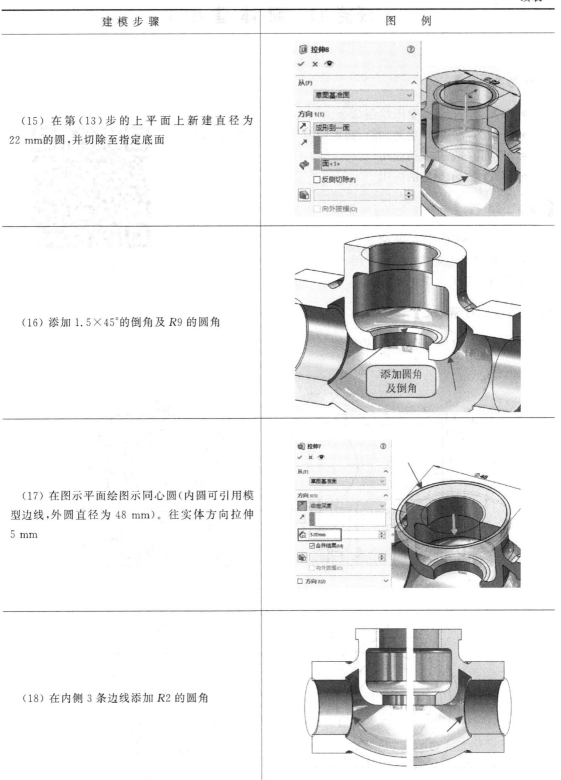
（16）添加 1.5×45°的倒角及 $R9$ 的圆角	
（17）在图示平面绘图示同心圆（内圆可引用模型边线，外圆直径为 48 mm）。往实体方向拉伸 5 mm	
（18）在内侧 3 条边线添加 $R2$ 的圆角	

本任务结束！

◀ 任务 11 泵 体 建 模 ▶

【学习要点】

- 圆弧、圆、直线等草图绘制命令
- 旋转凸台/基体、旋转切除、圆周阵列等命令的基本应用
- 异型孔向导命令的应用
- 螺纹线显示功能的应用

任务视频二维码索引

【技能目标】

- 掌握基本的草图绘制命令
- 掌握异型孔向导命令的应用
- 合理运用几何关系

【项目案例导入】

建立如图 1.11.1 所示的泵体模型。

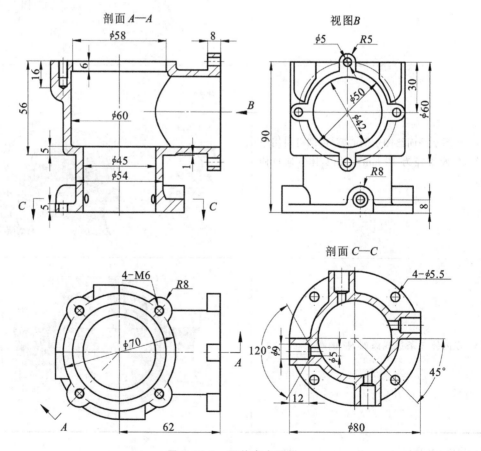

图 1.11.1 泵体参考图样

【任务分解】

泵体建模任务按图 1.11.2 所示步骤进行分解。

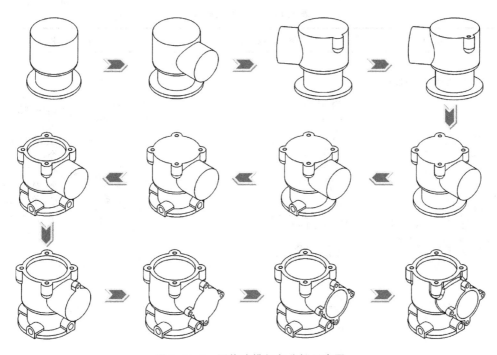

图 1.11.2 泵体建模任务分解示意图

【相关知识】

1. 上色的装饰螺纹线

在特征管理器的注解上单击右键→细节→上色的装饰螺纹线。该命令可模拟显示出螺纹，这样用户就不必给模型添加实际螺纹线。装饰螺纹线代表凸台上螺纹线的次要（内部）直径，或代表孔上螺纹线的主要（外部）直径，并可在工程图中包括孔标注（见表 1.11.1）。

表 1.11.1 上色的装饰螺纹线

命 令 条 件	参 数 设 置	结 果
完成的螺纹孔或已插入装饰螺纹线的凸台（或孔）		
鼠标右键单击注解	同时勾选装饰螺纹线项	显示模拟螺纹

2. 异型孔向导 🗒

可以使用异型孔向导生成各种类型的自定义孔(见表格 1.11.2)。

表 1.11.2　异型孔向导

命 令 条 件	参 数 设 置	结 果

生成零件并选择一个曲面

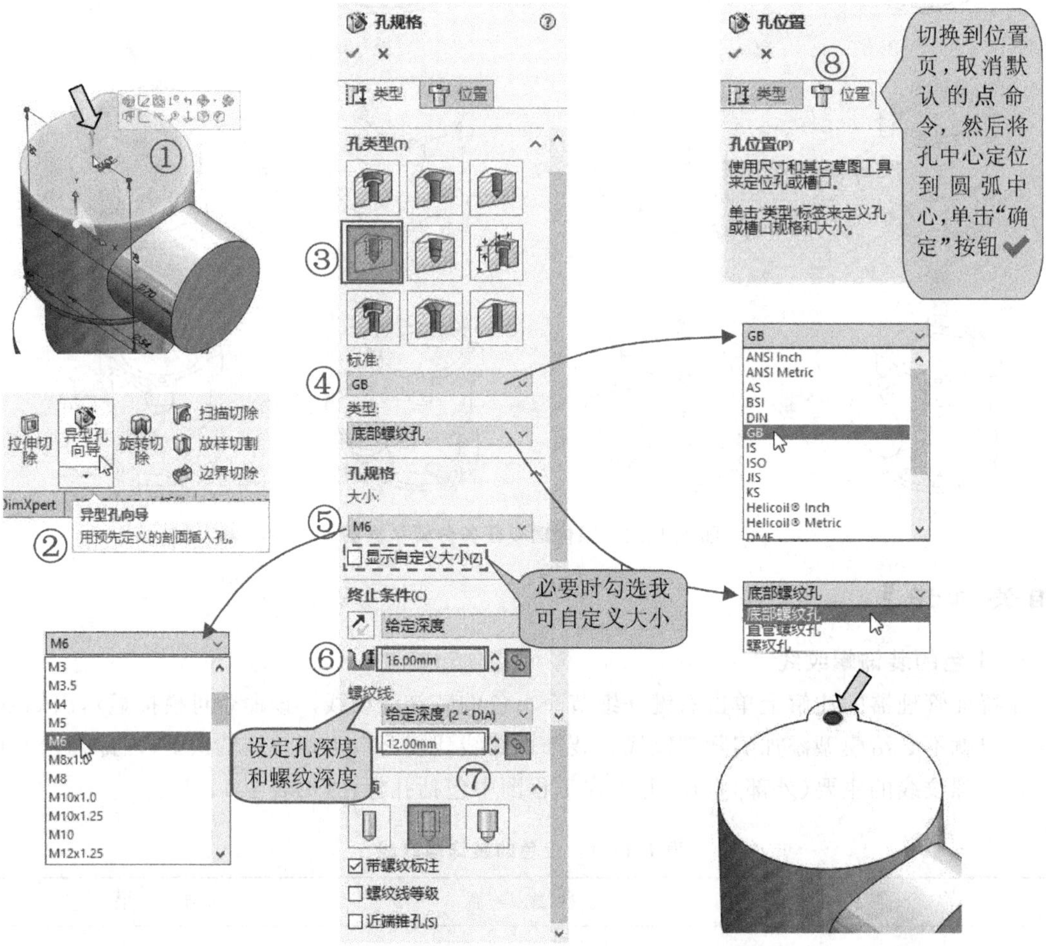

在实体状态	设置好类型和尺寸后再定位	生成目标孔

【任务实施】

任务实施过程如表 1.11.3 所示。

表 1.11.3　泵体建模

建 模 步 骤	图　例
(1) 双击 SW 图标,打开软件。新建零件	—

续表

建　模　步　骤	图　　例
（2）在前视基准面上新建草图,添加必要的几何关系并标注尺寸(注意旋转轴位于原点)	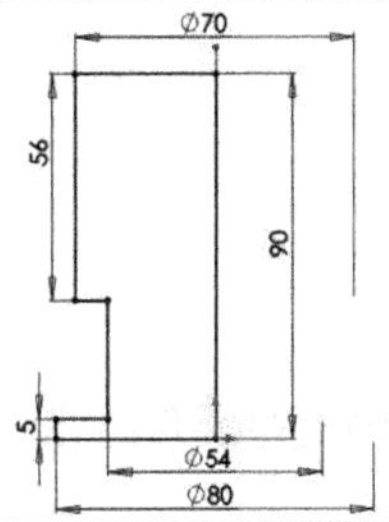
（3）在命令管理器【特征】标签页上单击"旋转凸台/基体"按钮 🌀,确认旋转角度为360°,单击"确定"按钮 ✔ 完成	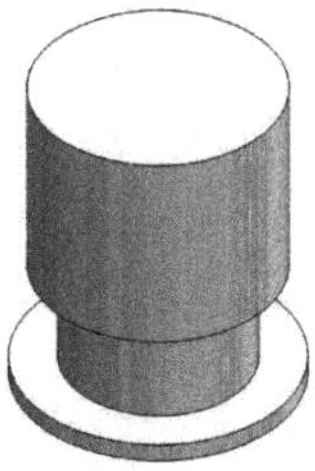
（4）在图示边线上添加 R6 的圆角	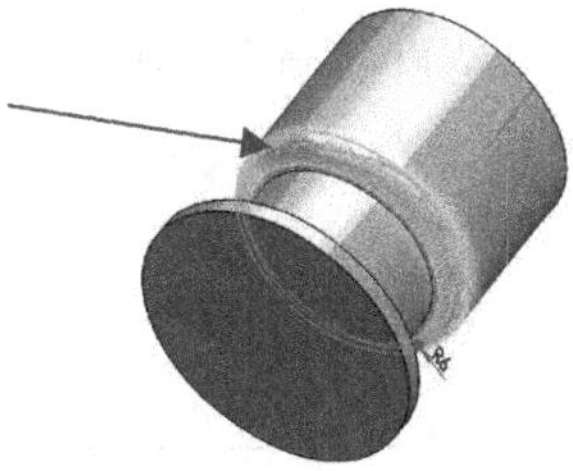
（5）在右视基准面上新建草图(圆的直径为50 mm,离上表面的距离为 30 mm),然后拉伸62 mm	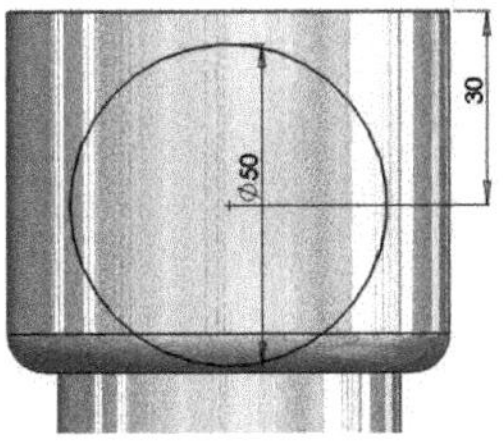 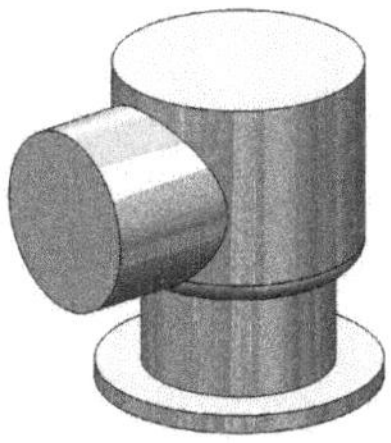
（6）在上平面新建图示草图(圆的直径为16 mm,圆心在上平面的圆周上,与竖直方向夹角为45°)	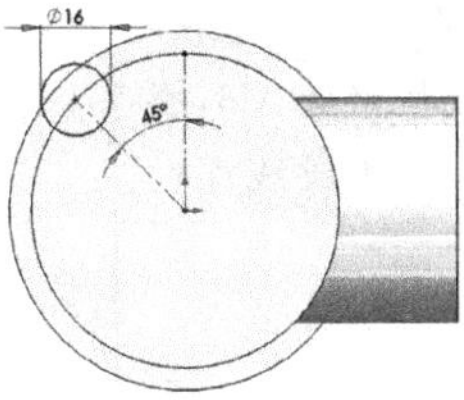 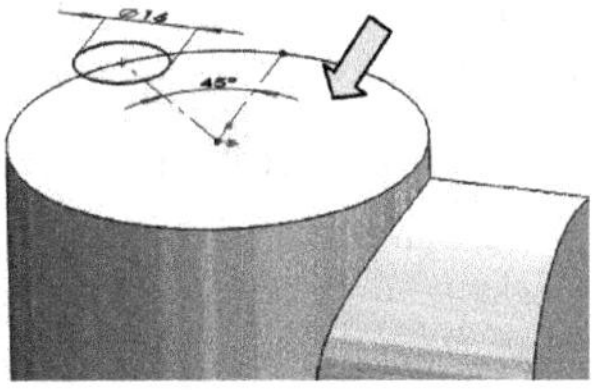
（7）在命令管理器【特征】标签页上单击"拉伸凸台/基体"按钮 ▣,将其往下拉伸到 24 mm(16+8=24)	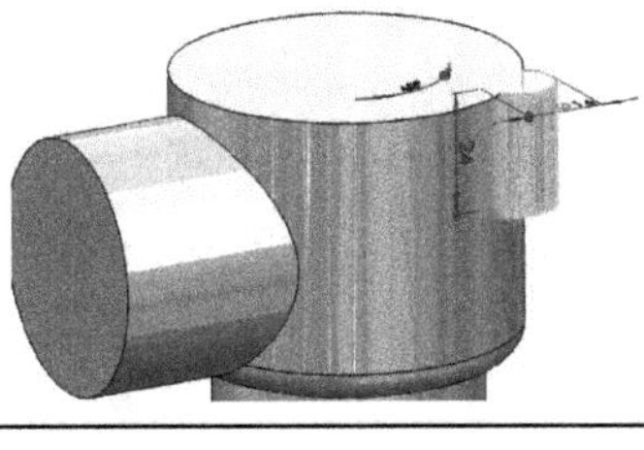

建 模 步 骤	图 例
（8）将图示边线添加 $R8$ 圆角	
（9）选中图示上表面，在命令管理器【特征】标签页上单击"异型孔向导"按钮	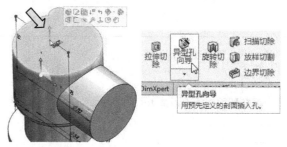
（10）在类型标签页上，孔类型选择直螺纹孔，标准选 GB，类型选底部螺纹孔，孔规格选 M6，终止条件选给定深度，孔深为 16 mm，螺纹线深度为 12 mm	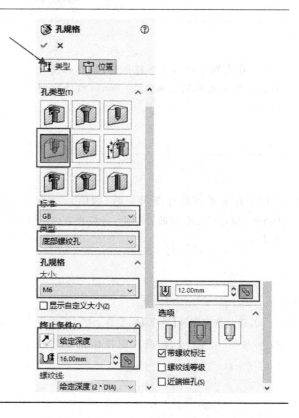

续表

建 模 步 骤	图 例
（11）切换到位置标签页，此时鼠标默认为点命令状态（如果有其他位置的孔要创建，可通过单击左键放置多个孔），按键盘上的 Esc 键取消点命令，将点定位到圆心处（可通过鼠标左键拖动点到圆弧上，然后再移回显示出来的圆心即可，此过程鼠标不松开），单击"确定"按钮 ✔ 完成	
（12）如果螺纹孔未显示螺纹线，则可通过在特征管理器的注解上单击右键→细节→上色的装饰螺纹线打开对话框，然后勾选上色的装饰螺纹线，再单击"确定"按钮即可	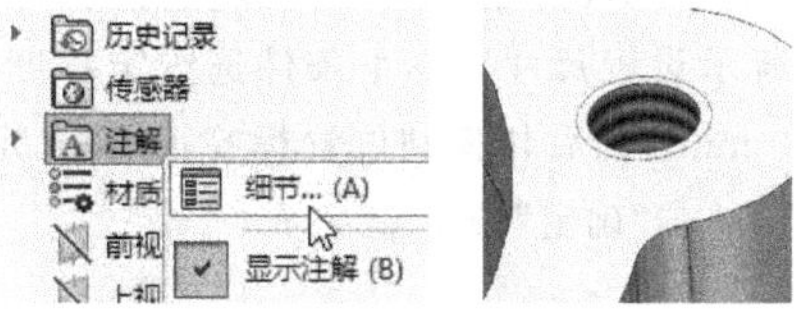 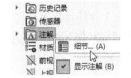
（13）将拉伸的小圆柱、圆角及螺纹孔圆周等间距阵列 4 个	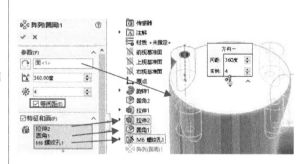
（14）在前视基准面上新建草图，注意草图左下角的定位。拉伸至 40 mm，此时刚好和底部圆周相切	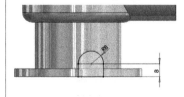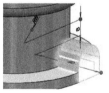
（15）选中图示表面，在命令管理器【特征】标签页上单击"异型孔向导"按钮	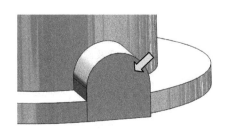

建模步骤	图例
（16）在类型标签页上，孔类型选择柱形沉头孔，标准选 GB，类型选 Hex head bolts GB/T5782—2000，孔规格选 M6，勾选显示自定义大小，如图所示设置尺寸。终止条件选给定深度，孔深为40 mm。然后切换到位置标签页，将孔定位于圆心，单击"确定"按钮 ✔ 完成	 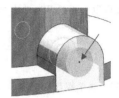 
（17）将第（16）步的沉头孔内孔边线进行图示倒角	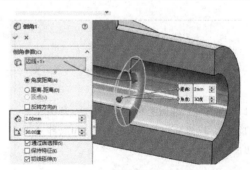
（18）将第（14）步的拉伸、孔及倒角圆周等间距阵列 4 个	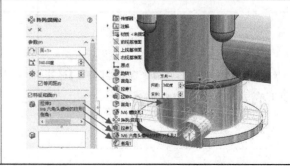

建 模 步 骤	图 例
（19）在前视基准面上新建图示草图,并绕中心线旋转切除,完成泵体内腔的创建	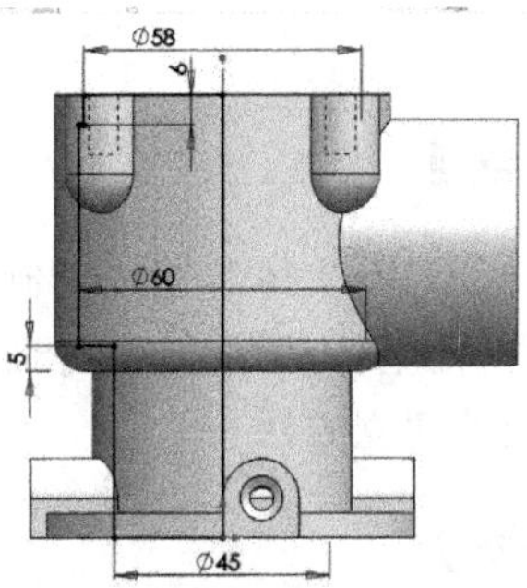
（20）在图示平面新建草图,并拉伸 8 mm	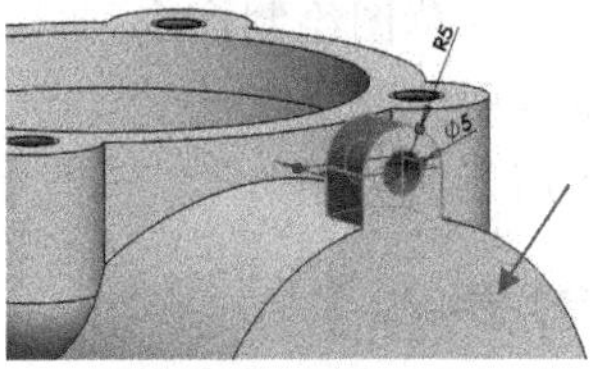
（21）将上一步的拉伸圆周等间距阵列 4 个	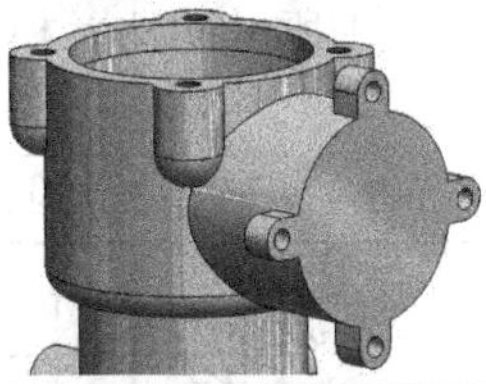
（22）在侧面新建草图,绘制直径为 42 mm 的圆,并切除至内壁	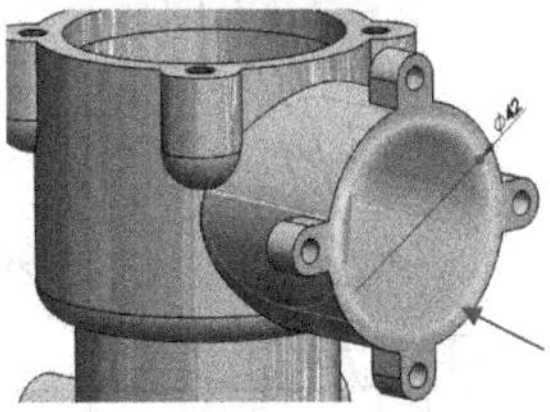
（23）图示内壁边线添加 $R1$ 的圆角	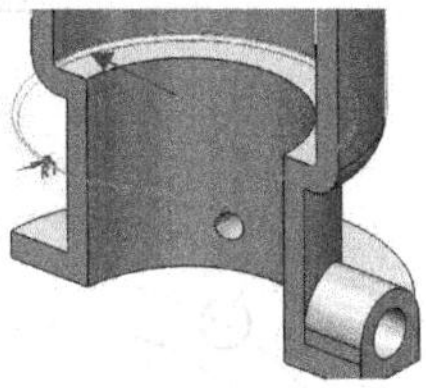
（24）添加其他 $R3$ 的圆角	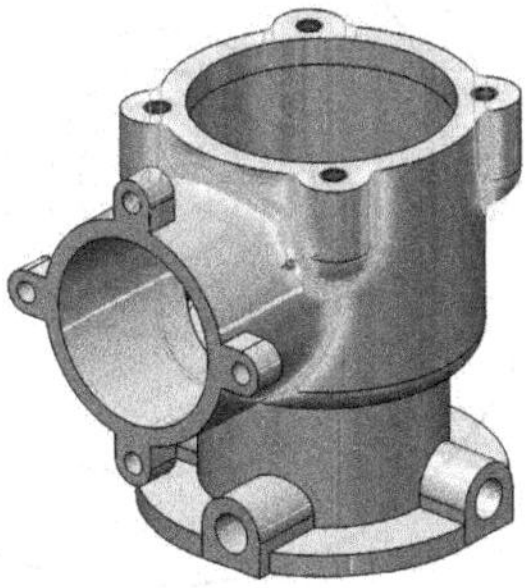

本任务结束!

◀ 任务 12　法兰建模 ▶

【学习要点】

- 圆、直线、等距实体等草图绘制命令
- 旋转凸台/基体、圆周阵列等命令的基本应用
- 基准面的建立方法

任务视频二维码索引

【技能目标】

- 掌握基本的草图绘制命令
- 掌握基准面的建立方法
- 合理运用几何关系

【项目案例导入】

建立如图 1.12.1 所示的法兰模型。

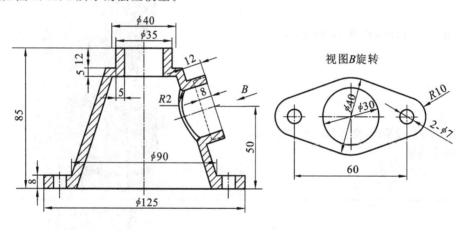

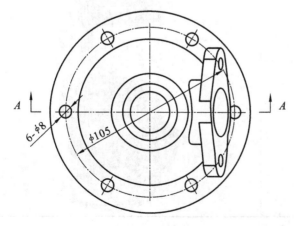

图 1.12.1　法兰参考图样

【任务分解】

法兰建模任务按图1.12.2所示步骤进行分解。

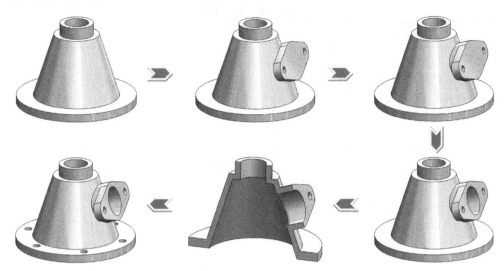

图1.12.2 法兰建模任务分解示意图

【相关知识】

基准面 ▐ :垂直于曲线的基准面是基准面的另一种建立形式。

在直(曲)线的端点上建立一个基准面,该基准面与直(曲)线的端点的切线方向垂直。建立基准面时,只需单击直(曲)线,即可自动在离单击位置最近的端点上建立一垂直于直(曲)线的基准面。为了更直观地确定平面的位置,建议再单击直(曲)线的端点(见表1.12.1)。

表1.12.1 基准面

命 令 条 件	参 数 设 置	结 果
已存在用于创建基准面的边线或草图		
在实体状态	分别选中草图和端点	基准面生成预览效果

【任务实施】

任务实施过程如表 1.12.2 所示。

表 1.12.2　法兰建模

建模步骤	图例
（1）在前视基准面上用直线命令新建草图，添加必要的几何关系并标注尺寸（注意旋转轴位于原点）	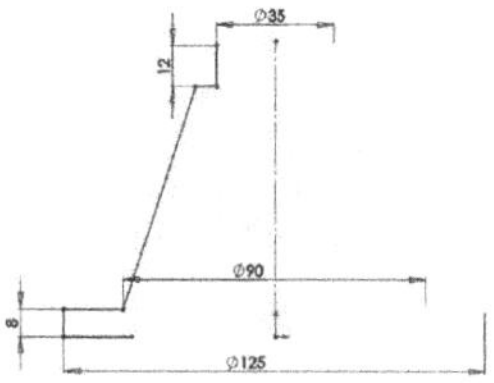
（2）用等距实体命令将图示 3 条边线往右侧等距 5 mm	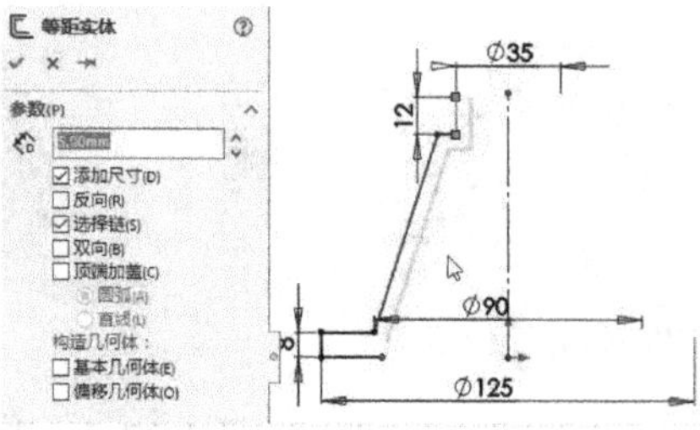
（3）补齐线条并标注尺寸，如图所示。注意箭头所指处的处理（用剪裁实体命令？）	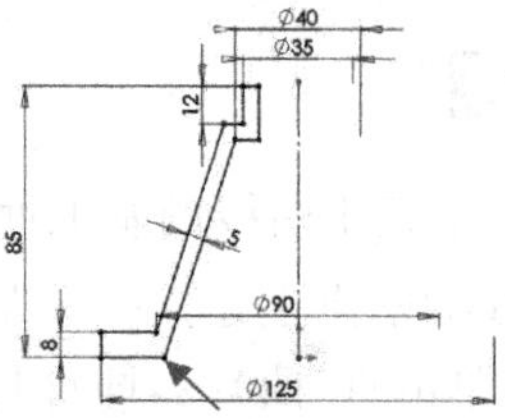
（4）在命令管理器【特征】标签页上单击"旋转凸台/基体"按钮 ，确认旋转角度为 360°，单击"确定"按钮 ✔ 完成	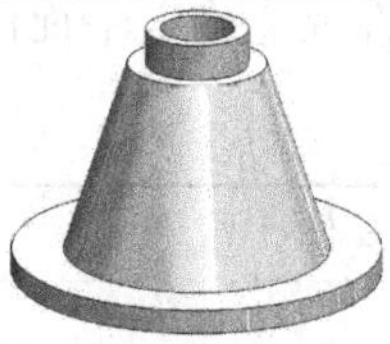
（5）在前视基准面上新建草图，绘制图示中心线，并添加箭头所指端点与原点的竖直关系	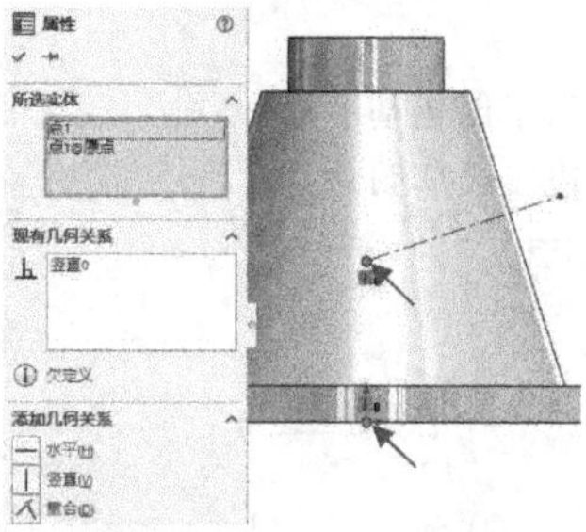
（6）添加直线实体侧边线的垂直几何关系，标注相应的尺寸后退出草图	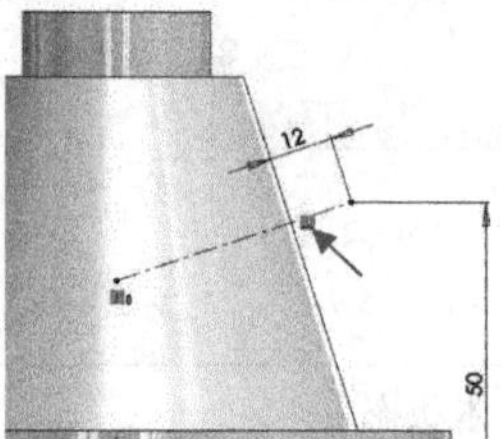

建 模 步 骤	图 例
（7）在命令管理器【特征】标签页上单击"参考几何体"→"基准面"按钮 。第一参考选中直线，第二参考选中直线的端点。单击"确定"按钮 ✔ 完成基准面的建立	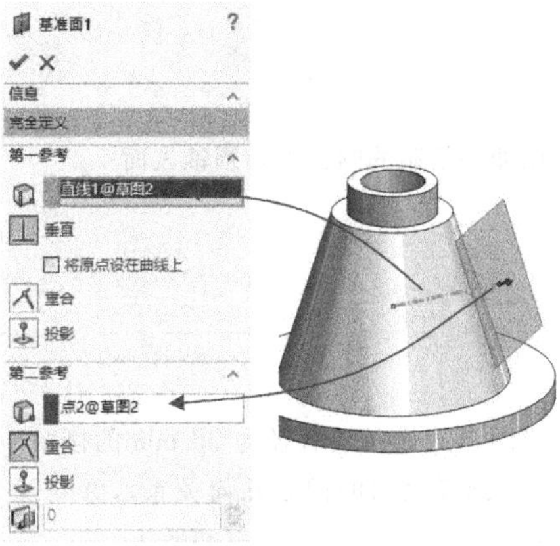
（8）在新建的基准面上新建草图，注意添加相等、相切等几何关系并标注尺寸（可运用镜向实体命令 加快草图绘制）	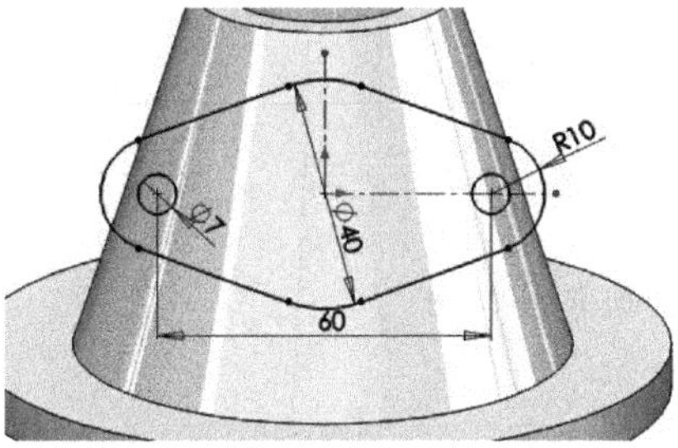
（9）将上述草图往实体方向拉伸 8 mm	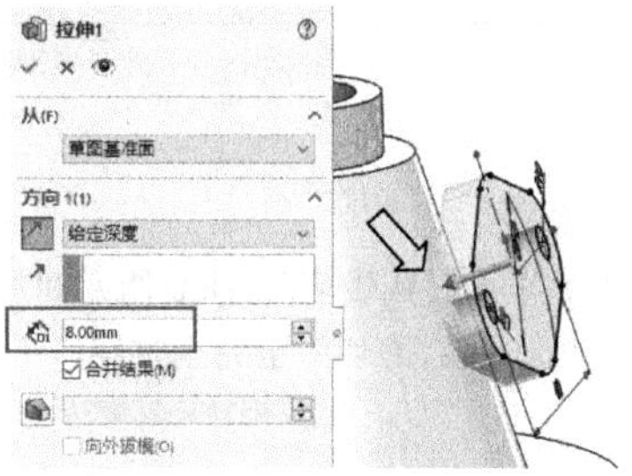
（10）在图示平面新建草图，并应用转换实体引用命令将圆弧引用到草图	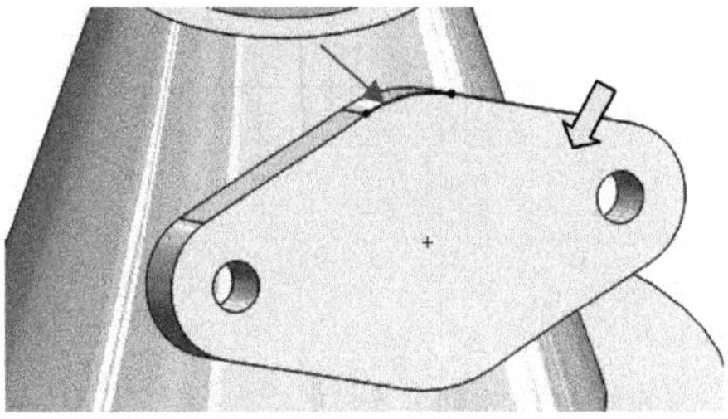
（11）用鼠标左键拖动其中的一个端点，可延伸该线直到目标位置（即另一端点），这样就完成了圆的绘制	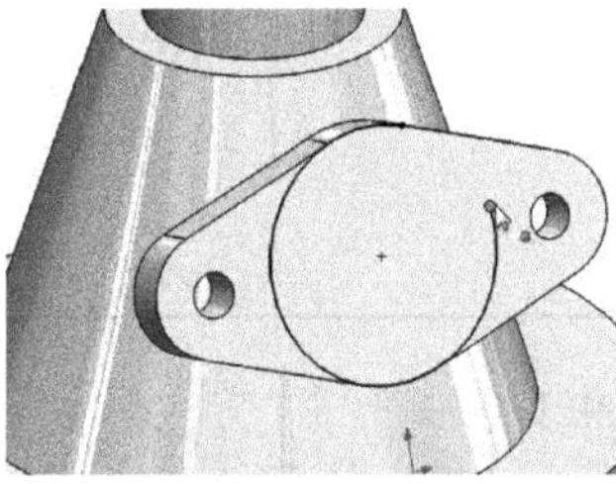

建 模 步 骤	图　　例
（12）拉伸刚绘制的圆到主体圆锥表面	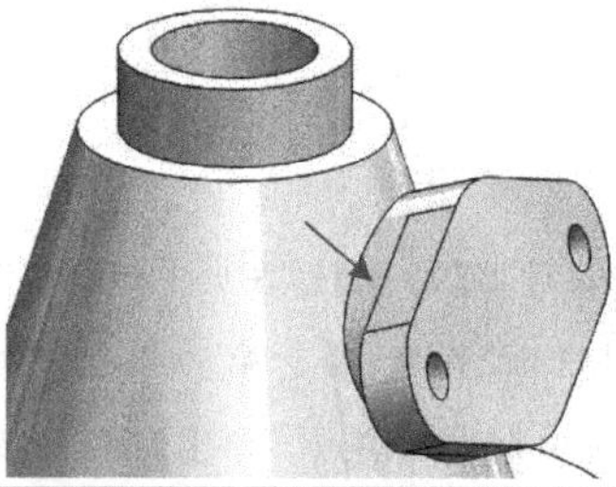
（13）在图示平面新建直径为 30 mm 的圆（注意添加和外圆弧之间的同心几何关系），并切除到主体内表面	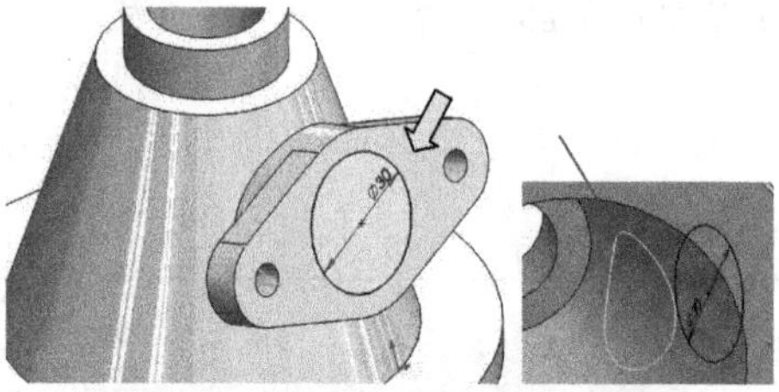
（14）添加 $R2$ 的圆角	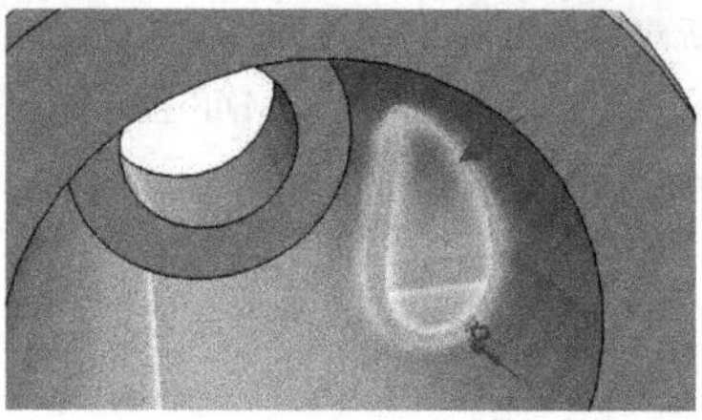
（15）在图示平面上新建草图，注意圆心和原点之间的水平几何关系，并切除至完全贯穿	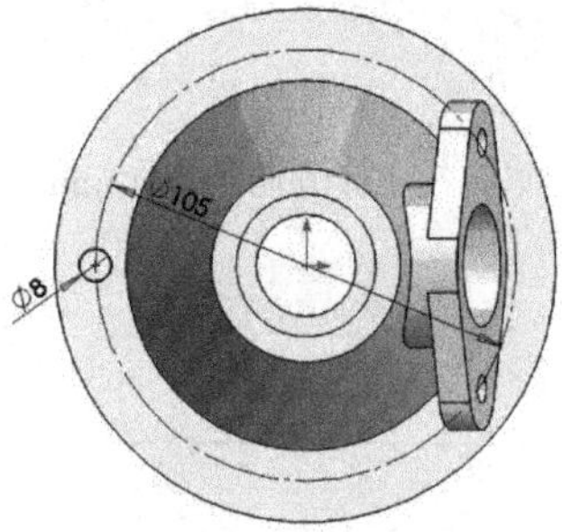
（16）等间距圆周阵列 6 个	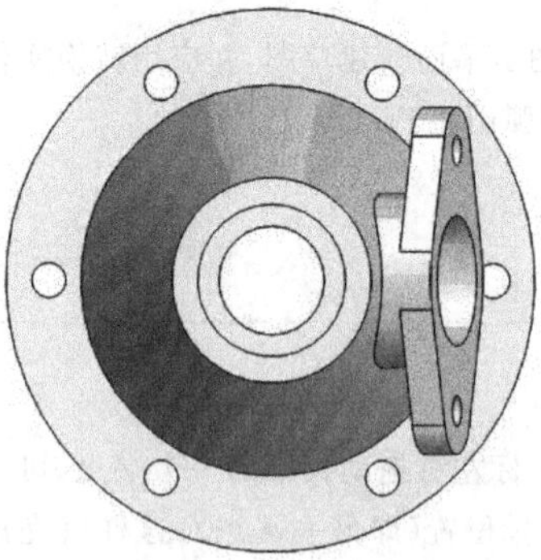

本任务结束！

◀ 任务 13　麦克风建模 ▶

【学习要点】

- 样条曲线、圆弧、圆、直线等草图绘制命令
- 线性草图阵列等命令的基本应用
- 扫描命令的应用
- 基准面的建立及镜向命令的应用

任务视频二维码索引

【技能目标】

- 掌握基本的草图绘制命令
- 掌握线性草图阵列命令的应用
- 理解扫描命令的应用
- 合理运用几何关系

【项目案例导入】

建立如图 1.13.1 所示的麦克风模型。

图 1.13.1　麦克风参考图样

【任务分解】

麦克风建模任务按图 1.13.2 所示步骤进行分解。

图 1.13.2　麦克风建模任务分解示意图

【相关知识】

1. 线性草图阵列 🔛

使用基准面上或模型上的草图实体生成线性排列的复制实体(见表 1.13.1)。

表 1.13.1　线性草图阵列

命 令 条 件	参 数 设 置	结　果
完成用于阵列的草图实体及存在用于指定阵列方向的边线或草图		

续表

命 令 条 件	参 数 设 置	结 果

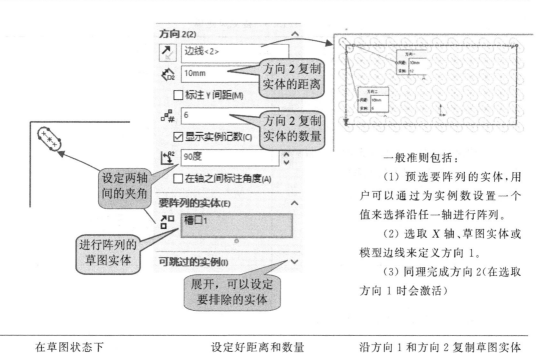

一般准则包括:

(1) 预选要阵列的实体,用户可以通过为实例数设置一个值来选择沿任一轴进行阵列。

(2) 选取 X 轴、草图实体或模型边线来定义方向 1。

(3) 同理完成方向 2(在选取方向 1 时会激活)

在草图状态下	设定好距离和数量	沿方向 1 和方向 2 复制草图实体

2. 扫描 ✐

沿某一路径移动一个轮廓(剖面)来生成基体、凸台、切除或曲面(见表 1.13.2)。

表 1.13.2　扫描

命 令 条 件	参 数 设 置	结 果
在实体状态	分别选择轮廓和路径	轮廓沿路径的轨迹即为扫描实体

【任务实施】

任务实施过程如表 1.13.3 所示。

表 1.13.3　麦克风建模

建模步骤	图　例
（1）在前视基准面上新建图示草图，完成后退出草图（注意添加必要的几何关系）	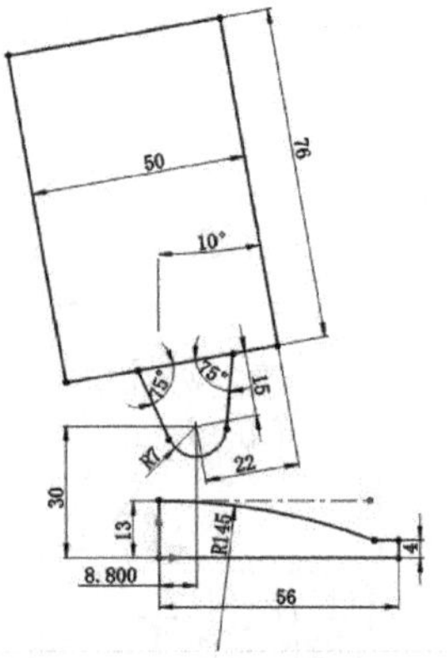
（2）还是在前视基准面上新建草图，完成后退出草图	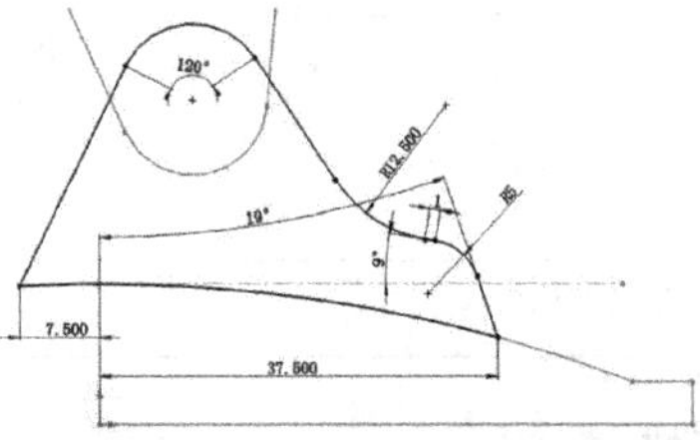
（3）继续在前视基准面上新建草图，注意尺寸2.5 mm，并两侧对称拉伸至 50 mm（注意应用转换实体引用命令及等距实体命令）	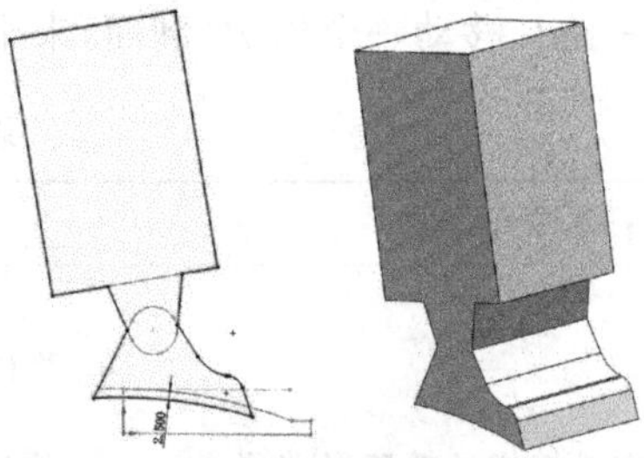
（4）在图示面上新建草图（注意应用转换实体引用命令），并切除 18 mm	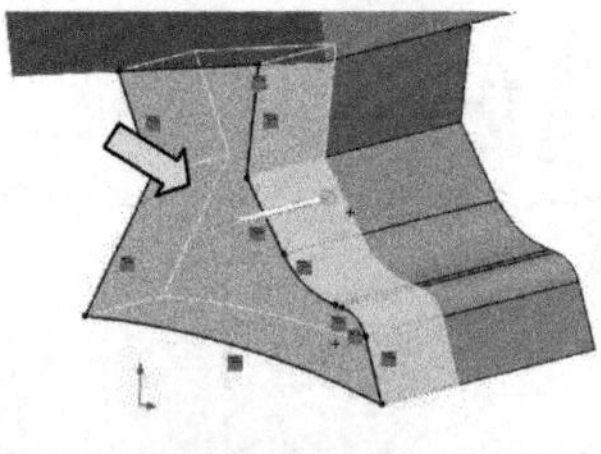
（5）在上一步切出的面上新建草图（注意应用转换实体引用命令），并切除 2 mm	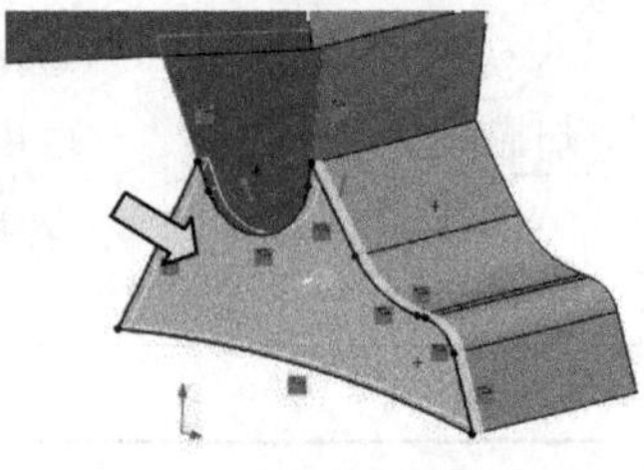

续表

建 模 步 骤	图 例
（6）将第（4）步和第（5）步的切除以前视基准面为镜向面，镜向到另一侧。 	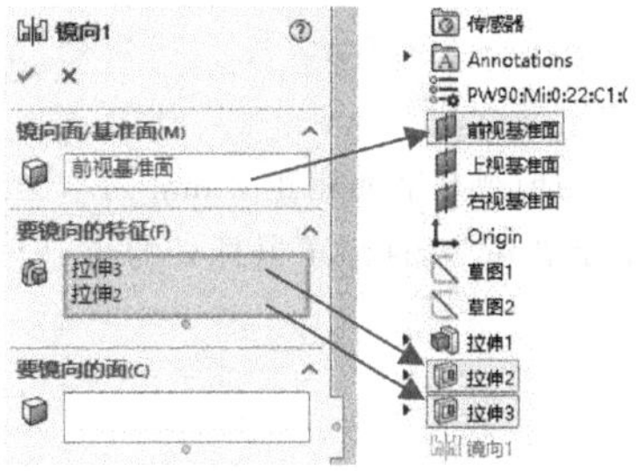 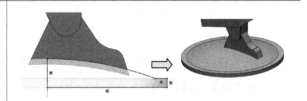
（7）在前视基准面作图示草图，并旋转成实体	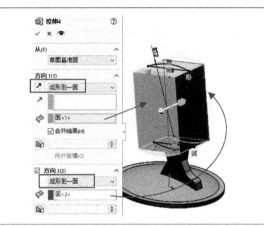
（8）在前视基准面上新建草图，并两侧分别拉伸到指定面，使之与之前的实体平齐	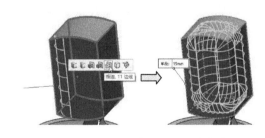
（9）单击圆角命令，设置半径为 15 mm，单击图示边线，在弹出的快捷工具栏中单击命令，选中所在区域相连的所有边线，单击"确定"按钮完成	
（10）单击等距曲面命令，设置尺寸为2.5 mm，右键单击表面，在快捷菜单单击相切命令，选中所有切面，单击"确定"按钮 	

建 模 步 骤	图 例
（11）建立与前视基准面相距 2 mm 的基准面，并在基准面上新建草图（注意鼠标处的顶点与圆弧端点重合）	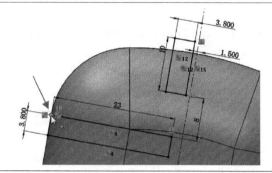
（12）在命令管理器【特征】标签页上单击"线性草图阵列"按钮 ，方向 1 间距为 6.8 mm，数量为 3 个，夹角为 10°，勾选"标注×间距"。要阵列的实体选中矩形，如图所示进行设置，完成复制	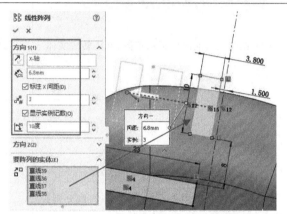
（13）添加两线的共线几何关系，以完全定义草图	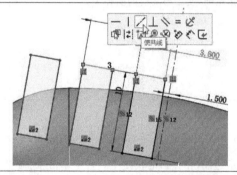
（14）同理完成另一个矩形的线性阵列，方向 1 间距为 6.8 mm，数量为 8 个，勾选"标注×间距"。要阵列的实体选中矩形，如有必要，则添加必要的几何关系，使之完全定义	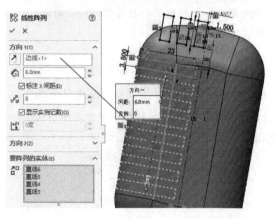

建 模 步 骤	图 例
（15）往背离前视基准面方向切除至完全贯穿	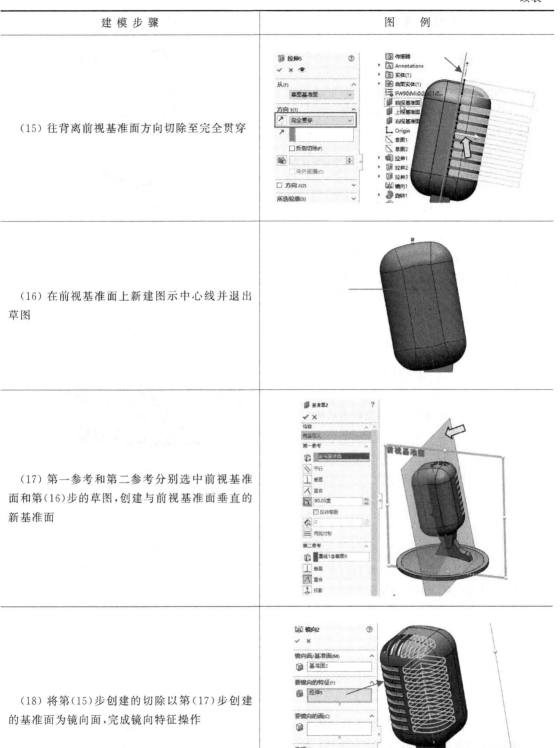
（16）在前视基准面上新建图示中心线并退出草图	
（17）第一参考和第二参考分别选中前视基准面和第（16）步的草图，创建与前视基准面垂直的新基准面	
（18）将第（15）步创建的切除以第（17）步创建的基准面为镜向面，完成镜向特征操作	

建 模 步 骤	图 例
（19）将第（15）步创建的切除和第（18）步创建的镜向实体以前视基准面为镜向面，完成镜向特征操作	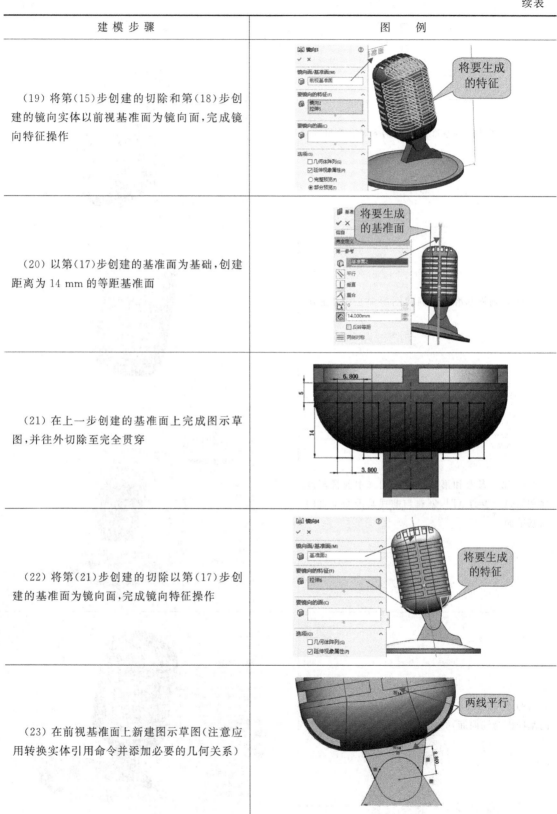
（20）以第（17）步创建的基准面为基础，创建距离为 14 mm 的等距基准面	
（21）在上一步创建的基准面上完成图示草图，并往外切除至完全贯穿	
（22）将第（21）步创建的切除以第（17）步创建的基准面为镜向面，完成镜向特征操作	
（23）在前视基准面上新建图示草图（注意应用转换实体引用命令并添加必要的几何关系）	

建 模 步 骤	图 例
（24）单击切除-拉伸命令 ▣，两侧分别成形到一面，单击"确定"按钮 ✔ 完成	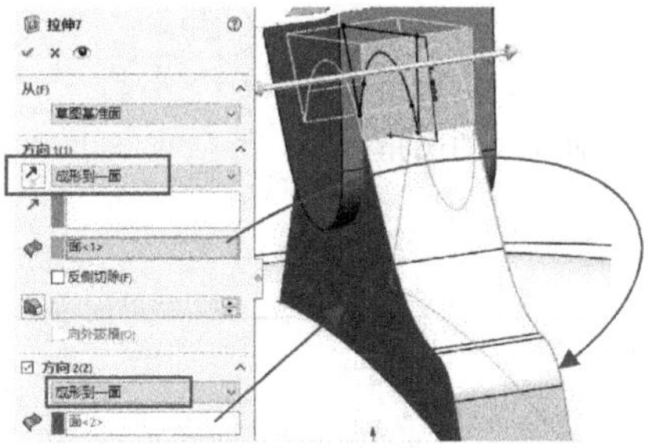
（25）在图示面上新建草图，并往实体切除0.5 mm	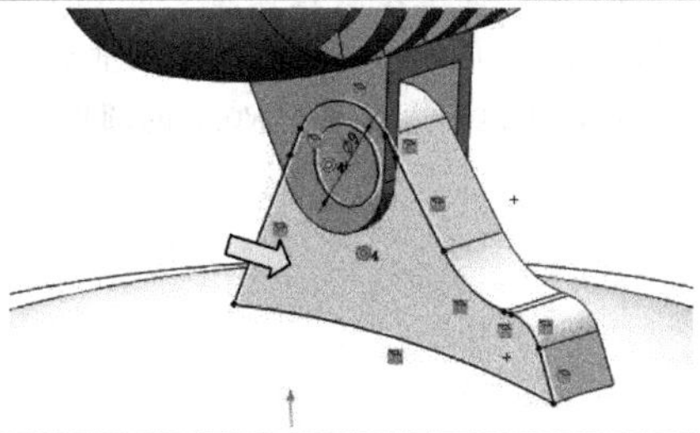
（26）镜向到另一侧	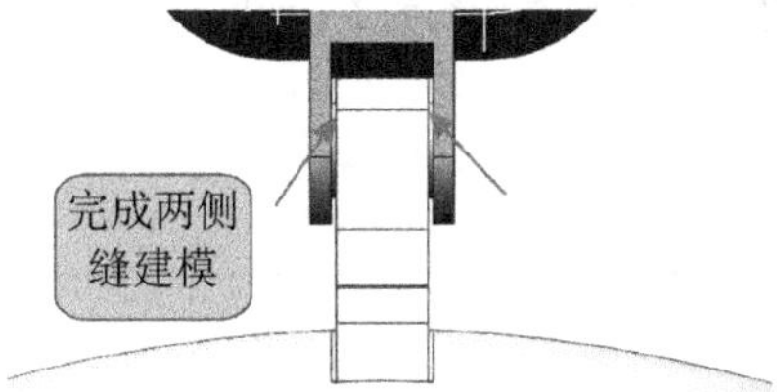
（27）两边线添加 R2.5 的圆角	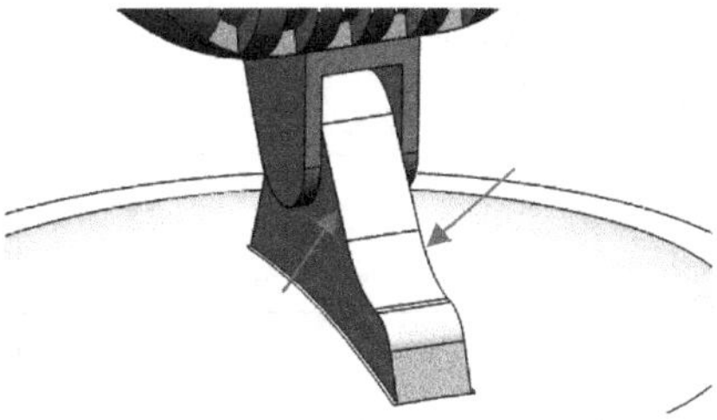
（28）添加 R2 的圆角	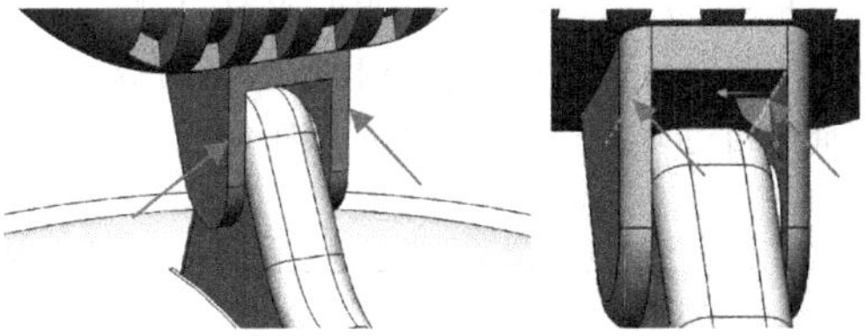
（29）添加 R3 的圆角	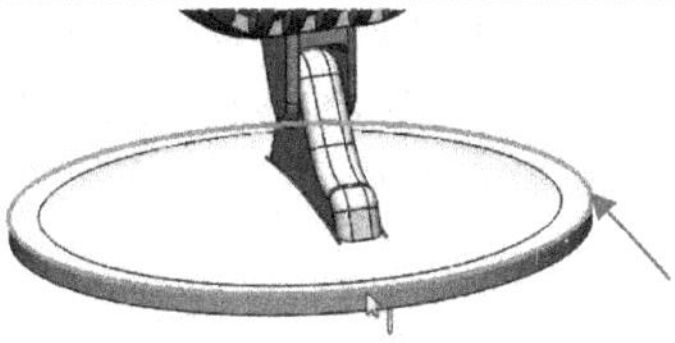

建模步骤	图　例
（30）添加 $R12$ 的圆角	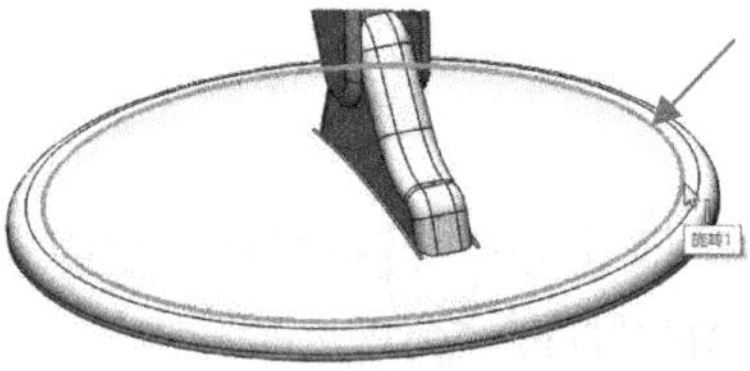
（31）在前视基准面上绘制直径为 9 mm 的圆（注意和圆弧同心），并两侧对称拉伸至 16 mm。再在两侧顶端边线添加 $R0.5$ 的圆角	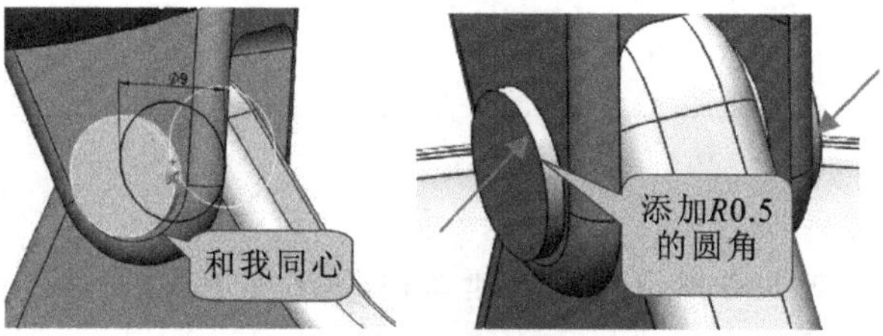 和我同心　添加$R0.5$的圆角
（32）添加上部所有棱线的 $R1$ 的圆角	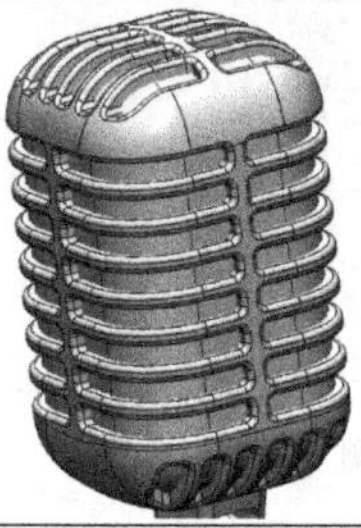
（33）创建与底部平面距离为 2.5 mm 的基准面，位于底面上方	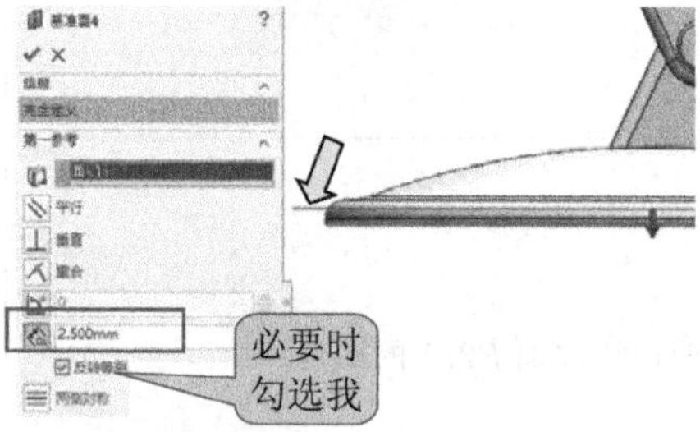 必要时勾选我
（34）在前视基准面上用样条曲线命令绘制图示草图，应注意线条尽可能的光滑，与底面的最小距离为 2.5 mm（注意样条线与构造线之间的相切关系），完成后退出草图	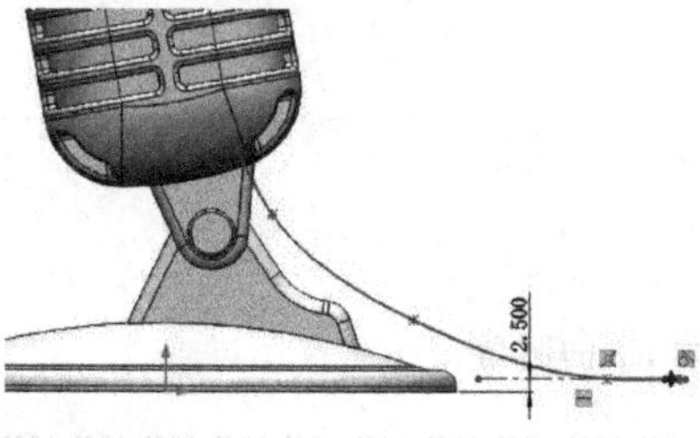
（35）在第（33）步创建的基准面上新建类似图示草图（注意添加和第（34）步曲线间的相切几何关系），完成后退出草图	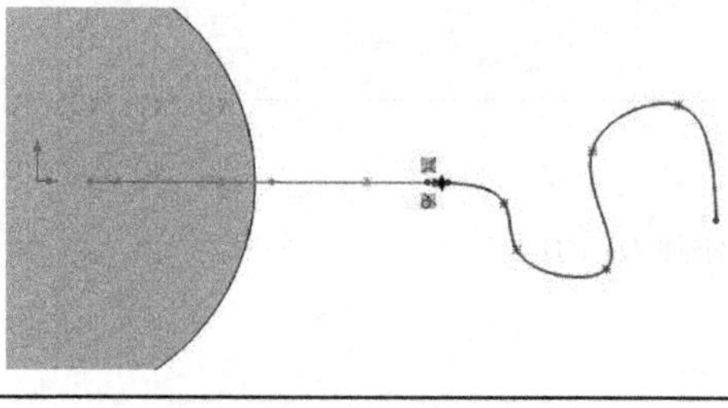

建 模 步 骤	图 例
（36）菜单栏单击插入→曲线→组合曲线 ，打开组合曲线命令	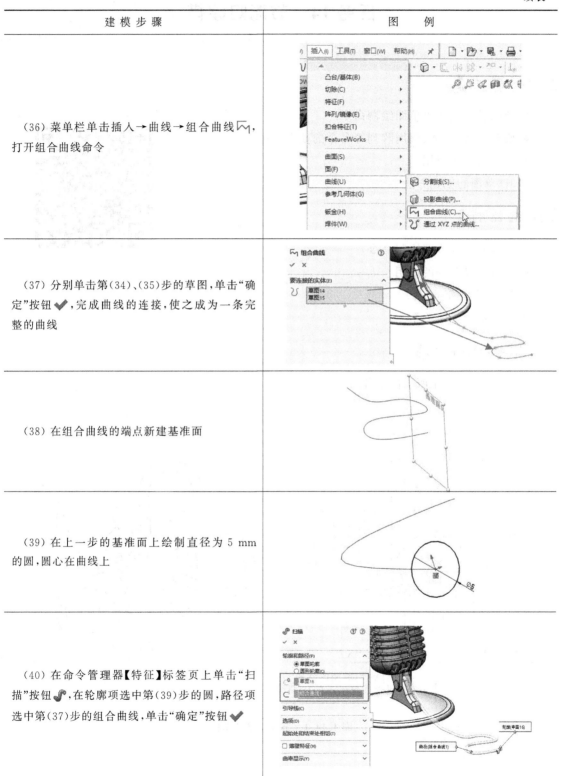
（37）分别单击第（34）、（35）步的草图，单击"确定"按钮 ，完成曲线的连接，使之成为一条完整的曲线	
（38）在组合曲线的端点新建基准面	
（39）在上一步的基准面上绘制直径为 5 mm 的圆，圆心在曲线上	
（40）在命令管理器【特征】标签页上单击"扫描"按钮 ，在轮廓项选中第（39）步的圆，路径项选中第（37）步的组合曲线，单击"确定"按钮	

本任务结束！

◀ 任务 14　节能灯建模 ▶

【学习要点】

- 圆弧、圆、直线等草图绘制命令
- 旋转凸台/基体、圆周阵列等命令的基本应用
- 扫描命令的应用
- 3D 草图的创建方法

任务视频二维码索引

【技能目标】

- 掌握基本的草图绘制命令
- 掌握扫描命令的应用
- 初步理解 3D 草图
- 合理运用几何关系

【项目案例导入】

建立如图 1.14.1 所示的节能灯模型。

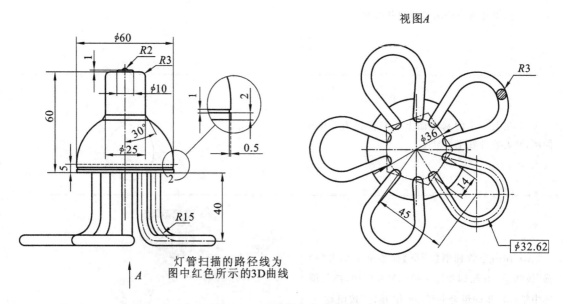

灯管扫描的路径线为
图中红色所示的3D曲线

图 1.14.1　节能灯参考图样

【任务分解】

节能灯建模任务按图 1.14.2 所示步骤进行分解。

图 1.14.2 节能灯建模任务分解示意图

【相关知识】

3D 草图绘制 [3D]：在绘制 3D 草图时，可以用键盘上的 [Tab] 键切换绘制平面。

初学时，直接绘制 3D 草图有较大的困难，我们可以先在不同的平面绘制多个平面草图，再将其组合成 3D 草图，或是利用模型已有边线提取 3D 草图。

在菜单栏上单击插入→3D 草图或在命令管理器【草图】标签页单击"草图绘制"按钮 右侧箭头 ▼→"3D 草图"按钮 [3D]，可以进入 3D 草图绘制模式，绘制方法同二维草图（见表 1.14.1、表1.14.2）。

表 1.14.1 3D 草图绘制（一）

命 令 条 件	参 数 设 置	结　　果
在命令管理器【草图】标签页上单击草图绘制下方的箭头→3D 草图	进入 3D 草图绘制状态，用相应的草图命令绘制图形	
在实体状态	按键盘上的 [Tab] 键切换绘图平面	完成立体草图绘制

表 1.14.2 3D 草图绘制（二）

命 令 条 件	参 数 设 置	结　　果
已存在实体	单击"3D 草图"按钮 [3D]。选中要用于 3D 草图的边线，单击"转换实体引用"按钮	
在实体状态	按键盘上的 [Ctrl] 键多选边线	隐藏实体后即是 3D 草图

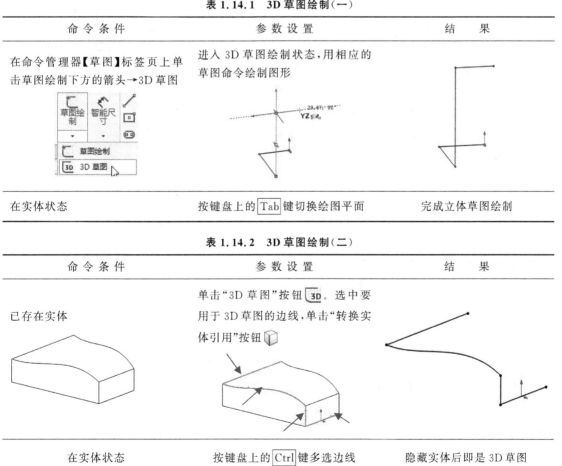

【任务实施】

任务实施过程如表 1.14.3 所示。

表 1.14.3 节能灯建模

建 模 步 骤	图 例
（1）在前视基准面上新建草图,添加必要的几何关系并标注尺寸(注意旋转轴位于原点)	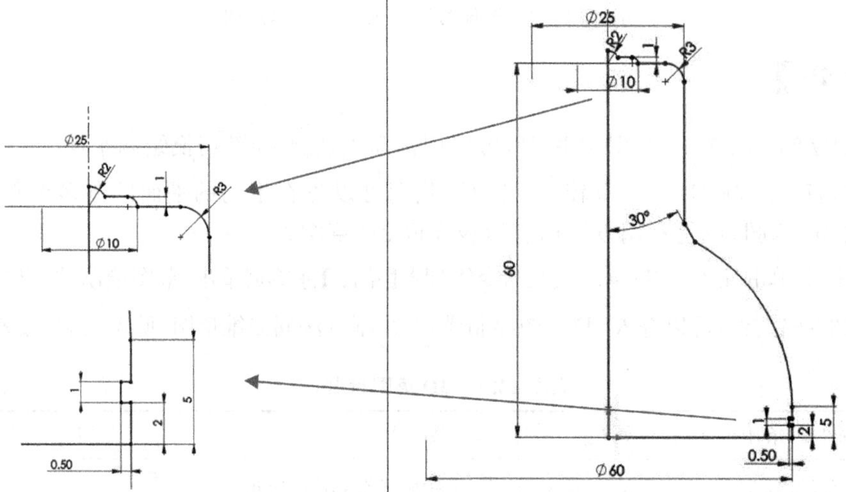
（2）在命令管理器【特征】标签页上单击"旋转凸台/基体"按钮🌀,确认旋转角度为 360°,单击"确定"按钮✔完成	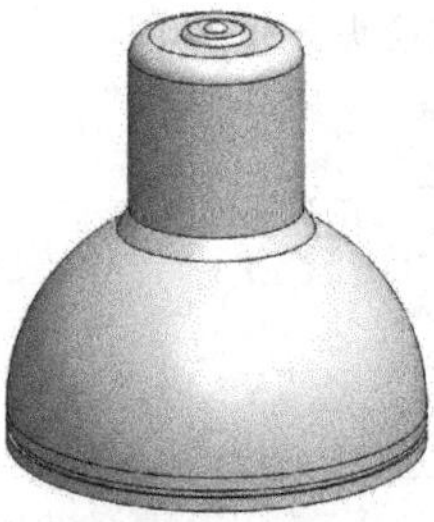
（3）在图示底面上新建内切圆直径为 36 mm 的正五边形(注意添加必要的几何关系)	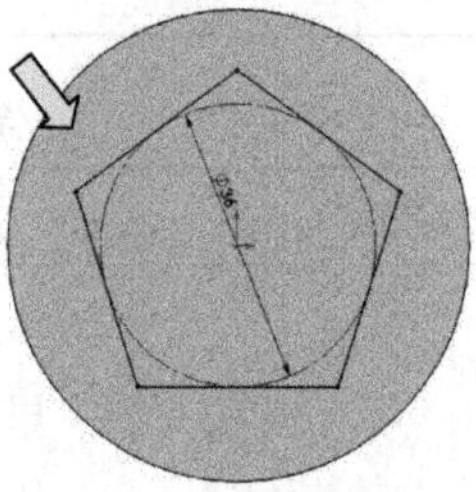
（4）在命令管理器【曲面】标签页上单击"拉伸曲面"按钮,将五边形向外拉伸 30 mm 高度,单击"确定"按钮✔完成	

建 模 步 骤	图 例
（5）在五边形曲面的任一平面上绘制图示草图（注意和中心线的对称关系，间距为14 mm），完成后退出草图	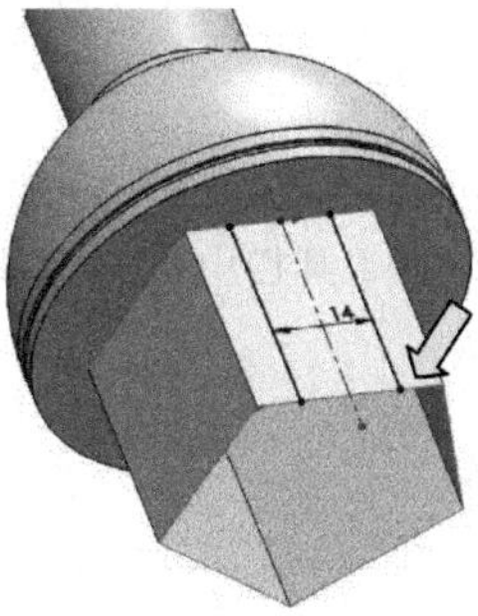
（6）创建和第（2）步完成的回转体底面距离为40 mm的基准面	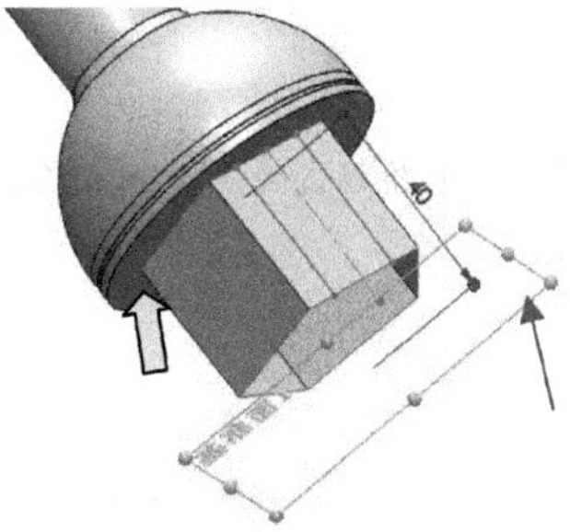
（7）在新建的基准面上创建草图（注意和第（5）步创建的草图同一方位。注意添加第（5）步草图的直线端点和当前草图直线间的重合几何关系）。完成后退出草图	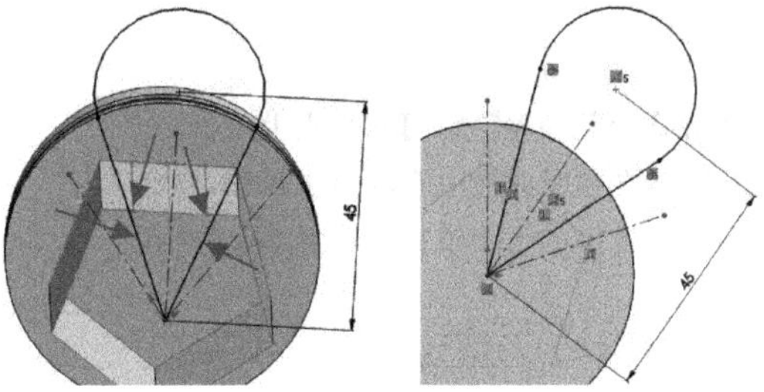
（8）在命令管理器【草图】标签页上单击"3D草图"按钮，按下键盘上的 Ctrl 键选中图示两草图，单击"转换实体引用"按钮 。前述草图被引用到3D草图中。然后隐藏草图3和草图4	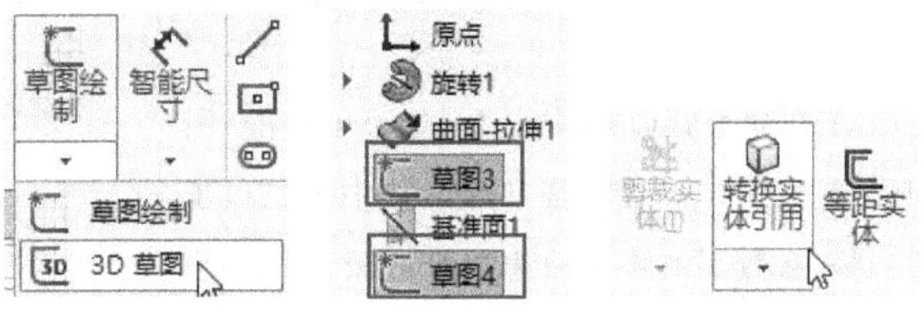
（9）在命令管理器【草图】标签页上单击"绘制圆角"按钮，分别单击图示边线绘制R15的圆角（注意单击的位置，使圆角如图如示）	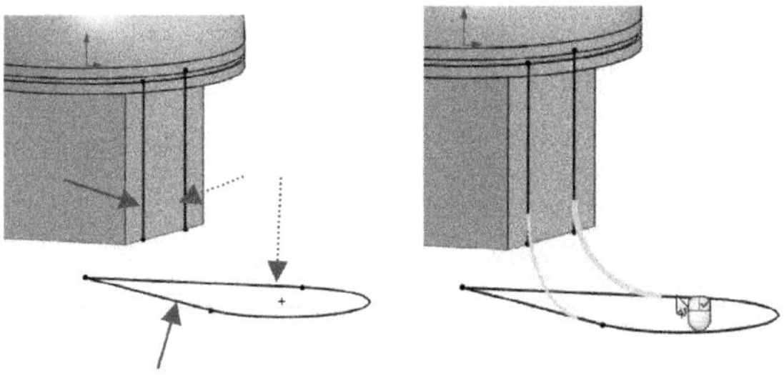

建 模 步 骤	图 例
（10）在特征树中的［曲面-拉伸1］上单击鼠标左键，在弹出的快捷工具栏中单击"隐藏"按钮 ，将曲面隐藏	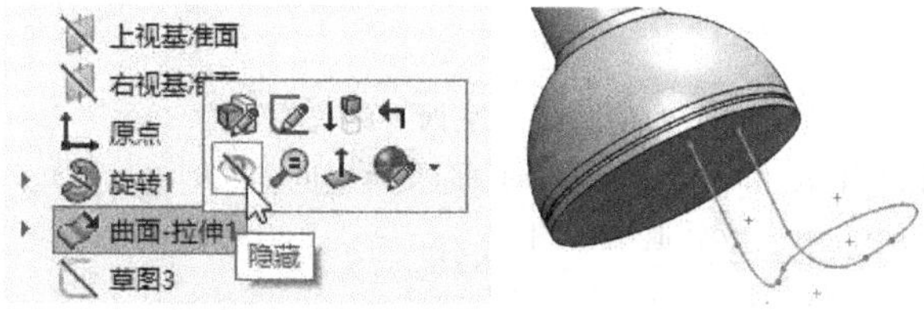 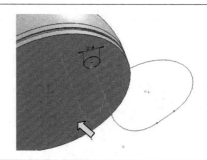
（11）在图示平面上新建直径为 6 mm 的圆，圆心位于曲线上	
（12）在命令管理器【特征】标签页上单击"扫描"按钮 ，在轮廓项选中第（10）步的圆，路径项选中第（8）步的 3D 草图，单击"确定"按钮	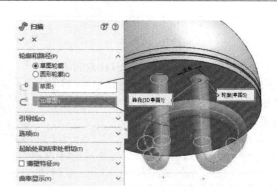
（13）在命令管理器【特征】标签页上单击"圆周阵列"按钮 ，在特征和面项选中第（11）步的扫描，参数下的阵列轴选中图示圆，单击"确定"按钮 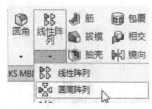	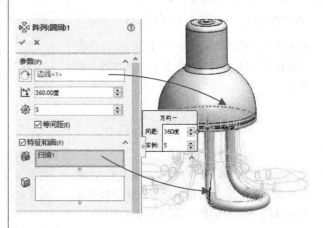

本任务结束！

◀ 任务 15　星形弹簧建模 ▶

【学习要点】

- 圆、直线等草图绘制命令
- 螺旋线/涡状线、交叉曲线等命令的基本应用
- 扫描命令的应用

任务视频二维码索引

【技能目标】

- 掌握基本的草图绘制命令
- 掌握扫描命令的应用
- 掌握螺旋线/涡状线、交叉曲线等命令
- 合理运用几何关系

【项目案例导入】

建立如图 1.15.1 所示的星形弹簧模型。

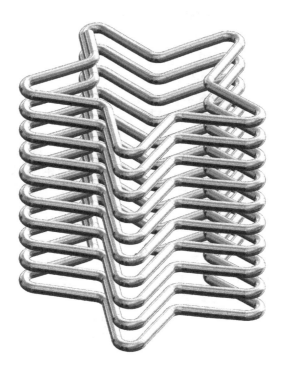

图 1.15.1　星形弹簧参考图样

【任务分解】

星形弹簧建模任务按图 1.15.2 所示步骤进行分解。

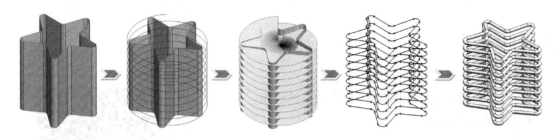

图 1.15.2　星形弹簧建模任务分解示意图

【相关知识】

1. 螺旋线/涡状线 ◙

菜单栏单击插入→曲线→螺旋线/涡状线,可在零件中生成螺旋线和涡状线曲线,此螺旋线可以被当成一个路径或引导曲线使用于扫描的特征,或作为放样特征的引导曲线(见表 1.15.1)。

表 1.15.1　螺旋线/涡状线

命 令 条 件	参 数 设 置	结 果
完成打开一个包括圆的（此圆的直径控制螺旋线状线的开始直径）		
在草图状态下	选择合适的定义方式(共 4 种)	生成螺旋线,草图圆自动消失

2. 交叉曲线

通过求两个面的交线来获取的曲线,可以使用交叉曲线来测量零件截面的厚度(见表 1.15.2)。

表 1.15.2 交叉曲线

命 令 条 件	参 数 设 置	结 果
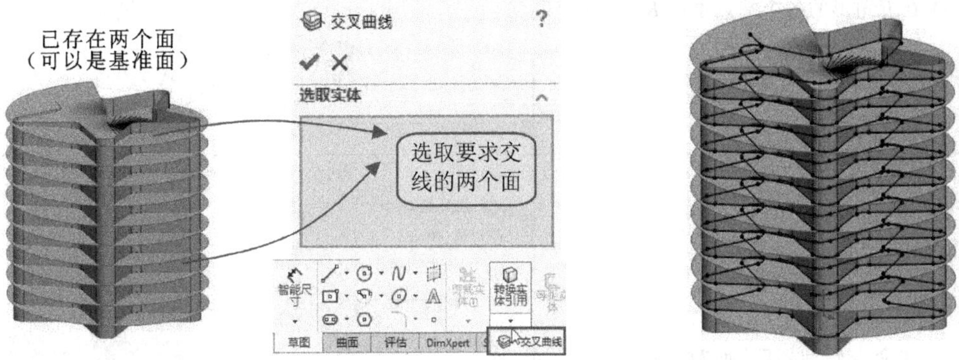 已存在两个面 (可以是基准面)	选取要求交线的两个面	
在实体状态	选完面后单击"确定"按钮 ✔	生成交叉曲线后可隐藏曲面

【任务实施】

任务实施过程如表 1.15.3 所示。

表 1.15.3 星形弹簧建模

建 模 步 骤	图 例
(1) 在上视基准面上新建五边形,并将其定义为构造线,中心在原点,注意添加必要的几何关系并标注尺寸	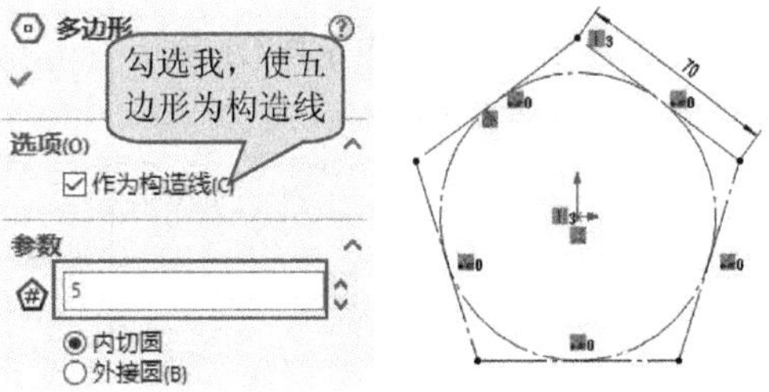 勾选我,使五边形为构造线
(2) 用直线命令完成图示各点的边线	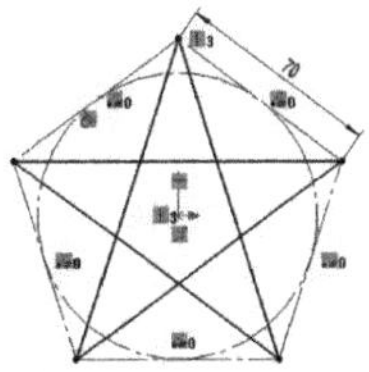
(3) 用剪裁实体命令剪除内部线条	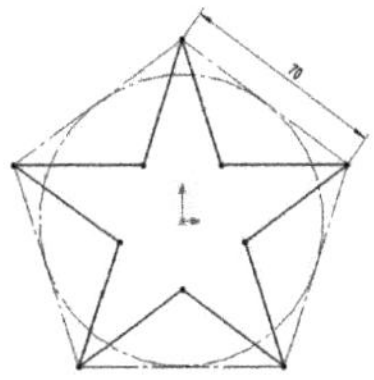

建模步骤	图　例
（4）在五角形的各个端点添加 R5 的圆角	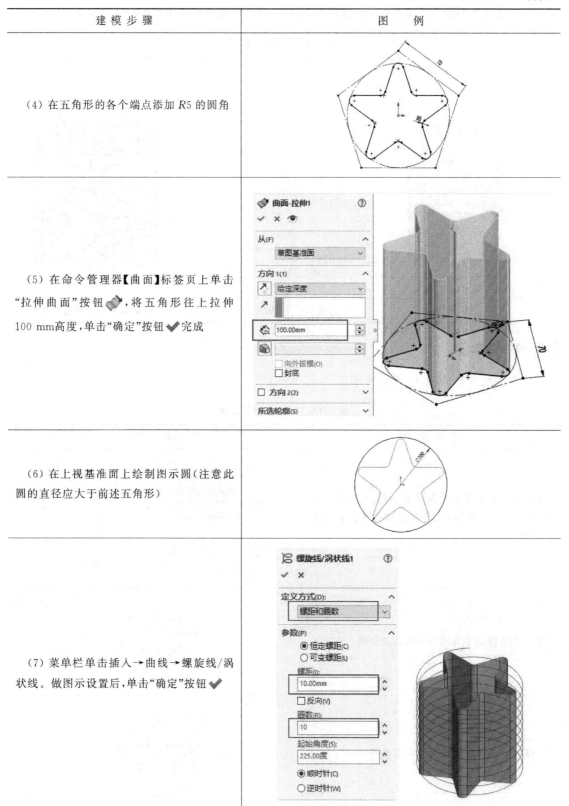
（5）在命令管理器【曲面】标签页上单击"拉伸曲面"按钮 ，将五角形往上拉伸 100 mm 高度，单击"确定"按钮 ✔ 完成	
（6）在上视基准面上绘制图示圆（注意此圆的直径应大于前述五角形）	
（7）菜单栏单击插入→曲线→螺旋线/涡状线。做图示设置后，单击"确定"按钮 ✔	

建　模　步　骤	图　　例
（8）通过螺旋线端点作图示基准面	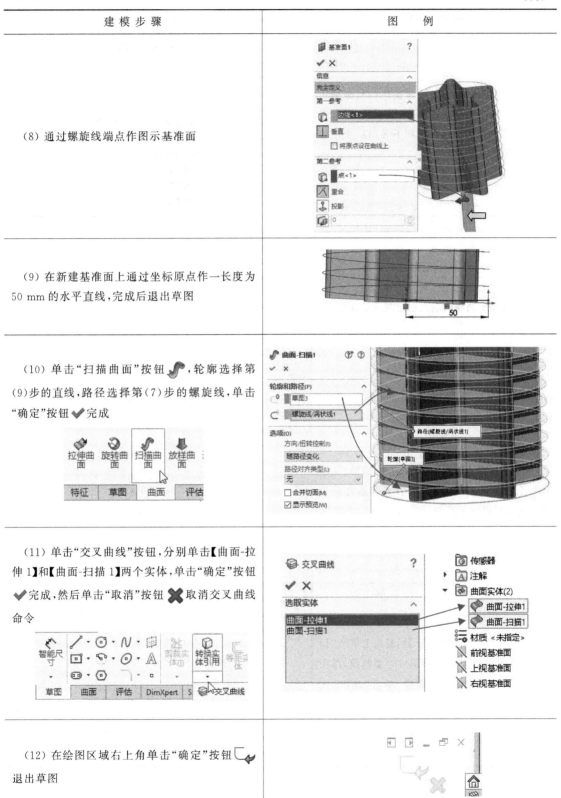
（9）在新建基准面上通过坐标原点作一长度为50 mm的水平直线，完成后退出草图	
（10）单击"扫描曲面"按钮，轮廓选择第（9）步的直线，路径选择第（7）步的螺旋线，单击"确定"按钮✔完成	
（11）单击"交叉曲线"按钮，分别单击【曲面-拉伸1】和【曲面-扫描 1】两个实体，单击"确定"按钮✔完成，然后单击"取消"按钮✖取消交叉曲线命令	
（12）在绘图区域右上角单击"确定"按钮退出草图	

建 模 步 骤	图　　例
（13）在特征树上展开曲面实体（2），分别单击两个曲面并隐藏。另外，把螺旋线/涡状线也隐藏。这样，绘图区域只剩下第（11）步创建的交叉曲线	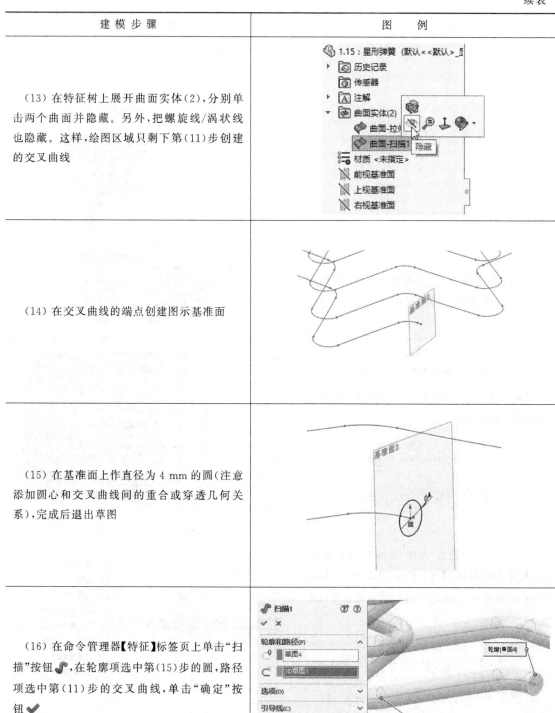
（14）在交叉曲线的端点创建图示基准面	
（15）在基准面上作直径为 4 mm 的圆（注意添加圆心和交叉曲线间的重合或穿透几何关系），完成后退出草图	
（16）在命令管理器【特征】标签页上单击"扫描"按钮 🧹，在轮廓项选中第（15）步的圆，路径项选中第（11）步的交叉曲线，单击"确定"按钮 ✔	

本任务结束！

◀ 任务 16　吊索导环建模 ▶

【学习要点】

- 样条曲线、直线等草图绘制命令
- 带引导线的扫描命令的基本应用
- 曲面建模命令的应用
- 异型孔向导命令的应用

任务视频二维码索引

【技能目标】

- 掌握基本的草图绘制命令
- 掌握派生草图命令的应用
- 掌握带引导线的扫描命令的基本应用
- 合理运用几何关系

【项目案例导入】

建立如图 1.16.1 所示的吊索导环模型。

图 1.16.1　吊索导环参考图样

【任务分解】

吊索导环建模任务按图 1.16.2 所示步骤进行分解。

图 1.16.2　吊索导环建模任务分解示意图

【相关知识】

1. 派生草图

菜单栏单击插入→派生草图,也可以从属于同一零件的另一个草图或同一装配体中其他的草图中派生草图。

当用户从现有草图派生草图时,用户可认准两个草图将保留其共享的特性。用户对原始草图所做的改变都将反映到派生草图中(见表 1.16.1)。

表 1.16.1　派生草图

命令条件	参数设置	结　果
完成草图并退出草图状态	(1)用户选择希望派生新草图的草图并按住键盘上的 Ctrl 键单击希望放置新草图的面。 (2)单击插入→派生草图。 (3)草图在选择面的基准面上出现,状态线指示可以开始编辑。 (4)通过拖动派生草图、添加几何关系和标注尺寸,将草图定位在所选的面上(派生的草图是固定连接的,作为单一实体拖动)。 (5)退出草图	
在实体状态下	选草图时在特征树中单击选取	派生草图关联时不能单独编辑

2. 带引导线的扫描 🎣

同一般的扫描类似,带引导线的扫描也是沿某一路径移动一个轮廓(剖面)来生成基体、凸台、切除或曲面,但它多了引导线,可以控制扫描过程中轮廓的变化,以便创建更为复杂的模型。轮廓应在生成路径和引导线之后建立,并且与引导线建立的几何关系用于定形。扫描的中间轮廓由路径及引导线所决定。路径必须为单一实体(直线、圆弧、等)或路径线段必须相切(不成一定角度),如表1.16.2所示。

表1.16.2 带引导线的扫描

命 令 条 件	参 数 设 置	结 果
完成扫描的路径、引导线及轮廓 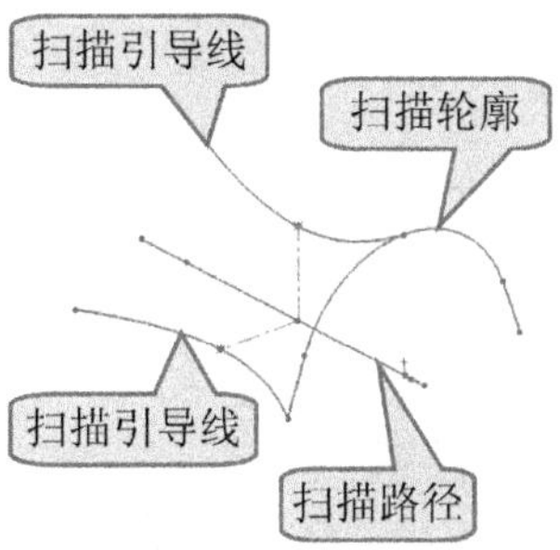 扫描引导线 扫描轮廓 扫描引导线 扫描路径 	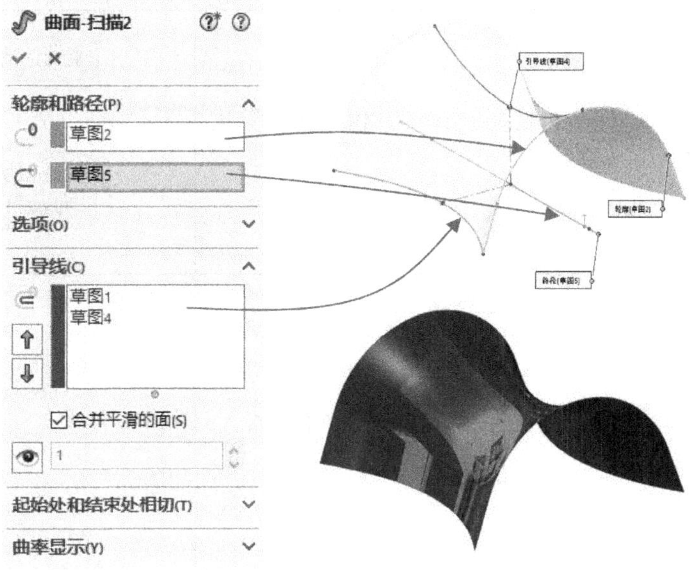	
在实体状态	分别选择轮廓、路径和引导线	轮廓沿路径的轨迹即为扫描实体

【任务实施】

任务实施过程如表1.16.3所示。

表1.16.3 吊索导环建模

建 模 步 骤	图 例
(1) 双击 🅢🅦 图标,打开软件。新建零件	—
(2) 在上视基准面上新建草图,用直线命令绘制图示中心线,用样条曲线命令绘制图示曲线	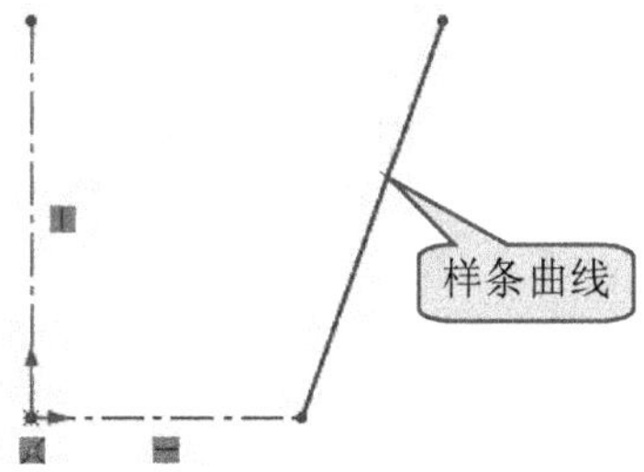 样条曲线

建 模 步 骤	图　　例
（3）单击样条曲线，显示控标（有 3 个，分别是菱形、箭头和点）	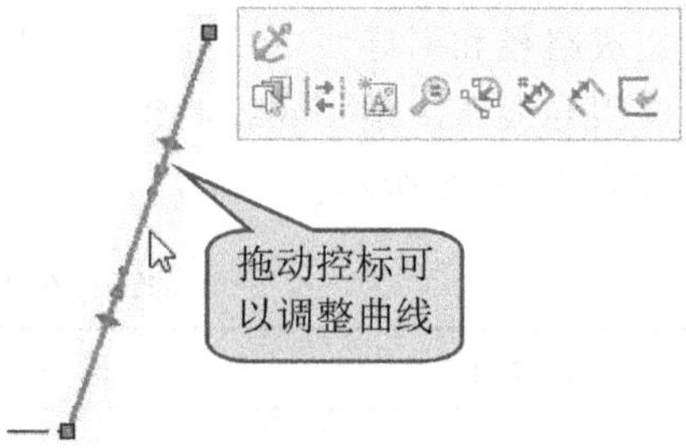 拖动控标可以调整曲线
（4）鼠标左键拖动图示标点，调整弯曲程度，大致如图所示	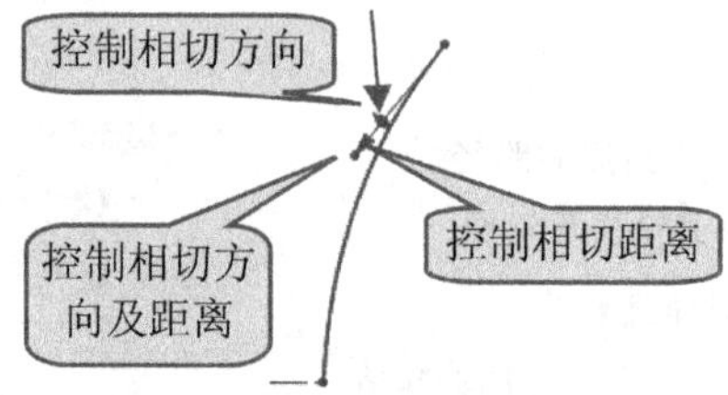 控制相切方向　控制相切方向及距离　控制相切距离
（5）选中曲线和中心线，添加垂直几何关系	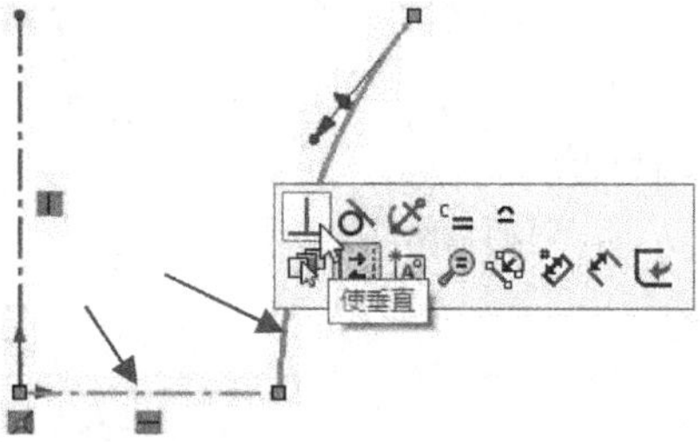 使垂直
（6）将曲线镜向到另一侧	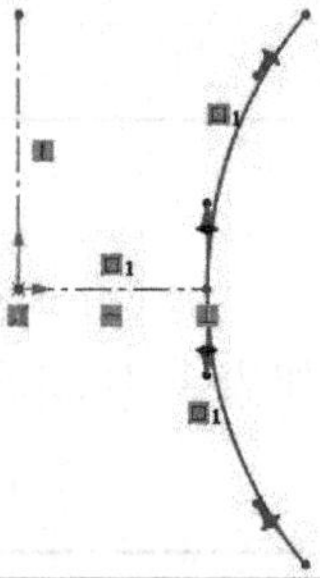
（7）标注图示尺寸，完成后退出草图	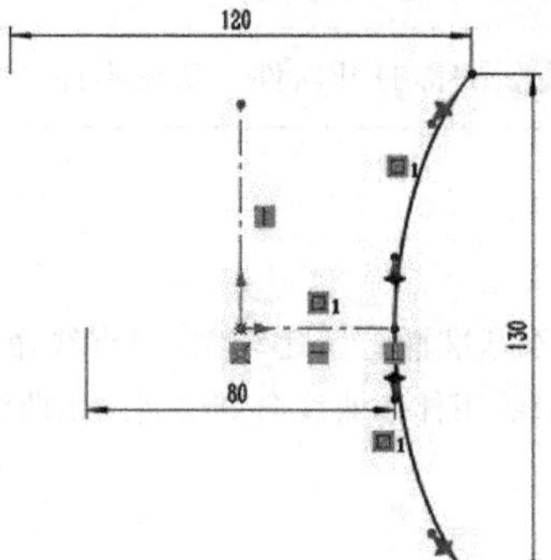 120　130　80

续表

建 模 步 骤	图 例
（8）按键盘上的 Ctrl 键选中右视基准面和草图，在菜单栏单击插入→派生草图。在右视基准面上派生出草图	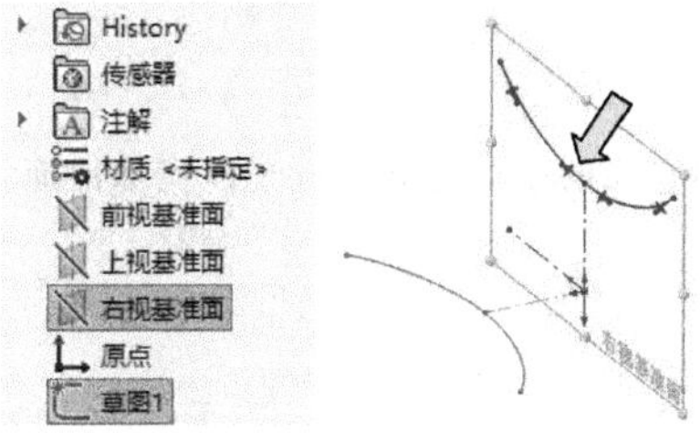
（9）拖动派生草图，可以发现它并没有定位，接下来需要添加必要的几何关系	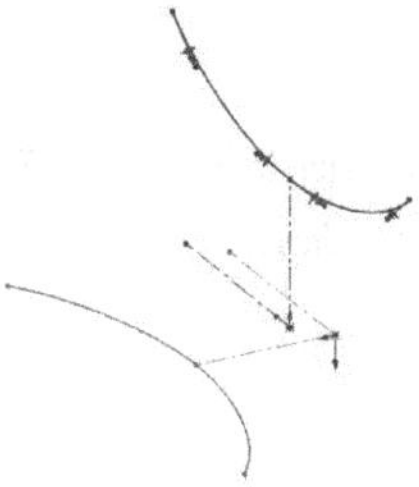
（10）添加两个端点的重合几何关系	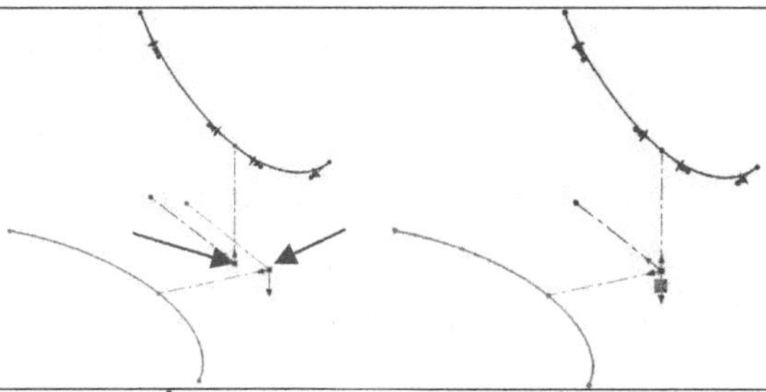
（11）拖动图示点，使之旋转一定角度	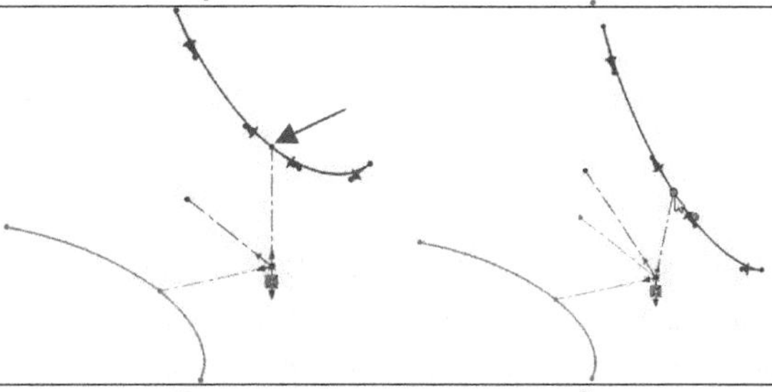
（12）添加两中心线的共线几何关系。此时，派生草图已完全定义，退出草图（完成的两条样条曲线将作为扫描的引导线）	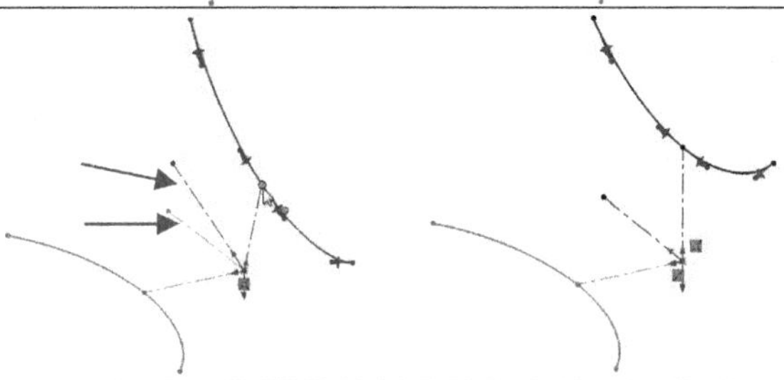
（13）在上视基准面上新建过原点的直线，并添加端点和样条曲线端点的水平几何关系，退出草图（此直线将作为扫描的路径）	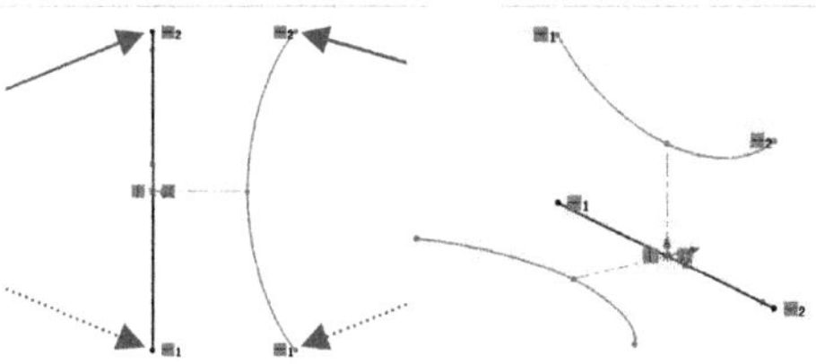

建 模 步 骤	图　　例
（14）过直线的端点建立平行于前视基准面的基准面	
（15）在新建的基准面上建立图示草图，箭头标示处注意添加和样条曲线间的重合几何关系。完成后退出草图	
（16）单击"扫描曲面"按钮，轮廓选择第15步的草图，路径选择第（13）步的直线，引导线选择第（7）、（12）步的两条样条曲线，单击"确定"按钮　完成	
（17）此时的扫描曲面底部会出现侧线，该侧线正是轮廓直线部分和圆弧部分的交线，若要使之消失，可在扫描选项中勾选合并切面项（此步可省略）	
（18）在上视基准面上新建图示草图，注意添加必要的几何关系	

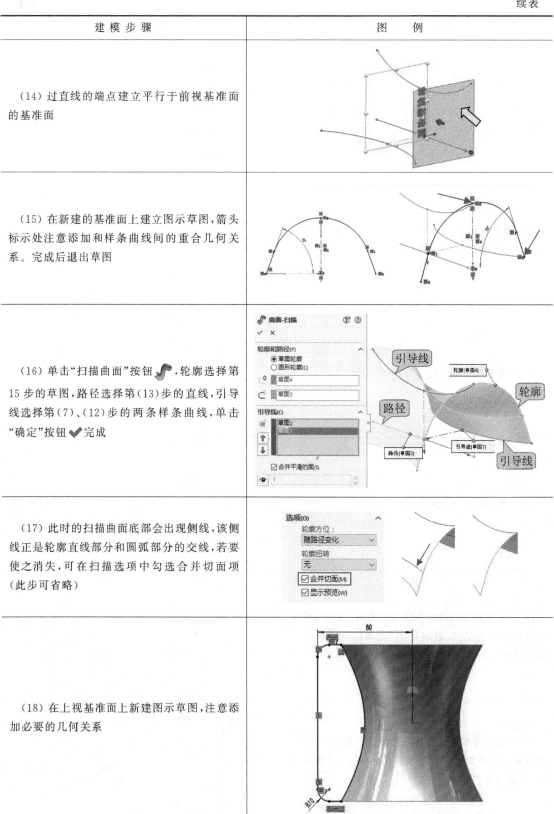

建 模 步 骤	图 例
（19）在命令管理器【曲面】标签页上单击"平面区域"按钮 ▣ ，默认选中当前草图，如未选中，请手动选择。单击"确定"按钮 ✔ 完成	
（20）以右视基准面为镜向面，将第（19）步的平面镜向到另一侧（注意应在要镜向的实体中加入镜向源）	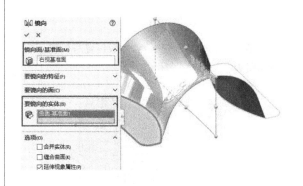
（21）在命令管理器【曲面】标签页上单击"缝合曲面"按钮 ▮ ，选中 3 个曲面实体，勾选合并实体，并且勾选下方的缝隙列表复选框。单击"确定"按钮 ✔ 完成	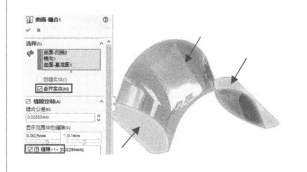
（22）在两侧线上添加 R5 的圆角	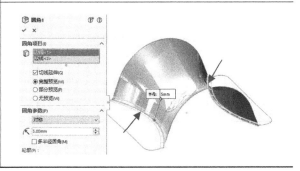

建 模 步 骤	图 例
（23）在命令管理器【曲面】标签页上单击"加厚"按钮 ，往内侧加厚 3 mm。单击"确定"按钮 完成	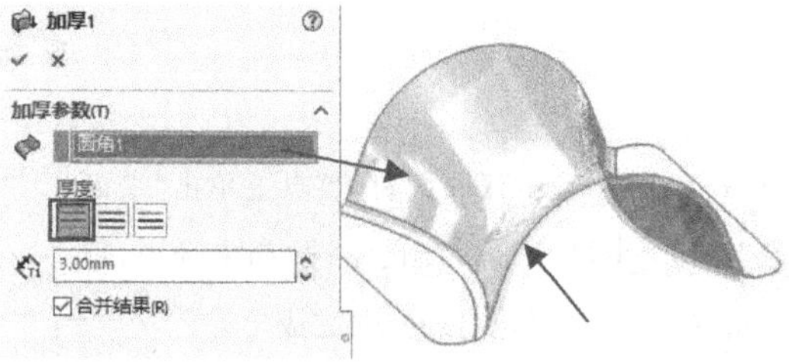 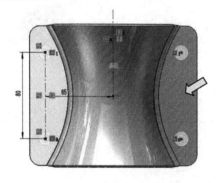
（24）在图示面上添加异型孔，参数设置与位置设置如图所示	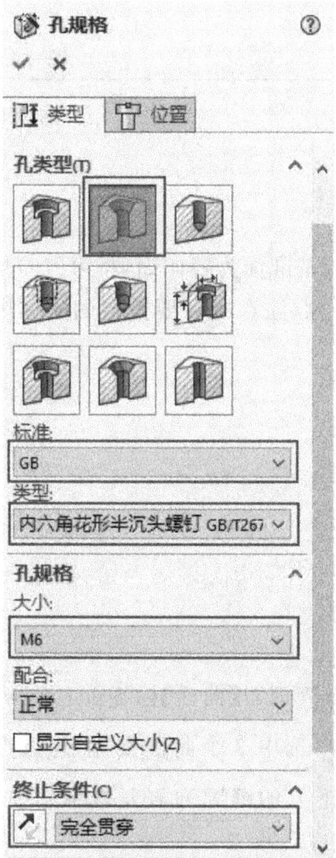
（25）将图示边线添加 R1.5 的圆角	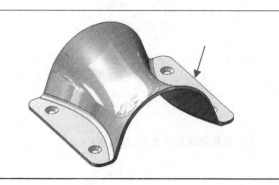

本任务结束！

◀ 任务 17 手轮建模 ▶

【学习要点】

- 圆弧、圆、直线、矩形等草图绘制命令
- (带引导线的)扫描命令的应用
- 基准面的建立
- 压凹命令的应用

【技能目标】

- 掌握基本的草图绘制命令
- 掌握(带引导线的)扫描命令
- 理解压凹命令
- 合理运用几何关系

【项目案例导入】

- 建立如图 1.17.1 所示的手轮模型。

图 1.17.1 手轮参考图样

【任务分解】

手轮建模任务按图 1.17.2 所示步骤进行分解。

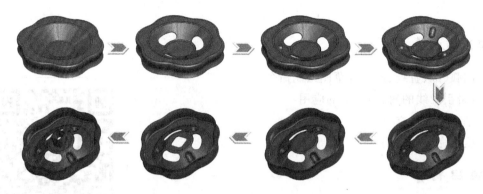

图 1.17.2　手轮建模任务分解示意图

【相关知识】

1. 压凹 📦

菜单栏单击插入→特征→压凹，通过使用厚度和间隙值生成特征，压凹特征在目标实体上生成与所选工具实体的轮廓非常接近的等距袋套或突起特征(如果更改用于生成凹陷的原始工具实体的形状，则压凹特征的形状将会更新)。根据所选实体类型(实体或曲面)，用户指定目标实体和工具实体之间的间隙，并为压凹特征指定一厚度。压凹特征可变形或从目标实体中切除材料。压凹可用于以指定厚度和间隙值进行复杂等距的多种应用，其中包括封装、冲印、铸模及机器的压入配合等(见表 1.17.1)。

表 1.17.1　压凹

命 令 条 件	参 数 设 置	结　果
两个要进行压凹的部分必须有一个是实体(此处为两个实体) 勾选我则将工具实体占用的部分删除	🔲 **压凹**　　　　　　　❓ ✓　✕ **选择**　　　　　　　∧ 目标实体： 📦 凸台-拉伸1 ○ 保留选择(K) ◉ 移除选择(R) 工具实体区域： 📦 点@面<1> ☐ 切除(C)　指定厚度 **参数(P)**　　　　∧ ⬆ 2.00mm ↗ 0.00mm 指定压凹实体与工具实体间的间隙	移除选择选中时的效果 保留选择选中时的效果
在实体状态下	和鼠标单击的位置有关	鼠标在柱体上半部分单击的效果

【任务实施】

任务实施过程如表 1.17.2 所示。

表 1.17.2 手轮建模

建 模 步 骤	图 例
（1）在上视基准面上新建草图，添加必要的几何关系并标注尺寸（注意圆心定位于原点）。完成后退出草图	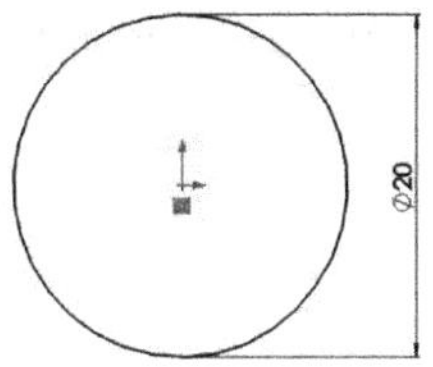
（2）在上视基准面上新建草图，添加必要的几何关系并标注尺寸（可应用草图圆周阵列加快草图创建）。完成后退出草图	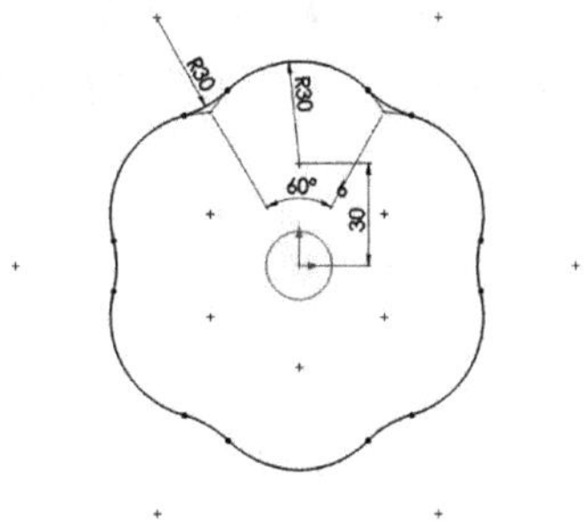
（3）在前视基准面上新建草图，添加必要的几何关系并标注尺寸（注意添加图示点和第（2）步草图间的穿透几何关系）。完成后退出草图	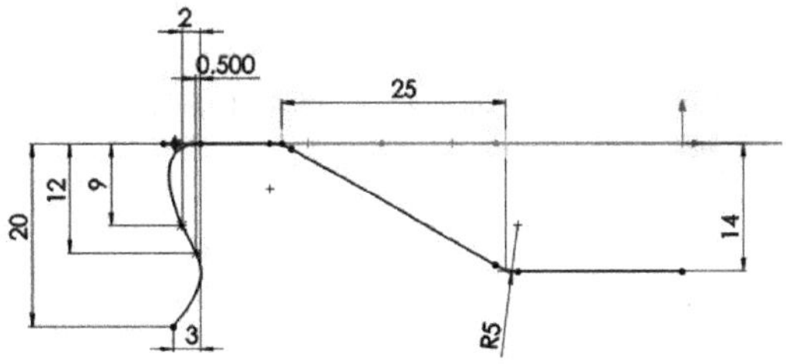 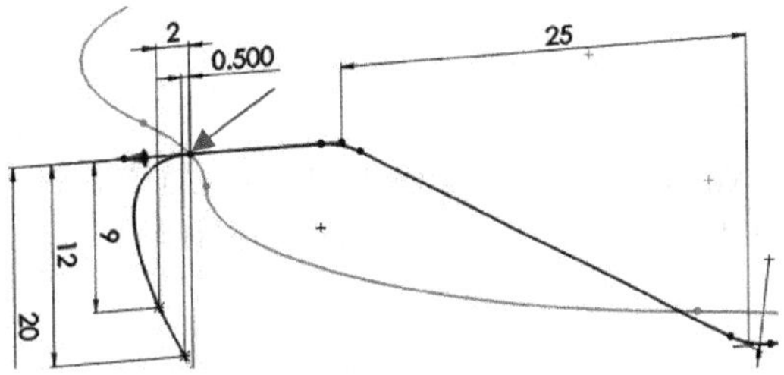
（4）在命令管理器【曲面】标签页上单击"扫描曲面"按钮，轮廓选择第（3）步的草图，路径选择第（1）步的圆，引导线选择第（2）步的草图，单击"确定"按钮 ✔ 完成	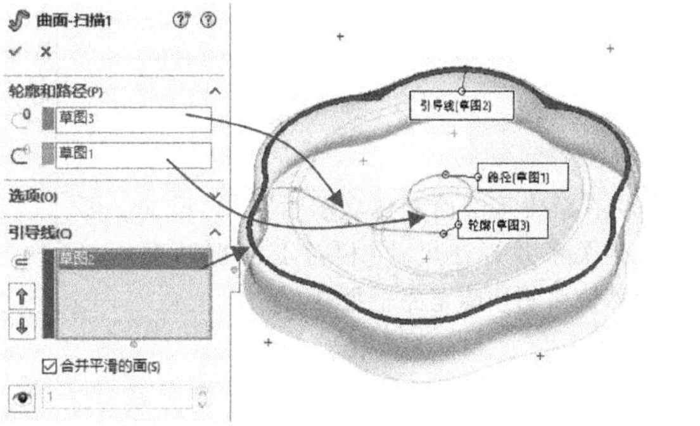

建 模 步 骤	图 例
（5）在命令管理器【曲面】标签页上单击"加厚"按钮，往内侧加厚 1 mm。单击"确定"按钮✔完成	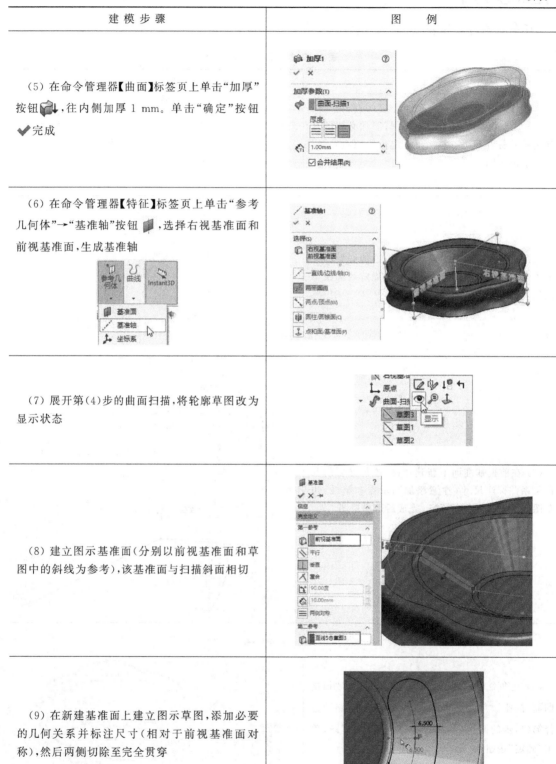
（6）在命令管理器【特征】标签页上单击"参考几何体"→"基准轴"按钮，选择右视基准面和前视基准面，生成基准轴	
（7）展开第（4）步的曲面扫描，将轮廓草图改为显示状态	
（8）建立图示基准面（分别以前视基准面和草图中的斜线为参考），该基准面与扫描斜面相切	
（9）在新建基准面上建立图示草图，添加必要的几何关系并标注尺寸（相对于前视基准面对称），然后两侧切除至完全贯穿	

续表

建模步骤	图　例
（10）将上一步的切除绕第（6）步的基准轴圆周阵列 3 个	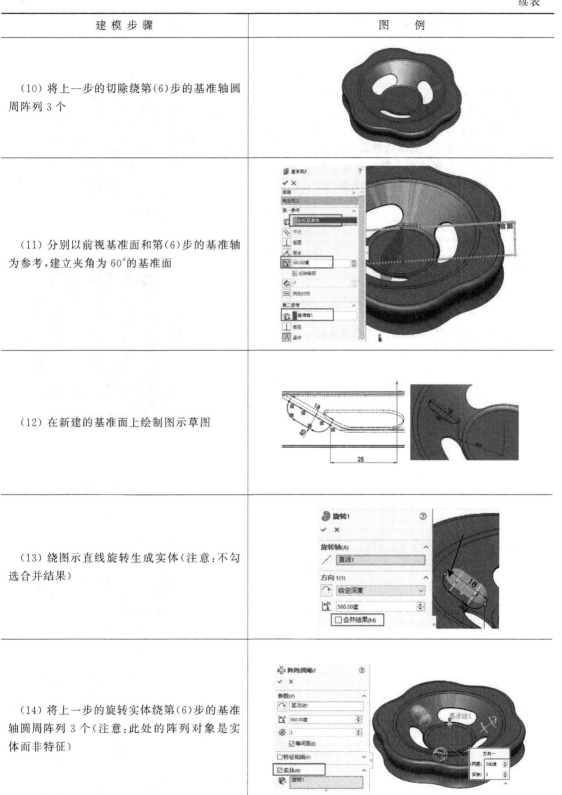
（11）分别以前视基准面和第（6）步的基准轴为参考，建立夹角为 60°的基准面	
（12）在新建的基准面上绘制图示草图	
（13）绕图示直线旋转生成实体（注意：不勾选合并结果）	
（14）将上一步的旋转实体绕第（6）步的基准轴圆周阵列 3 个（注意：此处的阵列对象是实体而非特征）	

建 模 步 骤	图　　例
（15）菜单栏单击插入→特征→压凹，将第（11）步之前的实体作为目标实体，阵列完成的3个旋转体作为工具实体，厚度为 1 mm。如果选中移除选择项，则请在底部选择旋转体；如果选中保留选择项，则请在上部选择旋转体（右侧例图为移除选择，在底部选择的旋转体）	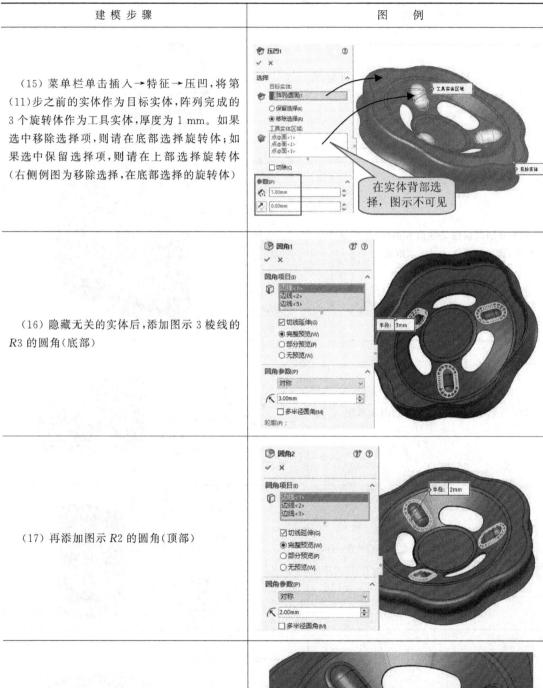
（16）隐藏无关的实体后，添加图示 3 棱线的 *R*3 的圆角（底部）	
（17）再添加图示 *R*2 的圆角（顶部）	
（18）在图示平面上新建草图，并切除至完全贯穿	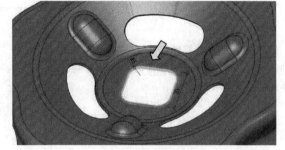

续表

建 模 步 骤	图 例
（19）在前视基准面上新建草图,注意添加必要的几何关系（思考:此草图可否简化?）	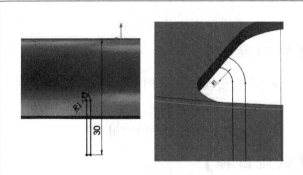
（20）在命令管理器【特征】标签页上单击"扫描"按钮，轮廓选择第（19）步的草图,路径选择第（18）步切除形成的边线,展开选项,勾选切线延伸项,以便绕整圈扫描,单击"确定"按钮完成	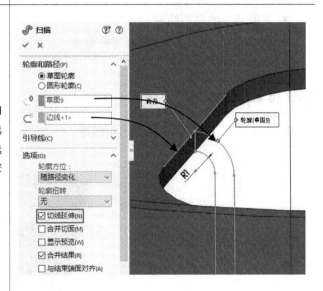
（21）在命令管理器【特征】标签页上单击"圆角"按钮，圆角类型选择完整圆角（生成相切于三个相邻面组的圆角,无须输入数值）,3个圆角项目分别选中图示的表面,单击"确定"按钮完成	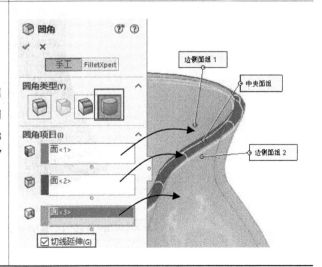

本任务结束!

◀ 任务 18 香水瓶建模 ▶

【学习要点】

- 圆、直线、矩形等草图绘制命令
- 放样凸台/基体命令、弯曲命令的应用
- 圆顶命令、分割命令的应用

任务视频二维码索引

【技能目标】

- 掌握基本的草图绘制命令
- 理解放样凸台/基体命令、弯曲命令
- 合理运用几何关系

【项目案例导入】

建立如图 1.18.1 所示的香水瓶模型。

图 1.18.1 香水瓶参考图样

【任务分解】

香水瓶建模任务分解步骤如图1.18.2所示。

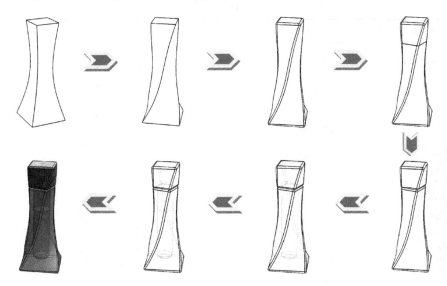

图 1.18.2　香水瓶建模任务分解示意图

【相关知识】

1. 放样凸台/基体

放样通过在轮廓之间进行过渡生成特征。放样可以是基体、凸台、切除或曲面。用户可以使用两个或多个轮廓生成放样。仅第一个或最后一个轮廓可以是点，也可以这两个轮廓均为点。单一3D草图中可以包含所有草图实体（包括引导线和轮廓）（见表1.18.1）。

表 1.18.1　放样凸台/基体

命令条件	参数设置	结果
已完成用于放样操作的多个截面草图（如有需要，还需完成引导线）	选择用于放样的多个轮廓　　必要时，选择引导线控制形状	
在实体状态下	按放样要求顺序选择轮廓	各轮廓在引导线的约束下成型

2. 弯曲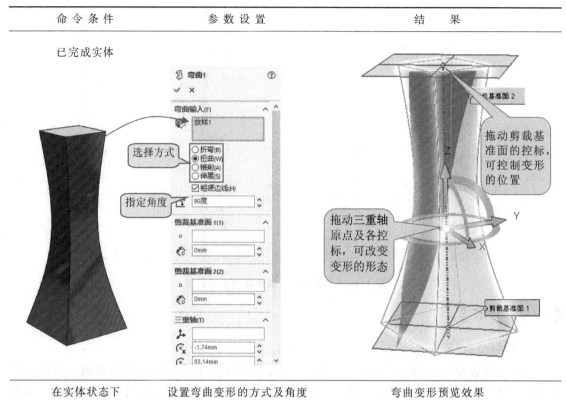

菜单栏单击插入→特征→弯曲。弯曲特征以直观的方式对复杂的模型进行变形(见表1.18.2)。

表 1.18.2　弯曲

命 令 条 件	参 数 设 置	结　果
已完成实体		

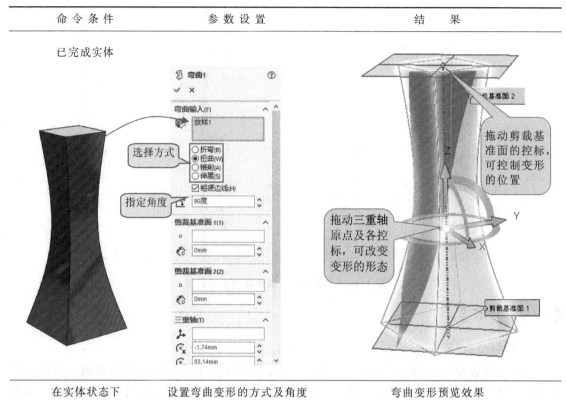

| 在实体状态下 | 设置弯曲变形的方式及角度 | 弯曲变形预览效果 |

【任务实施】

任务实施过程如表1.18.3所示。

表 1.18.3　香水瓶建模

建 模 步 骤	图　例
(1) 在上视基准面上方建立距离为 210 mm 的基准面	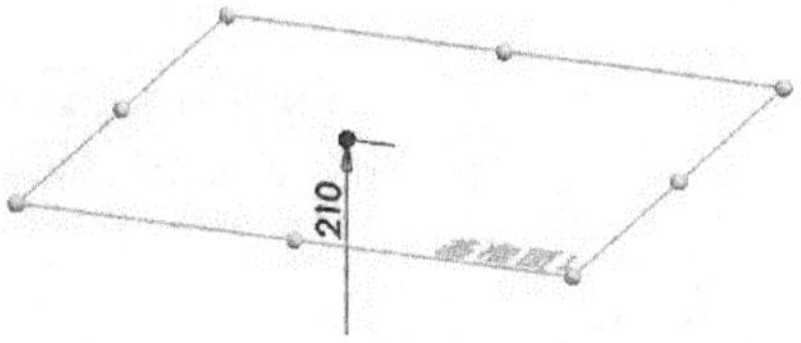
(2) 在上视基准面上建立图示草图,添加必要的几何关系并标注相应的尺寸。完成后退出草图	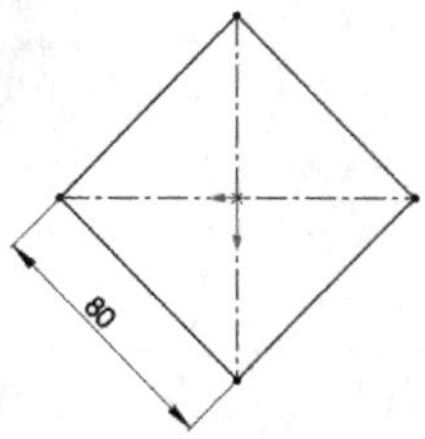

建 模 步 骤	图 例
（3）在新建的基准面上新建草图，添加必要的几何关系并标注相应的尺寸。完成后退出草图	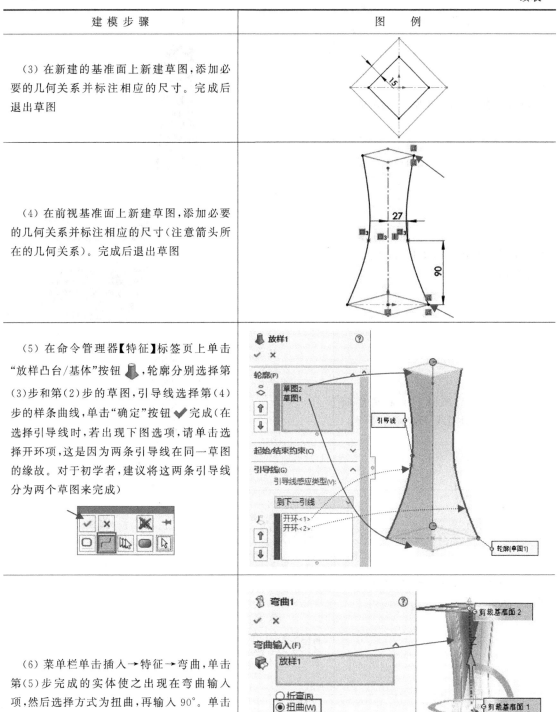
（4）在前视基准面上新建草图，添加必要的几何关系并标注相应的尺寸（注意箭头所在的几何关系）。完成后退出草图	
（5）在命令管理器【特征】标签页上单击"放样凸台/基体"按钮，轮廓分别选择第（3）步和第（2）步的草图，引导线选择第（4）步的样条曲线，单击"确定"按钮 ✔ 完成（在选择引导线时，若出现下图选项，请单击选择开环项，这是因为两条引导线在同一草图的缘故。对于初学者，建议将这两条引导线分为两个草图来完成）	
（6）菜单栏单击插入→特征→弯曲，单击第（5）步完成的实体使之出现在弯曲输入项，然后选择方式为扭曲，再输入 90°。单击"确定"按钮 ✔ 完成	

133

建 模 步 骤	图 例
（7）在所有的边线上添加 R3 的圆角	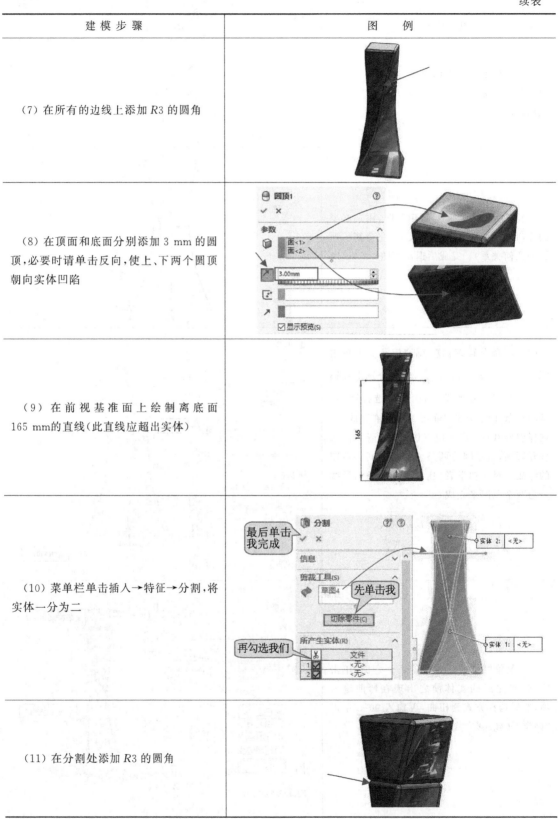
（8）在顶面和底面分别添加 3 mm 的圆顶，必要时请单击反向，使上、下两个圆顶朝向实体凹陷	
（9）在前视基准面上绘制离底面 165 mm 的直线（此直线应超出实体）	
（10）菜单栏单击插入→特征→分割，将实体一分为二	
（11）在分割处添加 R3 的圆角	

建 模 步 骤	图 例
（12）鼠标左键单击上面的实体，在快捷工具栏中单击"隐藏"按钮，隐藏上面的实体	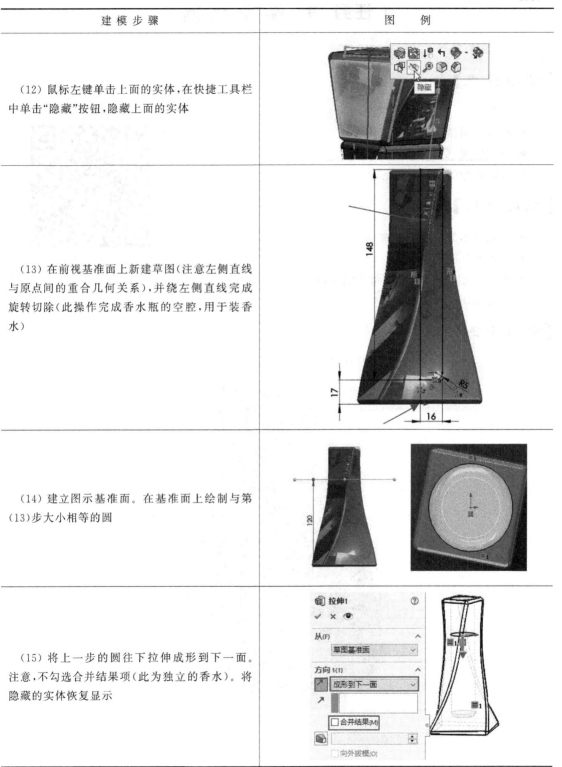
（13）在前视基准面上新建草图（注意左侧直线与原点间的重合几何关系），并绕左侧直线完成旋转切除（此操作完成香水瓶的空腔，用于装香水）	
（14）建立图示基准面。在基准面上绘制与第（13）步大小相等的圆	
（15）将上一步的圆往下拉伸成形到下一面。注意，不勾选合并结果项（此为独立的香水）。将隐藏的实体恢复显示	

本任务结束！

◀ 任务 19 帽子建模 ▶

【学习要点】

- 样条曲线、圆、直线等草图绘制命令
- 放样曲面命令的应用
- 填充曲面、剪裁曲面的应用
- 包覆命令的应用

【技能目标】

- 掌握基本的草图绘制命令
- 掌握放样曲面命令
- 理解填充曲面、剪裁曲面及包覆命令
- 合理运用几何关系

任务视频二维码索引

【项目案例导入】

建立如图 1.19.1 所示的帽子模型。

图 1.19.1 帽子参考图样

【任务分解】

帽子建模任务按图 1.19.2 所示步骤进行分解。

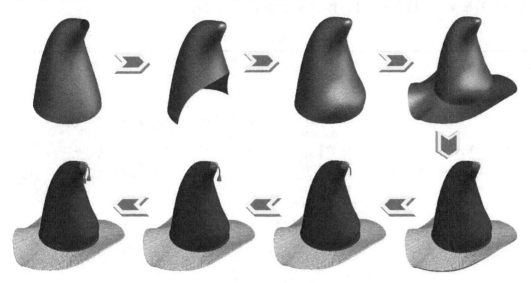

图 1.19.2　帽子建模任务分解步骤

【相关知识】

1. 放样曲面

和放样凸台/基体类似。在两个或多个轮廓之间生成一个放样曲面(见表 1.19.1)。

表 1.19.1　放样曲面

命 令 条 件	参 数 设 置	结 果
完成两个或多个轮廓 (必要时可包括引导线)	曲面-放样 轮廓(P) 草图1 草图2 草图3 起始/结束约束(C) 引导线(G) 引导相切类型： 无	简单的放样 使用引导线放样
在实体状态下	按放样要求顺序选择轮廓	完成的放样效果

2. 填充曲面

在现有模型边线、草图、或曲线(包括组合曲线)定义的边界内构成带任何边数的曲面修补。可使用此特征来构造填充模型中缝隙的曲面(见表 1.19.2)。

表 1.19.2　填充曲面

命 令 条 件	参 数 设 置	结　果
存在多条边界组成的空缺(必要时可包括约束曲线)	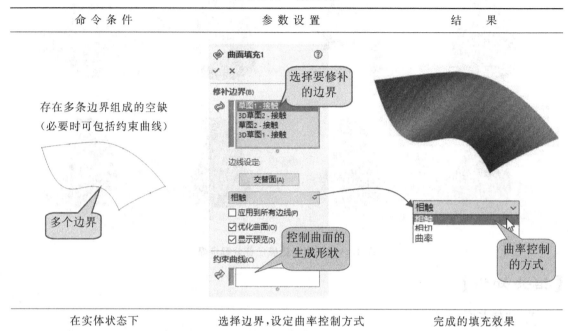	
在实体状态下	选择边界,设定曲率控制方式	完成的填充效果

3. 剪裁曲面

可以使用曲面、基准面或草图作为剪裁工具来剪裁相交曲面,也可将曲面和其他曲面联合使用作为相互的剪裁工具(见表 1.19.3)。

表 1.19.3　剪裁曲面

命 令 条 件	参 数 设 置	结　果
生成在一个或多个点相交的两个或多个曲面,或生成一个与基准面相交或在其他面有草图的曲面	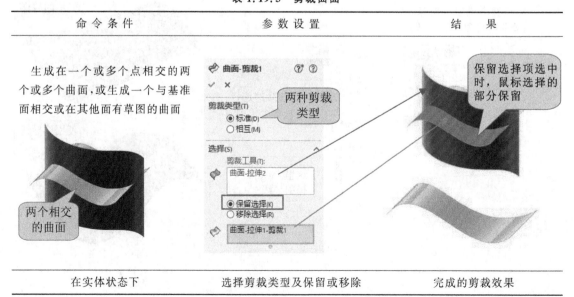	
在实体状态下	选择剪裁类型及保留或移除	完成的剪裁效果

4. 包覆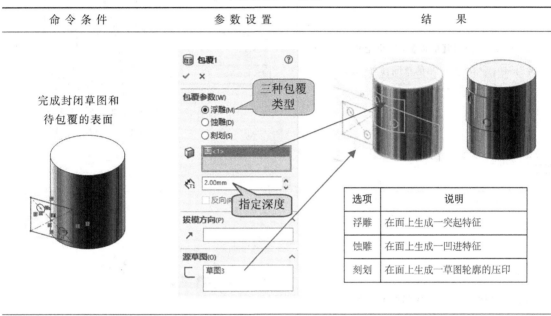

该特征将草图包裹到平面或非平面。用户可从圆柱、圆锥或拉伸的模型生成一平面,也可选择一平面轮廓来添加多个闭合的样条曲线草图。包覆特征支持轮廓选择和草图再用。用户可以将包覆特征投影至多个面上(见表 1.19.4)。

表 1.19.4　包覆

命 令 条 件	参 数 设 置	结　果
完成封闭草图和待包覆的表面	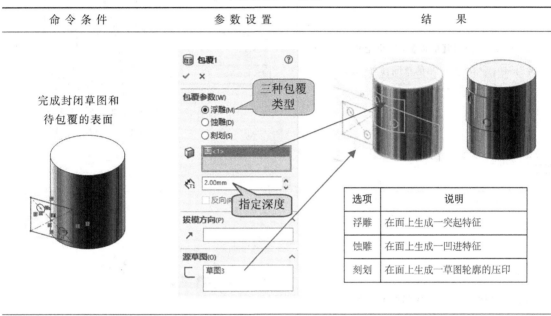	

选项	说明
浮雕	在面上生成一突起特征
蚀雕	在面上生成一凹进特征
刻划	在面上生成一草图轮廓的压印

草图只可包含多个闭合轮廓	选择适合的包覆参数	完成的包覆效果

【任务实施】

任务实施过程如表 1.19.5 所示。

表 1.19.5　帽子建模

建 模 步 骤	图　例
(1) 在前视基准面上新建草图,添加必要的几何关系并标注尺寸(注意原点位于左右居中位置)	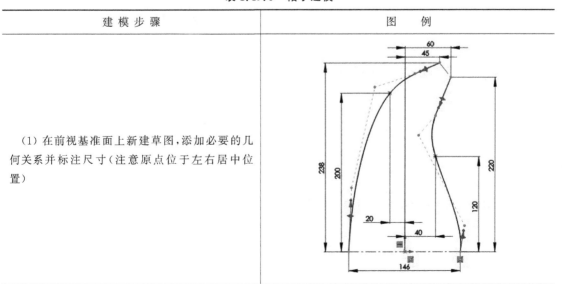

建 模 步 骤	图　　例
（2）在命令管理器【曲面】标签页上单击"曲面-拉伸"按钮，将上一步的草图拉伸 10 mm	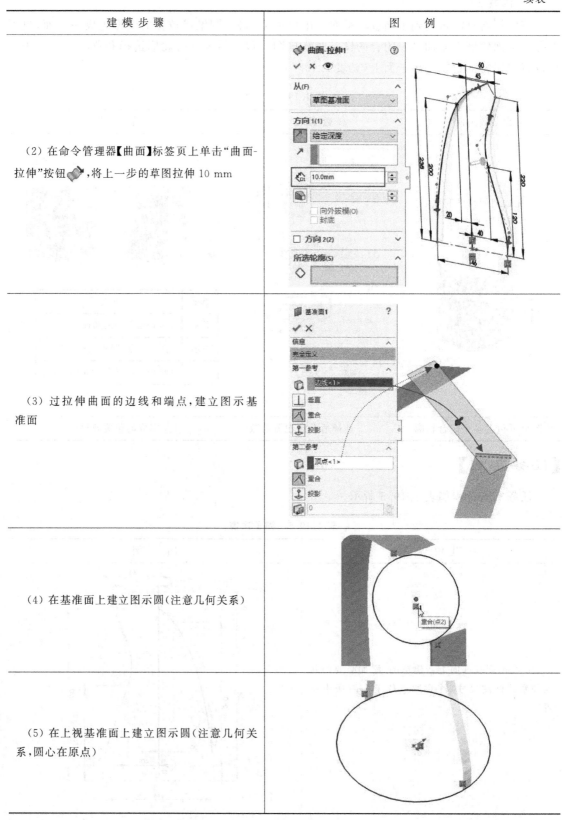
（3）过拉伸曲面的边线和端点，建立图示基准面	
（4）在基准面上建立图示圆（注意几何关系）	
（5）在上视基准面上建立图示圆（注意几何关系，圆心在原点）	

建 模 步 骤	图 例
（6）在命令管理器【曲面】标签页上单击"曲面-放样"按钮 ，轮廓选择第（4）步和第（5）步的圆，引导线分别选择第（2）步拉伸完成的两个曲面的边线，单击"确定"按钮 ✔ 完成。隐藏第（2）步的曲面	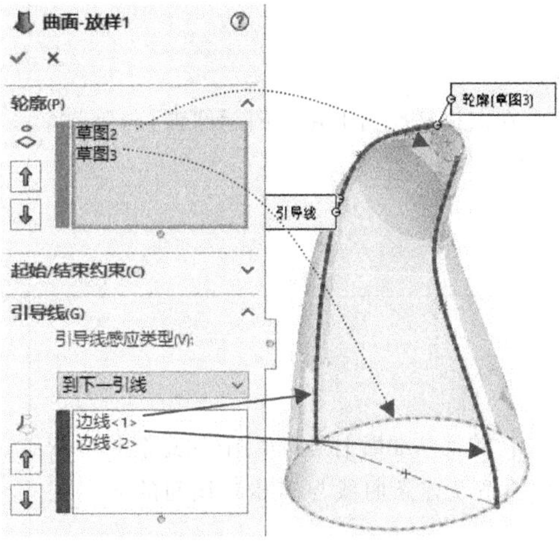 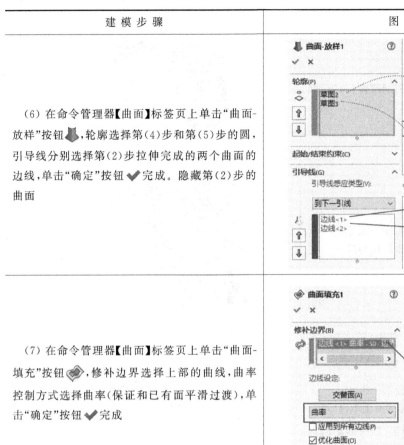
（7）在命令管理器【曲面】标签页上单击"曲面-填充"按钮 ，修补边界选择上部的曲线，曲率控制方式选择曲率（保证和已有面平滑过渡），单击"确定"按钮 ✔ 完成	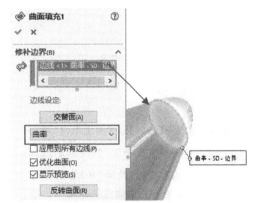
（8）在前视基准面上绘制图示草图，注意添加必要的几何关系及尺寸	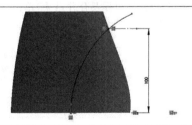
（9）在命令管理器【曲面】标签页上单击"曲面-剪裁"按钮 ，剪裁类型选择标准，剪裁工具选择第8步的草图，选中保留选择，单击左侧要保留的部分，单击"确定"按钮 ✔ 完成	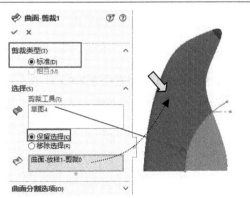

建 模 步 骤	图　　例
（10）在上视基准面上建立图示圆弧（与第（5）步的圆相等）	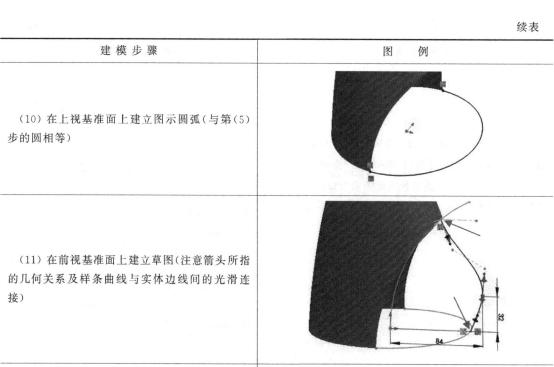
（11）在前视基准面上建立草图（注意箭头所指的几何关系及样条曲线与实体边线间的光滑连接）	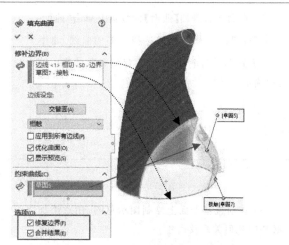
（12）在命令管理器【曲面】标签页上单击"填充曲面"按钮，修补边界选择第（9）步形成的截交线（曲率控制方式为相切）及第（10）步的圆弧（曲率控制方式为接触），约束曲线选择第（11）步的样线曲线，勾选修复边界及合并结果，单击"确定"按钮✔完成	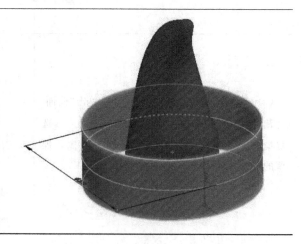
（13）在上视基准面上绘制直径为 280 mm 的圆，并且两侧对称拉伸曲面 100 mm	

建 模 步 骤	图 例
（14）参考前视基准面和上一步的拉伸曲面，建立图示基准面	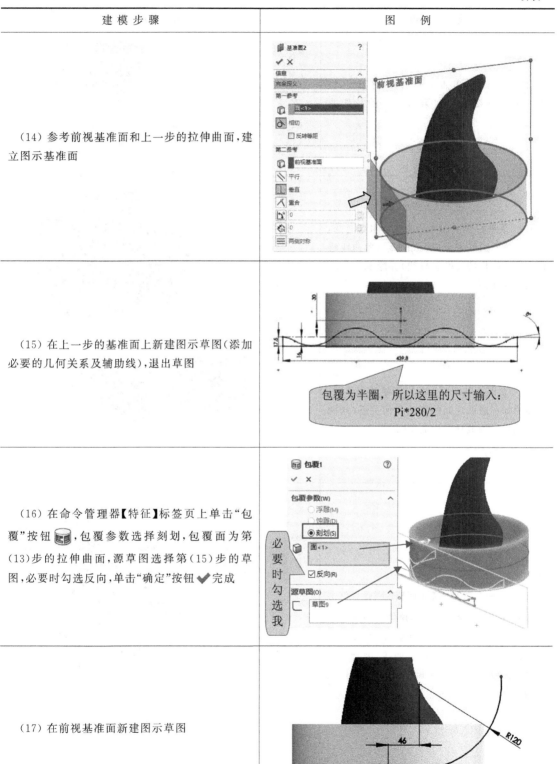
（15）在上一步的基准面上新建图示草图（添加必要的几何关系及辅助线），退出草图	包覆为半圈，所以这里的尺寸输入：Pi*280/2
（16）在命令管理器【特征】标签页上单击"包覆"按钮，包覆参数选择刻划，包覆面为第（13）步的拉伸曲面，源草图选择第（15）步的草图，必要时勾选反向，单击"确定"按钮 ✔ 完成	
（17）在前视基准面新建图示草图	

建 模 步 骤	图 例
（18）菜单栏单击插入→曲线→分割线，将上一步的草图投影到第（13）步的拉伸曲面上	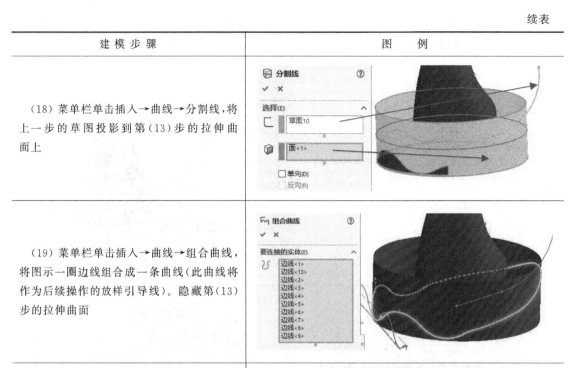
（19）菜单栏单击插入→曲线→组合曲线，将图示一圈边线组合成一条曲线（此曲线将作为后续操作的放样引导线）。隐藏第（13）步的拉伸曲面	
（20）在前视基准面上分别创建图示草图，注意添加和边线之间的穿透几何关系（这两个草图将作为放样操作的轮廓）	
（21）在命令管理器【曲面】标签页上单击"放样曲面"按钮，轮廓选择第（20）步完成的两个草图，引导线分别选择第（5）步完成的草图圆和第（19）步的组合曲线，同时展开选项，勾选闭合放样（否则只放样半边），单击"确定"按钮 完成	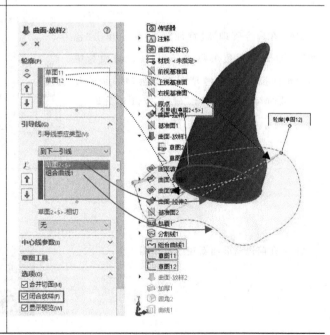

建 模 步 骤	图 例
（22）在命令管理器【曲面】标签页上单击"缝合曲面"按钮，选择之前的三个曲面实体，勾选合并实体，单击"确定"按钮✔完成	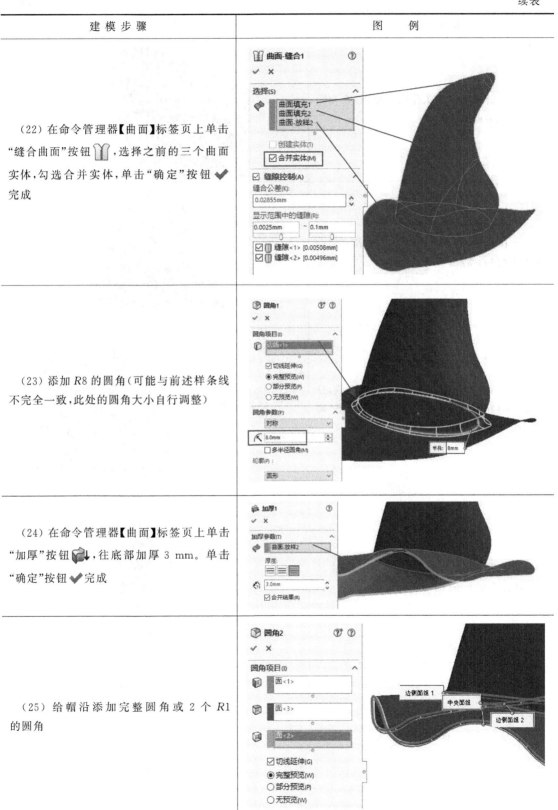
（23）添加 R8 的圆角（可能与前述样条线不完全一致，此处的圆角大小自行调整）	
（24）在命令管理器【曲面】标签页上单击"加厚"按钮，往底部加厚 3 mm。单击"确定"按钮✔完成	
（25）给帽沿添加完整圆角或 2 个 R1 的圆角	

建 模 步 骤	图 例
（26）在前视基准面上作图示草图（在帽尖上）。完成后退出草图	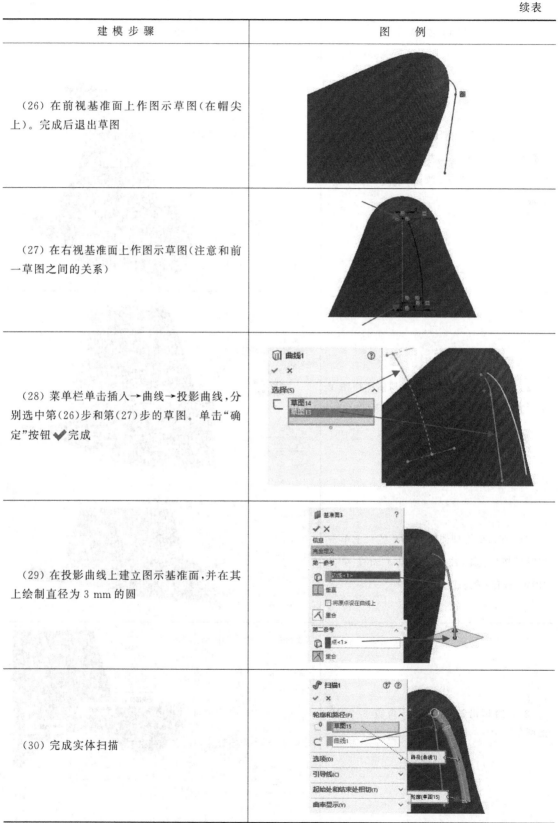
（27）在右视基准面上作图示草图（注意和前一草图之间的关系）	
（28）菜单栏单击插入→曲线→投影曲线，分别选中第（26）步和第（27）步的草图。单击"确定"按钮 ✔ 完成	
（29）在投影曲线上建立图示基准面，并在其上绘制直径为 3 mm 的圆	
（30）完成实体扫描	

续表

建 模 步 骤	图 例
（31）在第(29)步的基准面上绘制直径为 6 mm 的圆,往下拉伸 14 mm 的长度,并且往外拔模 10°。特征范围手动选择图示部分	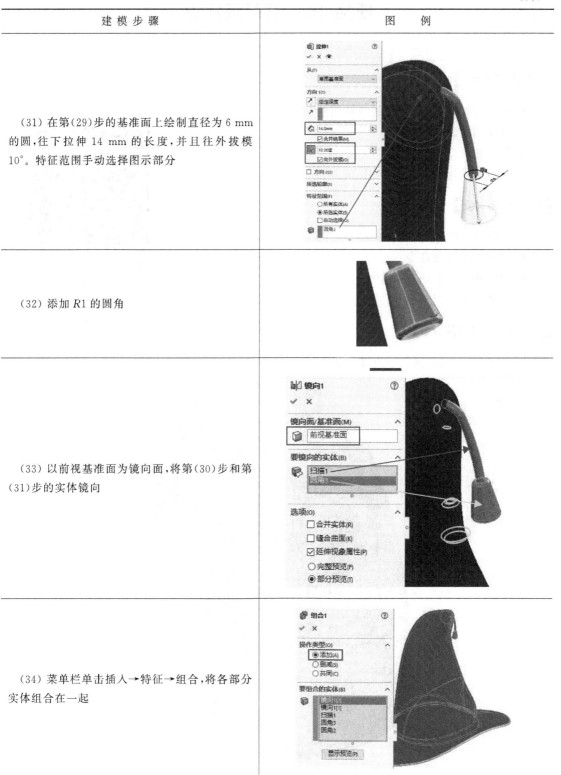
（32）添加 R1 的圆角	
（33）以前视基准面为镜向面,将第(30)步和第(31)步的实体镜向	
（34）菜单栏单击插入→特征→组合,将各部分实体组合在一起	

本任务结束!

◀ 任务 20　电茶壶建模 ▶

【学习要点】

- 圆弧、圆、直线、样条曲线等草图绘制命令
- 放样曲面命令的应用
- 等距曲面命令的应用
- 使用曲面切除命令的应用

【技能目标】

- 掌握基本的草图绘制命令
- 掌握等距曲面命令
- 理解使用曲面切除命令
- 合理运用几何关系

任务视频二维码索引

【项目案例导入】

建立如图 1.20.1 所示的电茶壶模型。

图 1.20.1　电茶壶参考图样

【任务分解】

电茶壶建模任务按图1.20.2所示步骤进行分解。

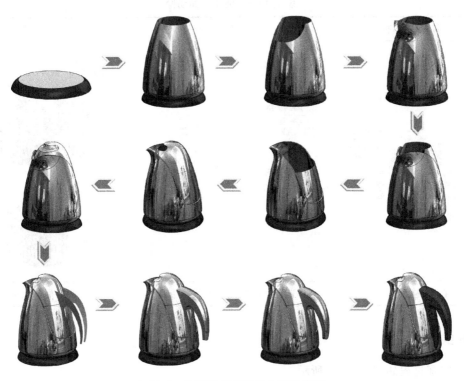

1.20.2 电茶壶建模任务分解示意图

【相关知识】

1. 等距曲面

使用一个或多个相邻的面来生成等距曲面(见表1.20.1)。

表1.20.1 等距曲面

命 令 条 件	参 数 设 置	结　果
已完成等距的面 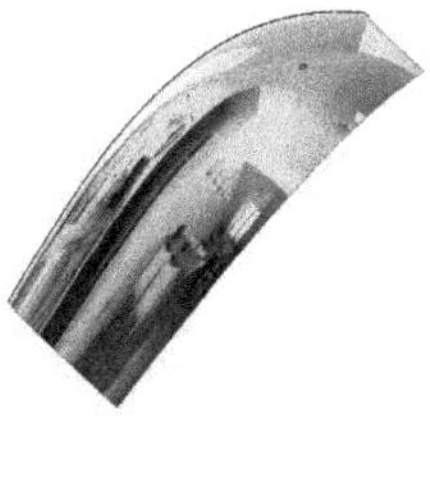	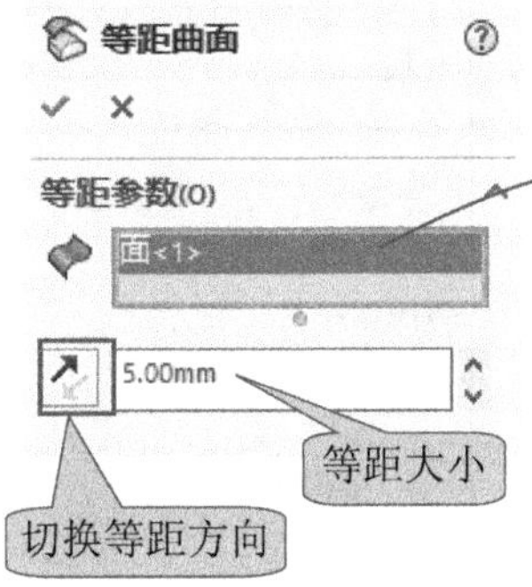 等距曲面 等距参数(O) 面<1> 5.00mm 切换等距方向　等距大小	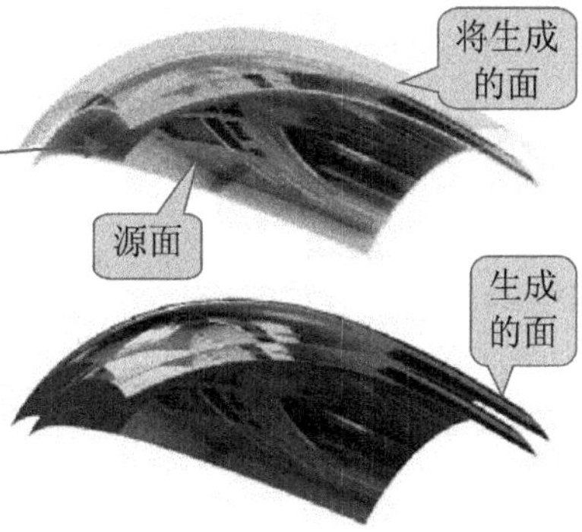 将生成的面 源面 生成的面
在实体状态下	设置等距大小和方向	生成等距面

2. 使用曲面切除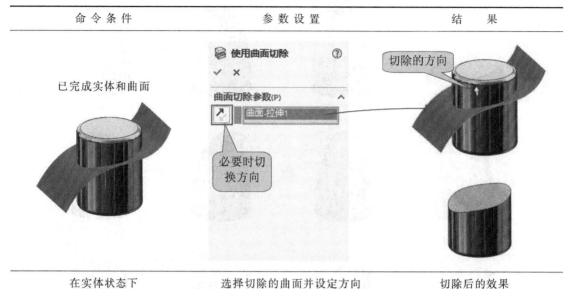

用一个曲面将材料移除来切除实体模型(见表1.20.2)。

表1.20.2　使用曲面切除

命 令 条 件	参 数 设 置	结 果
已完成实体和曲面		
在实体状态下	选择切除的曲面并设定方向	切除后的效果

【任务实施】

任务实施过程如表1.20.3所示。

表1.20.3　电茶壶建模

建 模 步 骤	图 　 例
(1) 在右视基准面上新建草图,添加必要的几何关系并标注尺寸(注意原点的位置)	R160　R55　45　195
(2) 绕中心线旋转360°,完成底座建模	旋转1 旋转轴(A) 直线1 方向1(1) 给定深度 360.00度 方向2(2) 所选轮廓(S) R160 195

建 模 步 骤	图　　例
（3）在右视基准面上新建草图,添加必要的几何关系并标注尺寸(注意箭头所指的点与上一步模型边线间的重合几何关系)	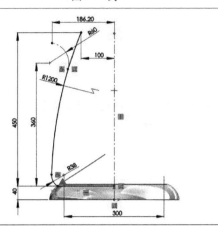
（4）在命令管理器【曲面】标签页上单击"曲面-旋转"按钮,旋转轴选择中心线,旋转角度为360°,单击"确定"按钮✔完成	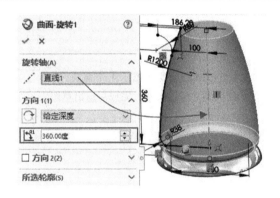
（5）在右视基准面上绘制图示圆弧,添加必要的几何关系并标注尺寸	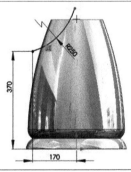
（6）在命令管理器【曲面】标签页上单击"曲面-剪裁"按钮,剪裁类型选择标准,剪裁工具选择第(5)步的草图,选中保留选择项,单击右侧要保留的部分,单击"确定"按钮✔完成	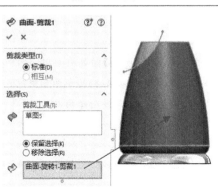

建模步骤	图 例
(7) 将第(3)步的草图设为显示状态。过圆弧端点建立图示基准面	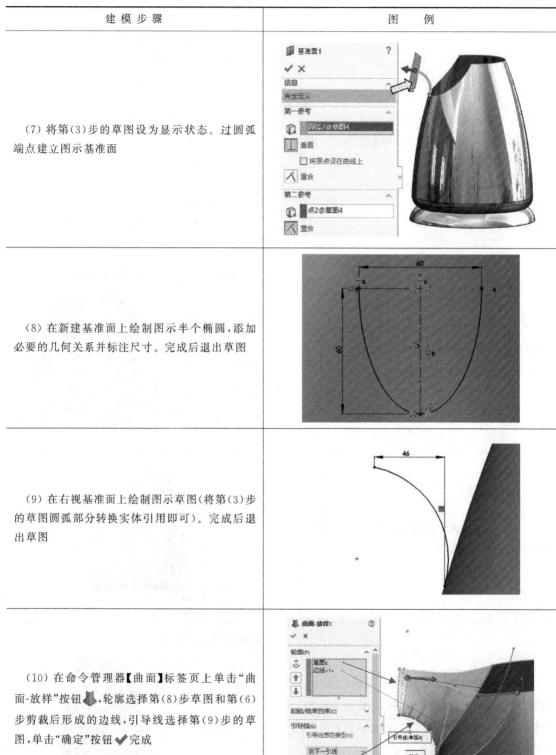
(8) 在新建基准面上绘制图示半个椭圆,添加必要的几何关系并标注尺寸。完成后退出草图	
(9) 在右视基准面上绘制图示草图(将第(3)步的草图圆弧部分转换实体引用即可)。完成后退出草图	
(10) 在命令管理器【曲面】标签页上单击"曲面-放样"按钮，轮廓选择第(8)步草图和第(6)步剪裁后形成的边线,引导线选择第(9)步的草图,单击"确定"按钮 ✔ 完成	

建模步骤	图例
（11）在命令管理器【曲面】标签页上单击"曲面-缝合"按钮，选择之前的 2 个曲面实体，单击"确定"按钮 ✔ 完成	
（12）在命令管理器【曲面】标签页上单击"加厚"按钮，往内侧加厚 6 mm。单击"确定"按钮 ✔ 完成	
（13）在命令管理器【曲面】标签页上单击"曲面-等距"按钮，将腔体内部的 3 个面（不包括第（10）步完成的放样部分）选中，设置距离为 0，单击"确定"按钮 ✔ 完成	
（14）在右视基准面上绘制图示样条曲线，添加必要的几何关系并标注尺寸	

续表

建 模 步 骤	图　　例
（15）在命令管理器【曲面】标签页上单击"曲面-拉伸"按钮 ，将上一步的样条曲线两侧对称拉伸 300 mm，单击"确定"按钮 ✔ 完成	
（16）在命令管理器【曲面】标签页上单击"使用曲面切除"按钮 ，在曲面切除参数栏选中上一步的拉伸曲面，确认方向为向上，单击"确定"按钮 ✔ 完成（此操作将曲面上部的实体部分切除，而第（13）步的等距曲面将不受影响）	
（17）在右视基准面上绘制距离底部 375 mm 的直线	
（18）在命令管理器【曲面】标签页上单击"曲面-剪裁"按钮 ，将第（13）步完成的等距曲面的上半部分切除	

建 模 步 骤	图 例
（19）在右视基准面上绘制图示样条曲线，注意添加必要的几何关系	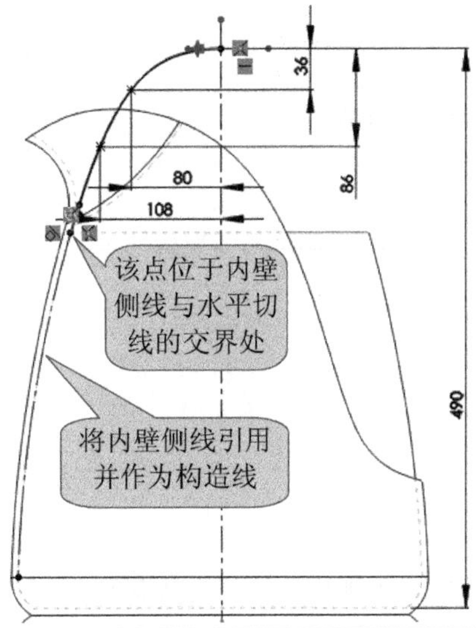
（20）在命令管理器【曲面】标签页上单击"曲面-旋转"按钮，旋转轴选择中心线，旋转角度为360°，单击"确定"按钮✔完成	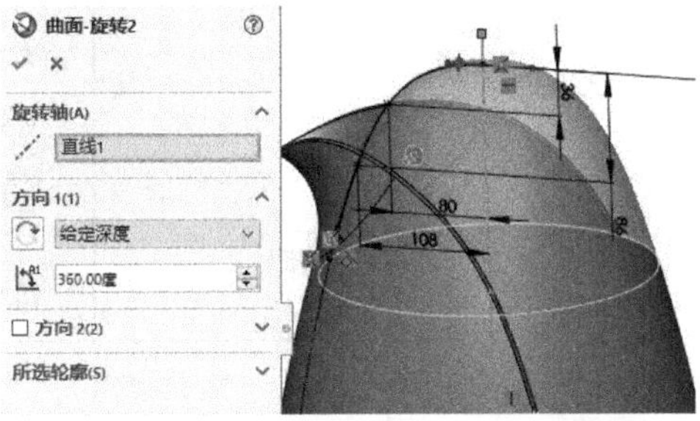
（21）在上视基准面上绘制图示草图	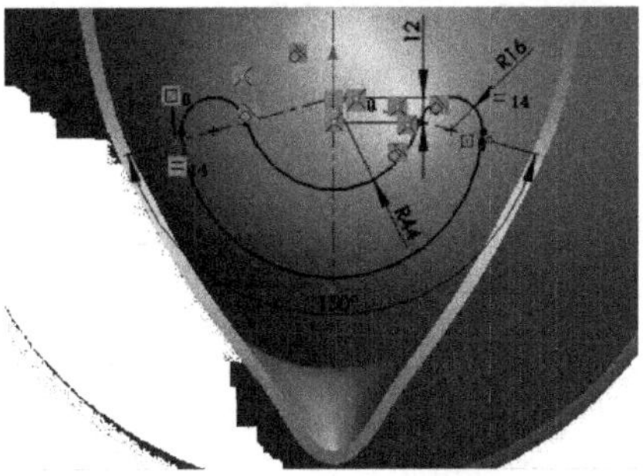
（22）在命令管理器【曲面】标签页上单击"曲面-剪裁"按钮，剪裁类型选择标准，剪裁工具选择第（21）步的草图，选中保留选择项，单击第（20）步旋转曲面要保留的部分，单击"确定"按钮✔完成	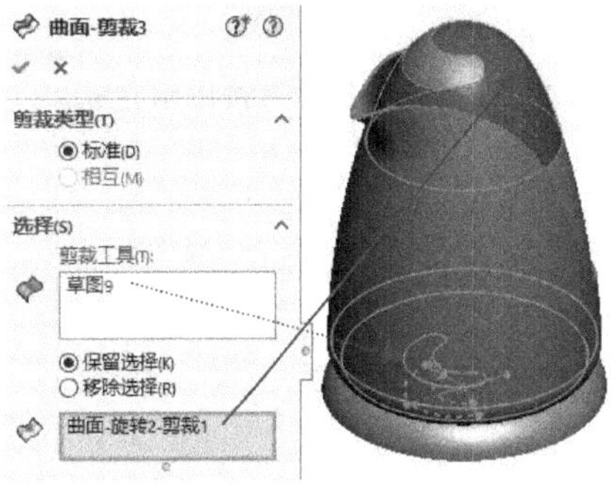

续表

建 模 步 骤	图 例
（23）显示临时轴	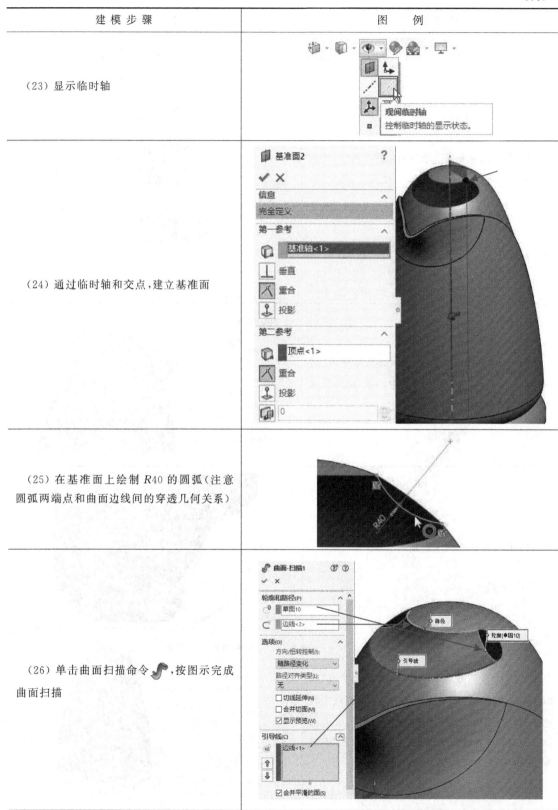
（24）通过临时轴和交点，建立基准面	
（25）在基准面上绘制 $R40$ 的圆弧（注意圆弧两端点和曲面边线间的穿透几何关系）	
（26）单击曲面扫描命令，按图示完成曲面扫描	

建 模 步 骤	图 例
（27）在命令管理器【曲面】标签页上单击"曲面-填充"按钮 ，修补边界选择缺口周围的 3 条曲线（与第（26）步相交的边线设置为相切，其余接触），单击"确定"按钮 ✔ 完成（分两步将左右两边的缺口补齐）	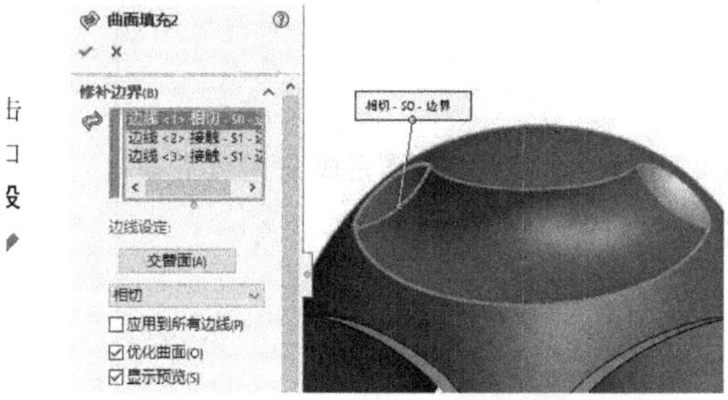
（28）将内胆部分各曲面缝合	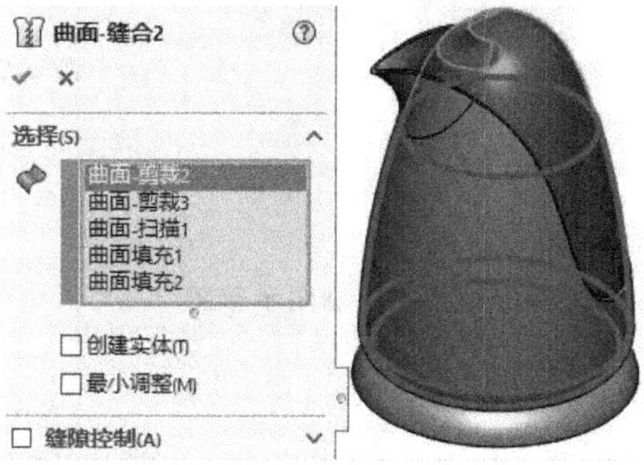
（29）建立与前视基准面距离为 300 mm 的图示基准面	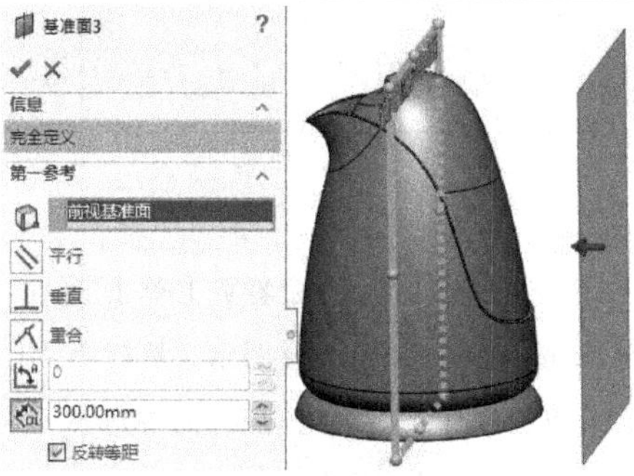
（30）在第（29）步的基准面上绘制图示直线。完成后退出草图（注意视图的朝向）	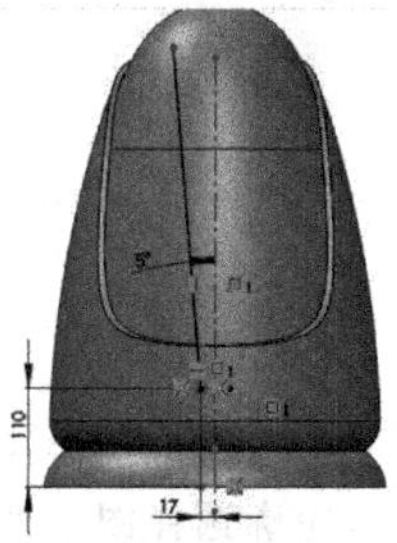
（31）在前视基准面上绘制图示直线。完成后退出草图（注意视图的朝向）	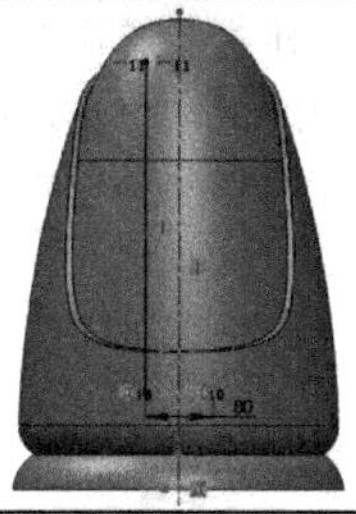

建 模 步 骤	图　　例
（32）用放样曲面命令 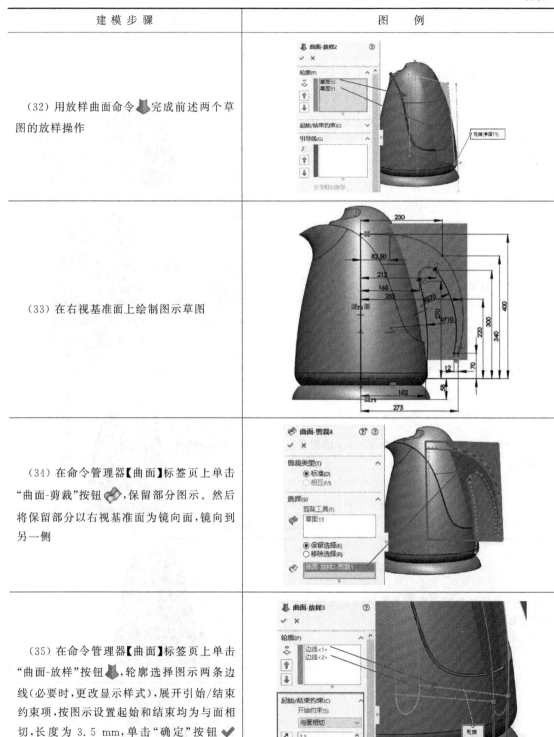 完成前述两个草图的放样操作	
（33）在右视基准面上绘制图示草图	
（34）在命令管理器【曲面】标签页上单击"曲面-剪裁"按钮 ，保留部分图示。然后将保留部分以右视基准面为镜向面，镜向到另一侧	
（35）在命令管理器【曲面】标签页上单击"曲面-放样"按钮 ，轮廓选择图示两条边线（必要时，更改显示样式），展开引始/结束约束项，按图示设置起始和结束均为与面相切，长度为 3.5 mm，单击"确定"按钮 完成	

建模步骤	图例
（36）在右视基准面建立图示草图。完成后退出草图	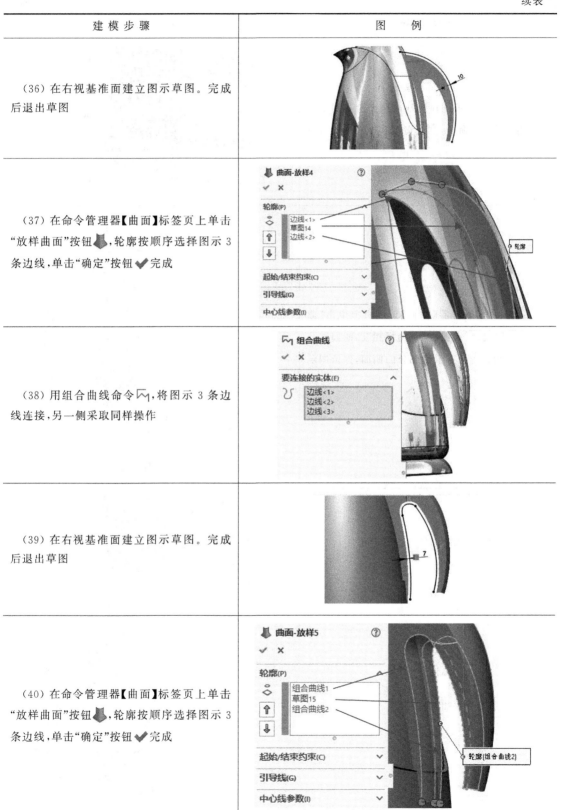
（37）在命令管理器【曲面】标签页上单击"放样曲面"按钮，轮廓按顺序选择图示 3 条边线，单击"确定"按钮 ✔ 完成	
（38）用组合曲线命令，将图示 3 条边线连接，另一侧采取同样操作	
（39）在右视基准面建立图示草图。完成后退出草图	
（40）在命令管理器【曲面】标签页上单击"放样曲面"按钮，轮廓按顺序选择图示 3 条边线，单击"确定"按钮 ✔ 完成	

建 模 步 骤	图　　例
（41）在第（29）步创建的基准面上绘制图示草图。用拉伸曲面命令往实体方向拉伸 50 mm	
（42）在命令管理器【曲面】标签页上单击"曲面-剪裁"按钮，剪裁类型选择相互，曲面部分选择参与剪裁的所有手柄部分的曲面，保留图示部分	
（43）手柄端按图示添加 R15 的圆角	
（44）手顶侧线添加 R5 的圆角	

续表

建 模 步 骤	图 例
（45）在右视基准面上建立图示草图（可用转换实体引用命令将圆角边线引用至草图快速完成）	
（46）在命令管理器【曲面】标签页上单击"曲面-剪裁"按钮 ，剪裁类型选择标准，剪裁工具选择上一步的草图，选中移除选择项，移除图示部分	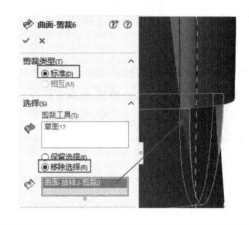
（47）在右视基准面上建立图示草图，注意几何关系及构造线的确定	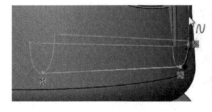
（48）在命令管理器【曲面】标签页上单击"填充曲面"按钮 ，修补边界选择缺口周围的四条曲线（曲率控制均为相切），约束曲线选择上一步的草图，单击"确定"按钮 ✔ 完成	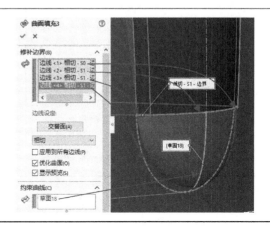

建 模 步 骤	图 例
（49）将手柄部分各曲面缝合	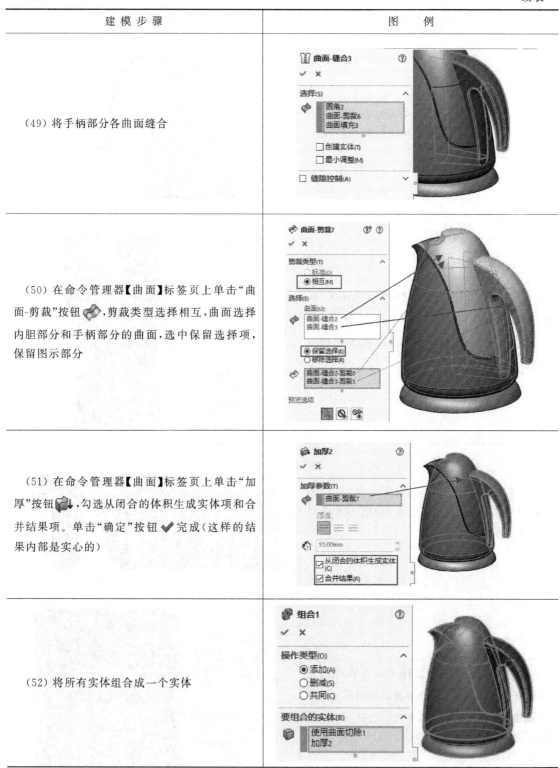
（50）在命令管理器【曲面】标签页上单击"曲面-剪裁"按钮 ，剪裁类型选择相互，曲面选择内胆部分和手柄部分的曲面，选中保留选择项，保留图示部分	
（51）在命令管理器【曲面】标签页上单击"加厚"按钮 ，勾选从闭合的体积生成实体项和合并结果项。单击"确定"按钮 ✔ 完成（这样的结果内部是实心的）	
（52）将所有实体组合成一个实体	

本任务结束！

◀ 任务 21　钣金基座建模 ▶

【学习要点】

- 圆、直线、直槽口等草图绘制命令
- 基体法兰/薄片命令的应用
- 褶边命令的应用
- 设计库成形工具的应用

任务视频二维码索引

【技能目标】

- 掌握基本的草图绘制命令
- 理解基体法兰/薄片命令
- 理解褶边命令
- 合理运用几何关系

【项目案例导入】

建立如图 1.21.1 所示的钣金基座模型。

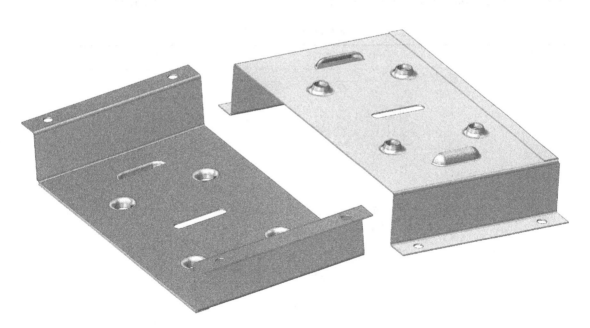

图 1.21.1　钣金基座参考图样

【任务分解】

钣金基座建模任务按图 1.21.2 所示步骤进行分解。

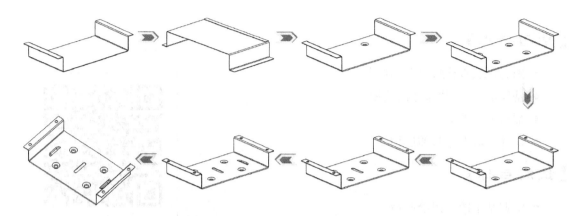

图 1.21.2　钣金基座建模任务分解示意图

【相关知识】

1. 基体法兰/薄片 🐾

用户可以使用基体法兰/薄片来插入薄片而不将其合并到现有零件,从而在现有钣金零件中生成实体。对于薄片来说,系统会自动将薄片特征的深度设置为钣金零件的厚度。至于深度的方向,系统会自动将其设置为与钣金零件重合,从而避免实体脱节(见表 1.21.1)。

表 1.21.1　基体法兰

命令条件	参数设置	结　果
已完成草图(不需封闭)	基体法兰 方向 1(1)　给定深度 40.00mm 方向 2(2) 钣金规格(M)　使用规格表(G) 钣金参数(S)　2.00mm　反向(E)　2.00mm 折弯系数(A)　K 因子　0.5 自动切释放槽(T)　矩形　使用释放槽比例(A)　比例(T)　0.5 设置拉伸尺寸　设置拉伸方式　如果需要,可展开方向 2　设置钣金厚度　设置厚度的方向　设置钣金最小半径　折弯系数和释放槽按默认设置	基体生成预览 基体生成
在草图状态下	设置厚度、圆角及拉伸尺寸	生成基体法兰

续表

命 令 条 件	参 数 设 置	结 果
已完成部分实体及草图(草图可以是单一闭环、多重闭环或多重封闭轮廓;草图必须位于垂直于钣金零件厚度方向的基准面或平面上) 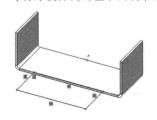	 系统会自动设置完成的深度及方向,使之与基体法兰特征的参数相匹配	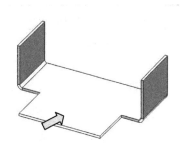
在草图状态下	一般无须设置	生成薄片

2. 褶边 🪶

该命令可将褶边添加到钣金零件的所选边线上(见表1.21.2)。

表 1.21.2　褶边

命 令 条 件	参 数 设 置	结 果
已完成法兰基体,并且所选边线必须为直线 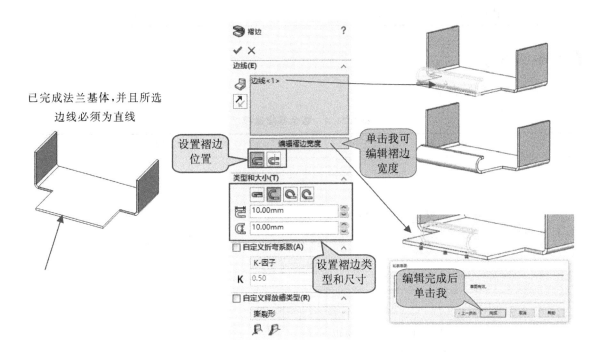		
在实体状态下	设置好褶边位置类型和大小	完成褶边操作(必要时可编辑草图)

3. 使用设计库成形工具

利用任务窗格,将现有的成形工具直接添加到钣金件,形成新特征(见表1.21.3)。

表 1.21.3   使用设计库成形工具

命 令 条 件	参 数 设 置	结　果
已完成钣金件		
在实体状态下	拖曳时即可完成相关设置	切换到位置标签定位后完成

【任务实施】

任务实施过程如表 1.21.4 所示。

表 1.21.4   钣金基座建模

建 模 步 骤	图　例
(1)在命令管理器标签上单击鼠标右键,激活钣金页	
(2)在前视基准面上新建草图,添加必要的几何关系并标注尺寸(注意原点的位置)	

建 模 步 骤	图 例
（3）在命令管理器【钣金】标签页上单击"基体法兰/薄片"按钮，方向选择两侧对称，尺寸为120 mm，钣金厚度和半径取2 mm（注意厚度方向在内侧），其余按默认设置，单击"确定"按钮 ✔ 完成 	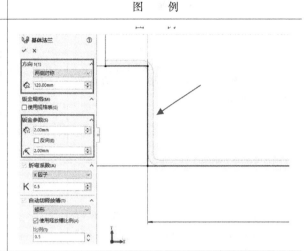
（4）在命令管理器【钣金】标签页上单击"褶边"按钮 ，边线选择图示边线，选择折弯在外按钮 ，类型和大小选择闭合 ，长度为10 mm，其余按默认设置，单击"确定"按钮 ✔ 完成 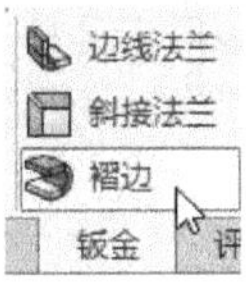	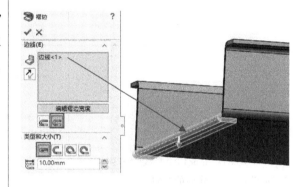
（5）在屏幕右侧的任务窗格中单击设计库，按图示展开成形工具文件夹，找到成形工具"counter sink emboss"	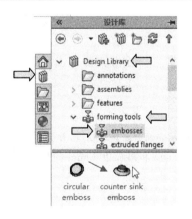
（6）将成形工具counter sink emboss拖到实体图示表面（注意：小头朝下）。如有必要，请按键盘上的 Tab 键反转方向	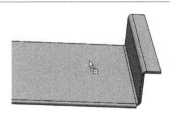

建 模 步 骤	图　　例
（7）在左侧特征树中将成形工具特征切换到位置标签页	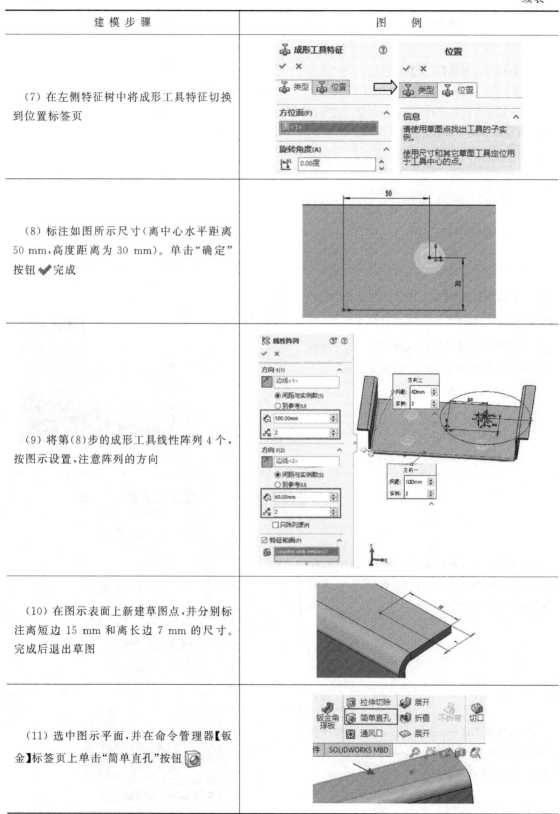
（8）标注如图所示尺寸（离中心水平距离50 mm，高度距离为30 mm）。单击"确定"按钮 ✔ 完成	
（9）将第（8）步的成形工具线性阵列4个，按图示设置，注意阵列的方向	
（10）在图示表面上新建草图点，并分别标注离短边15 mm和离长边7 mm的尺寸。完成后退出草图	
（11）选中图示平面，并在命令管理器【钣金】标签页上单击"简单直孔"按钮 🔲	

建 模 步 骤	图 例
（12）设定孔的直径为 6 mm，勾选与厚度相等项，然后在绘图区域将圆心拖到第（10）步的草图点上，将圆完全定位，单击"确定"按钮 ✔ 完成	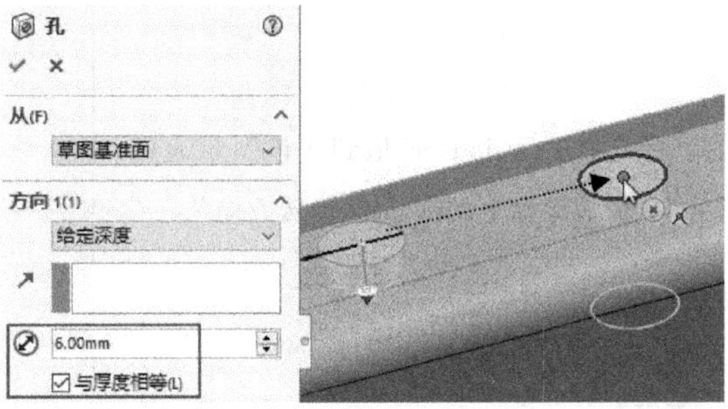
（13）将上一步的孔或用阵列或用镜向，完成 4 个复制	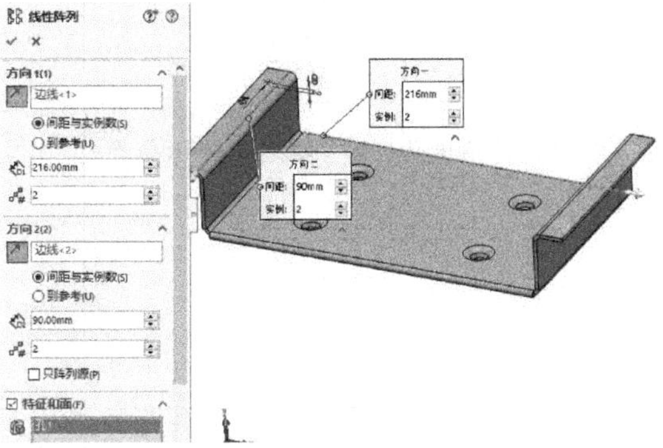
（14）在钣金件中心位置完成图示直槽孔（长度 20 mm，半径 5 mm）的切除	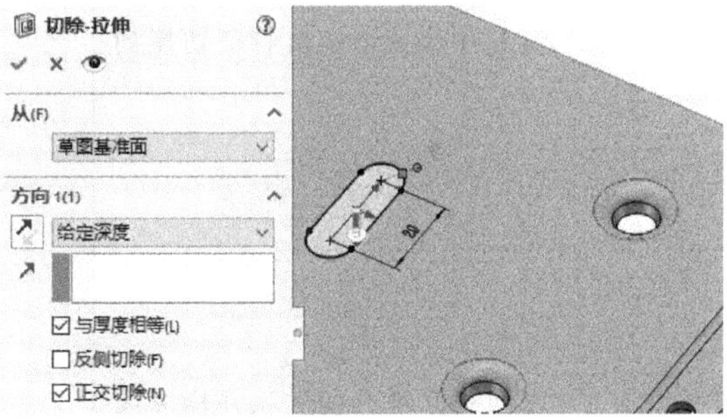
（15）在屏幕右侧的任务窗格中单击设计库，按图示展开成形工具文件夹，找到成形工具"louver"	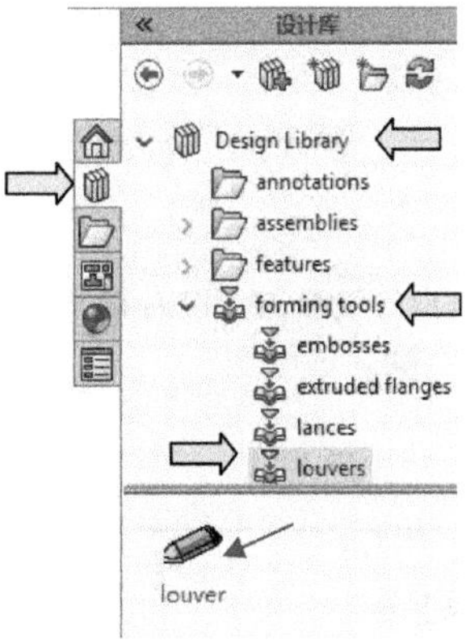

建 模 步 骤	图　　例
（16）将成形工具"louver"拖到实体图示表面。如有必要,请按键盘上的 Tab 键反转方向	
（17）设置旋转角度为 180°,使之按图示位置放置	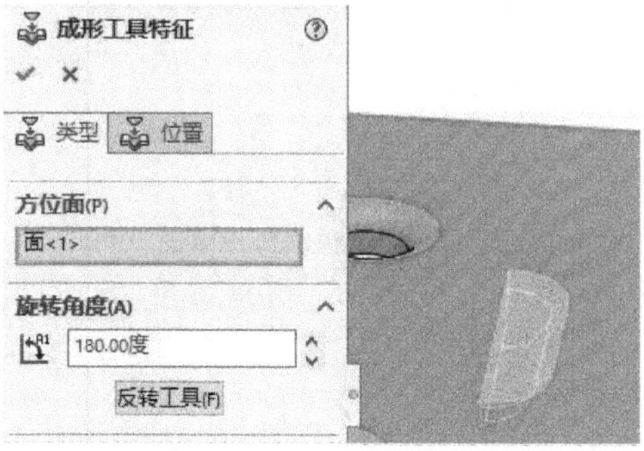
（18）在左侧特征树中将成形工具特征切换到位置标签页	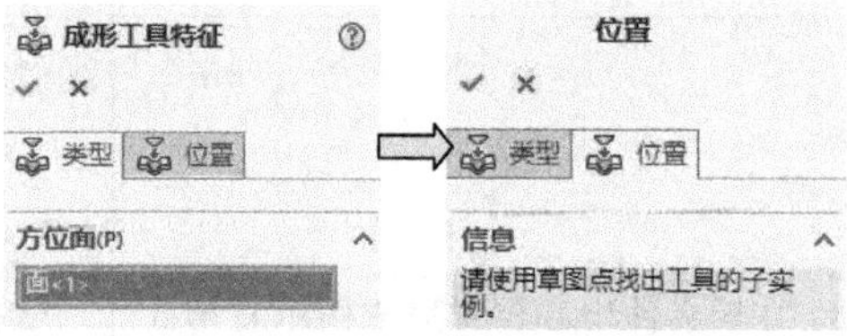
（19）添加与中心点的水平几何关系并标注尺寸75 mm,单击"确定"按钮 ✔ 完成	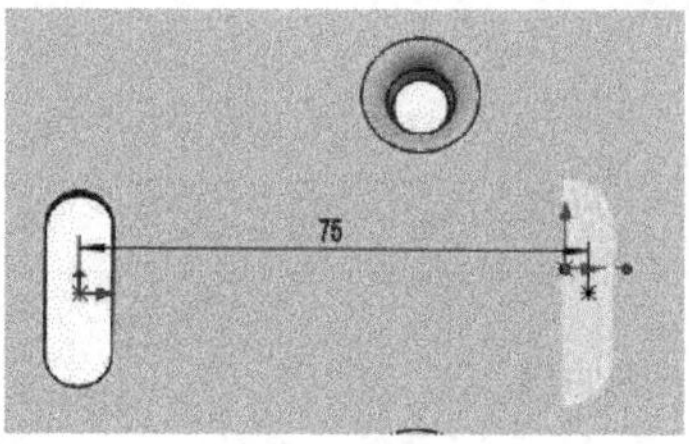
（20）将第（19）步的成形工具以右视基准面为镜向面复制到另一侧	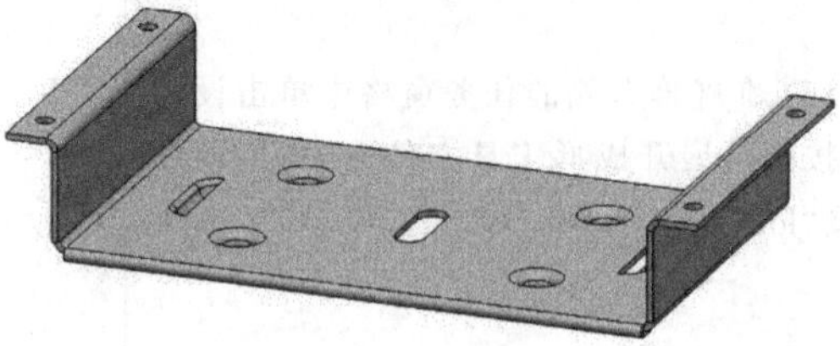

本任务结束!

◀ 任务 22 钣金箱盖建模 ▶

【学习要点】

- 圆、直线等草图绘制命令
- 基体法兰/薄片命令的应用
- 边线法兰命令的应用
- 通风口命令的应用

任务视频二维码索引

【技能目标】

- 掌握基本的草图绘制命令
- 理解边线法兰命令
- 理解通风口命令
- 合理运用几何关系

【项目案例导入】

建立如图 1.22.1 所示的钣金箱盖模型(厚度为 3 mm,半径为 0.5 mm)。

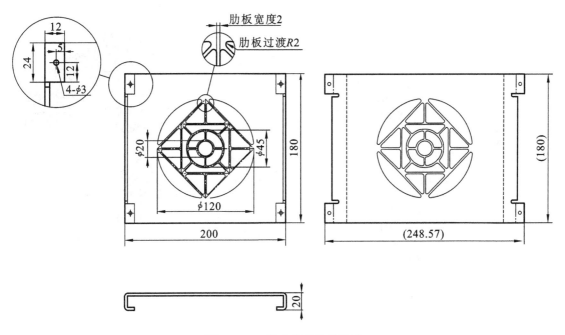

图 1.22.1 钣金箱盖参考图样

【任务分解】

钣金箱盖建模任务按图 1.22.2 所示步骤进行分解。

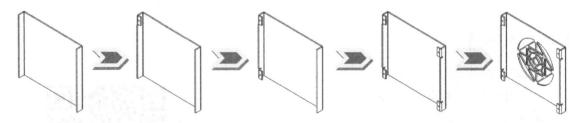

图 1.22.2　钣金箱盖建模任务分解示意图

【相关知识】

1. 边线法兰

可添加法兰到一条或多条线性边线，以及调整角度、位置等。可创建比其附加到的边线更长的边线法兰(见表 1.22.1)。

表 1.22.1　边线法兰

命 令 条 件	参 数 设 置	结 果
	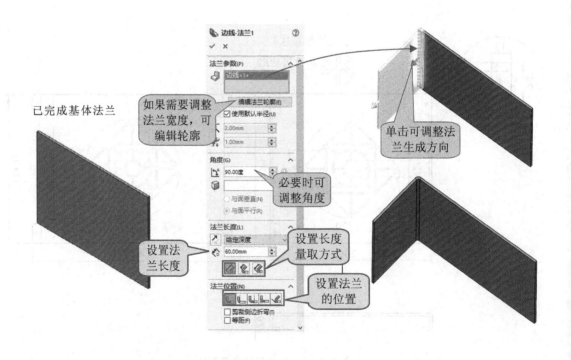	
在实体状态下	设置法兰的生成信息	按设置生成边线法兰

2. 通风口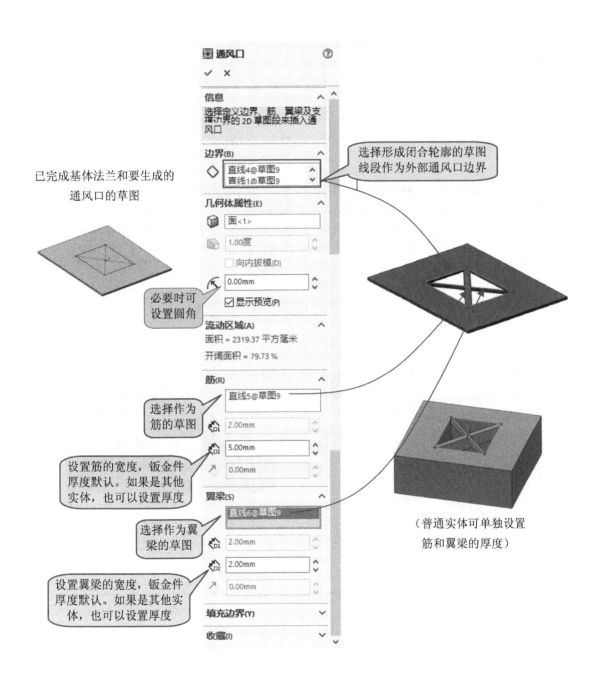

使用完成的草图生成各种通风口,设定筋和翼梁数,自动计算流动区域(见表1.22.2)。

表 1.22.2 通风口

命 令 条 件	参 数 设 置	结 果

已完成基体法兰和要生成的
通风口的草图

通风口

信息
选择定义边界、筋、翼梁及支择力界的 2D 草图段来插入通风口

边界(B)
直线4@草图9
直线1@草图9

选择形成闭合轮廓的草图
线段作为外部通风口边界

几何体属性(E)
面<1>
1.00度
□ 向内拔模(D)
0.00mm
☑ 显示预览(P)

必要时可设置圆角

流动区域(A)
面积 = 2319.37 平方毫米
开阔面积 = 79.73 %

筋(R)
直线5@草图9
2.00mm
5.00mm
0.00mm

选择作为筋的草图

设置筋的宽度,钣金件厚度默认。如果是其他实体,也可以设置厚度

翼梁(S)
直线6@草图9
2.00mm
2.00mm
0.00mm

选择作为翼梁的草图

设置翼梁的宽度,钣金件厚度默认。如果是其他实体,也可以设置厚度

填充边界(Y)
收藏(I)

(普通实体可单独设置
筋和翼梁的厚度)

在实体状态下	设置边界、筋、翼梁等信息	通风口完成效果

【任务实施】

任务实施过程如表 1.22.3 所示。

表 1.22.3　钣金箱盖建模

建模步骤	图例
（1）在上视基准面上新建草图，添加必要的几何关系并标注尺寸（注意原点的位置）	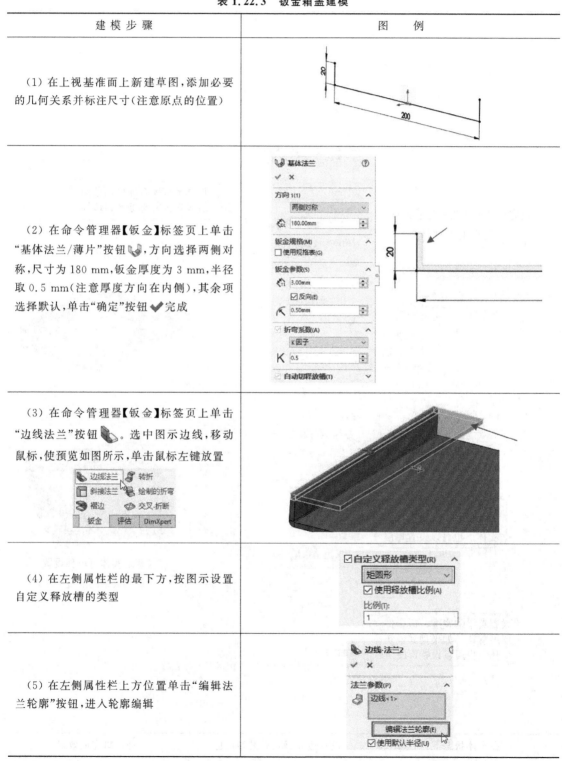
（2）在命令管理器【钣金】标签页上单击"基体法兰/薄片"按钮，方向选择两侧对称，尺寸为 180 mm，钣金厚度为 3 mm，半径取 0.5 mm（注意厚度方向在内侧），其余项选择默认，单击"确定"按钮✔完成	
（3）在命令管理器【钣金】标签页上单击"边线法兰"按钮。选中图示边线，移动鼠标，使预览如图所示，单击鼠标左键放置	
（4）在左侧属性栏的最下方，按图示设置自定义释放槽的类型	
（5）在左侧属性栏上方位置单击"编辑法兰轮廓"按钮，进入轮廓编辑	

续表

建模步骤	图例
（6）将出现的草图轮廓对话框拖到边上，在草图编辑完成之前，请勿关闭此对话框	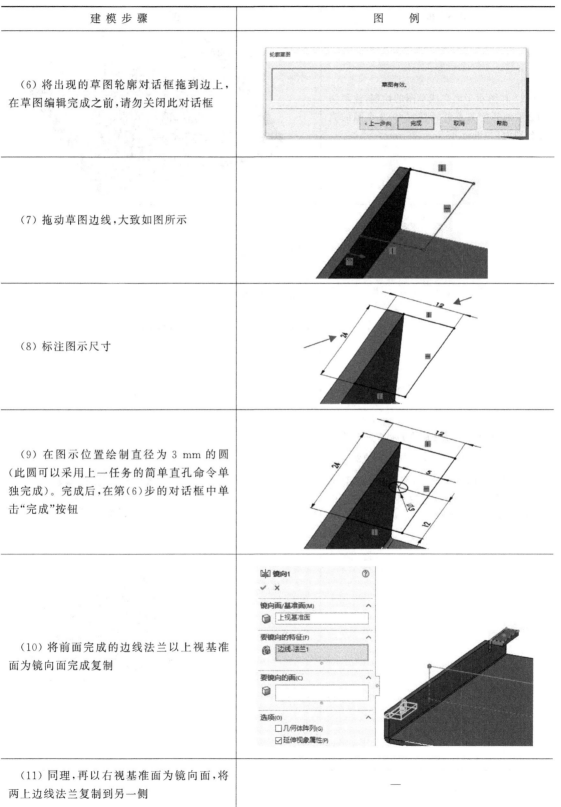
（7）拖动草图边线，大致如图所示	
（8）标注图示尺寸	
（9）在图示位置绘制直径为 3 mm 的圆（此圆可以采用上一任务的简单直孔命令单独完成）。完成后，在第（6）步的对话框中单击"完成"按钮	
（10）将前面完成的边线法兰以上视基准面为镜向面完成复制	
（11）同理，再以右视基准面为镜向面，将两上边线法兰复制到另一侧	—

建模步骤	图　例
（12）在图示平面完成草图的绘制，注意添加必要的几何关系并标注尺寸（3个圆的直径分别为120 mm、45 mm、20 mm）	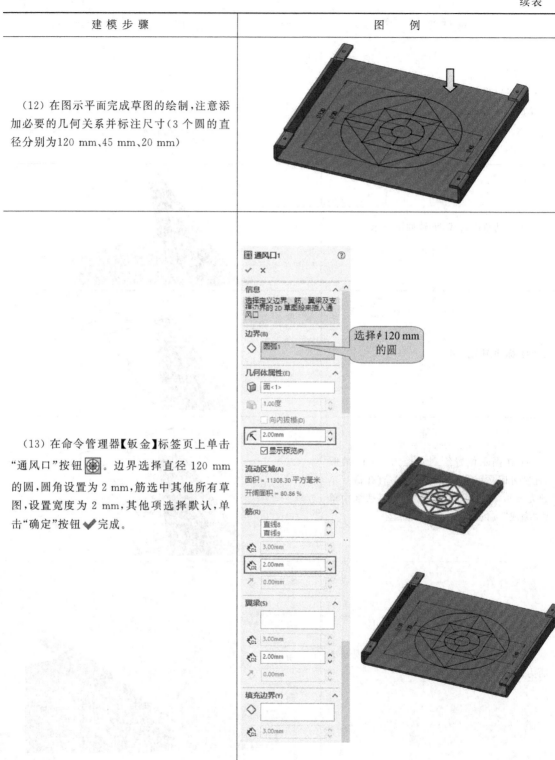
（13）在命令管理器【钣金】标签页上单击"通风口"按钮 。边界选择直径120 mm的圆，圆角设置为2 mm，筋选中其他所有草图，设置宽度为2 mm，其他项选择默认，单击"确定"按钮 ✔ 完成。	

本任务结束！

◀ **任务 23　钣金支架建模** ▶

【学习要点】

- 圆弧、圆、直线等草图绘制命令
- 转折命令、斜接法兰命令的应用
- 断开边角/边角剪裁命令的应用
- 展开、折叠命令的应用

任务视频二维码索引

【技能目标】

- 掌握基本的草图绘制命令
- 理解转折命令
- 理解斜接法兰命令
- 合理运用几何关系

【项目案例导入】

建立如图 1.23.1 所示的钣金支架模型（壁厚 0.5 mm）。

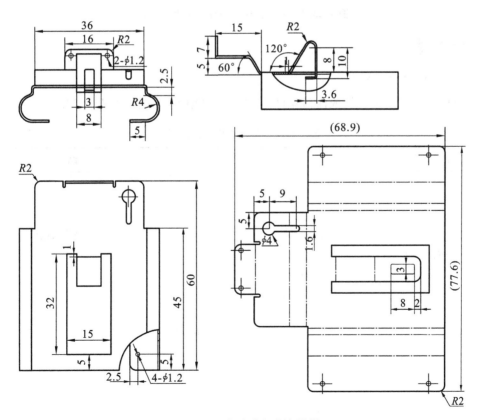

图 1.23.1　钣金支架参考图样

【任务分解】

钣金支架建模任务按图 1.23.2 所示步骤进行分解。

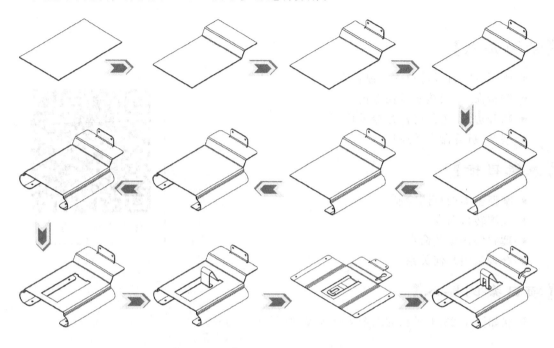

图 1.23.2　钣金支架建模任务分解示意图

【相关知识】

1. 断开边角/边角剪裁

从折叠的钣金零件的边线或面切除材料,或者向其中加入材料(见表 1.23.1)。

表 1.23.1　断开边角/边角剪裁

命 令 条 件	参 数 设 置	结　　果
已完成基体钣金	断开边角 / 折断边角选项(B) / 边线<1> / 折断类型 / 指定折断类型是圆角或倒角 / 倒角大小 10.00mm / 倒角预览	
在实体状态下	选择边线,设定类型和大小	类似于实体中的倒角和圆角

2. 转折

通过从草图线(草图必须只包含一根直线)生成 2 个折弯而将材料添加到钣金零件上(见表 1.23.2)。

表 1.23.2 转折

命 令 条 件	参 数 设 置	结 果
已完成基体法兰和转折草图		
在草图或实体状态下	指定固定面并设定转折参数	生成转折(带 2 个折弯)

3. 展开

在钣金零件中展开一个、多个或所有折弯(见表 1.23.3)。

表 1.23.3 展开

命 令 条 件	参 数 设 置	结 果
已完成包含折弯的钣金		
在实体状态下	选择固定面和折弯	展开后的效果

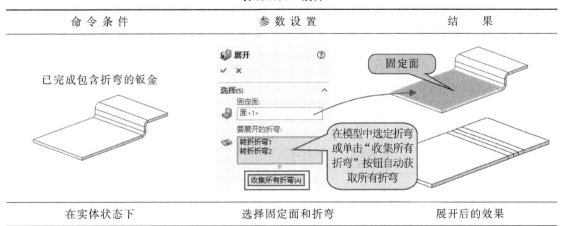

4. 折叠

在钣金零件中折叠一个、多个或所有折弯(见表 1.23.4)。

表 1.23.4　折叠

命 令 条 件	参 数 设 置	结　　果
已完成包含折弯的展开钣金	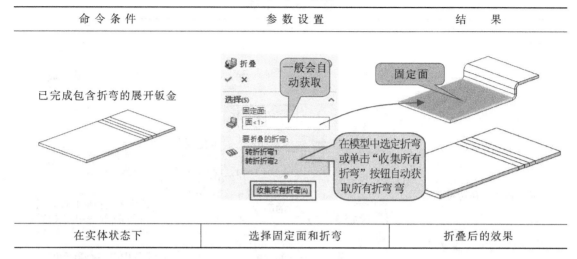	
在实体状态下	选择固定面和折弯	折叠后的效果

5. 斜接法兰

将一系列法兰添加到钣金零件的一条或多条边线上,在原理上类似于实体中的扫描命令。系统自动将法兰厚度链接到钣金零件的厚度上(见表 1.23.5)。

表 1.23.5　斜接法兰

命 令 条 件	参 数 设 置	结　　果
已完成基体钣金	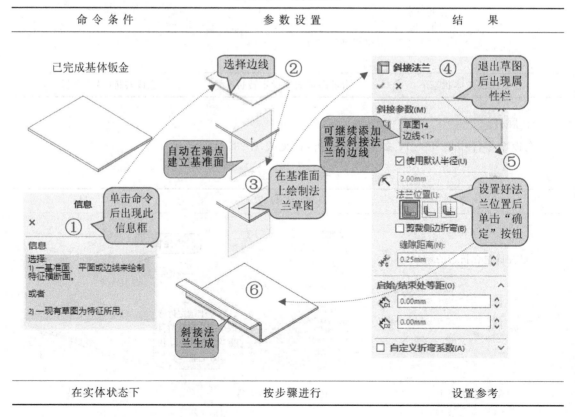	
在实体状态下	按步骤进行	设置参考

【任务实施】

任务实施过程如表 1.23.6 所示。

表 1.23.6 钣金支架建模

建 模 步 骤	图　　例
（1）在上视基准面上新建矩形（60 mm× 36 mm），添加必要的水平、垂直几何关系并标注尺寸	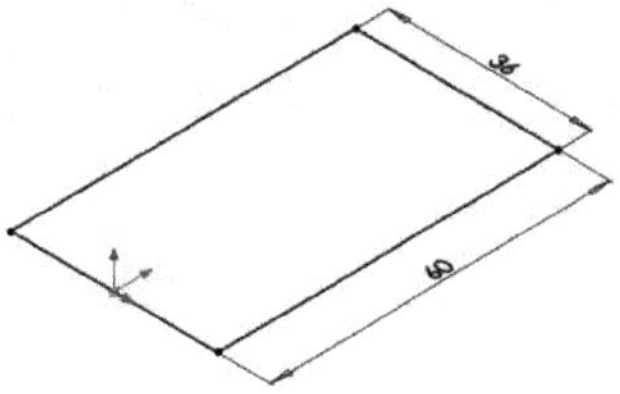
（2）在命令管理器【钣金】标签页上单击"基体法兰/薄片"按钮，钣金参数厚度为 0.5 mm，其余项选择默认，单击"确定"按钮 完成	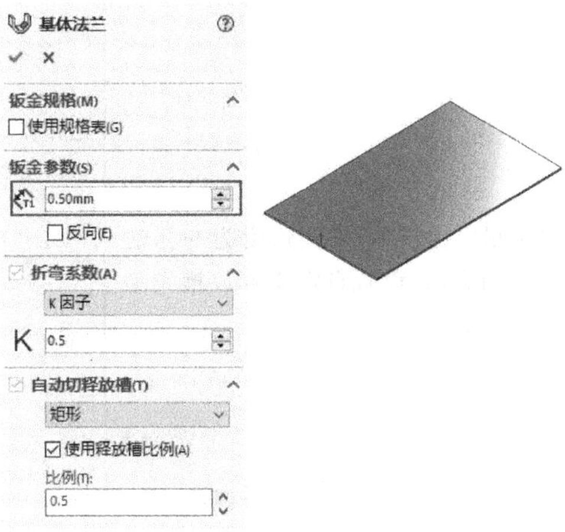
（3）在钣金上表面绘制图示直线（距离原点 45 mm）	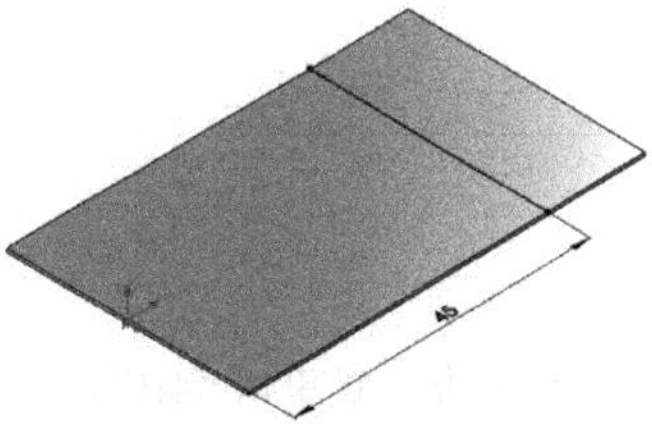
（4）在命令管理器【钣金】标签页上单击"转折"按钮，固定面选择图示面，圆角为 0.5 mm，转折等距为 5 mm，尺寸位置如图设置，勾选固定投影长度。转折位置选折弯在外，转折角度为 60°。单击"确定"按钮 完成	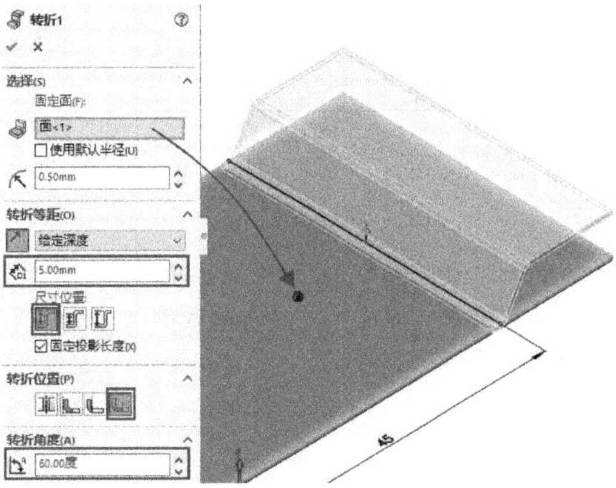

续表

建 模 步 骤	图 例
（5）在命令管理器【钣金】标签页上单击"边线法兰"按钮。选中图示边线，移动鼠标，使预览如图所示，单击鼠标左键放置	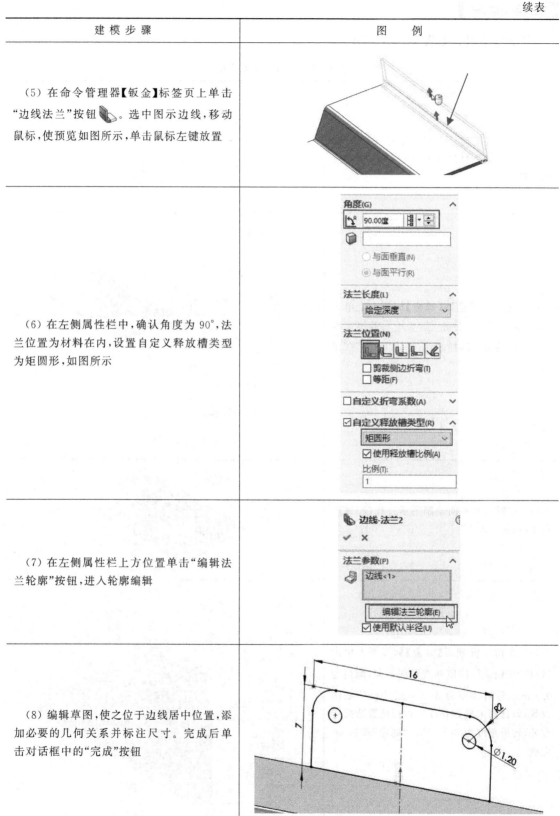
（6）在左侧属性栏中，确认角度为 90°，法兰位置为材料在内，设置自定义释放槽类型为矩圆形，如图所示	
（7）在左侧属性栏上方位置单击"编辑法兰轮廓"按钮，进入轮廓编辑	
（8）编辑草图，使之位于边线居中位置，添加必要的几何关系并标注尺寸。完成后单击对话框中的"完成"按钮	

续表

建 模 步 骤	图 例
（9）在命令管理器【钣金】标签页上单击"断开边角/边角剪裁"按钮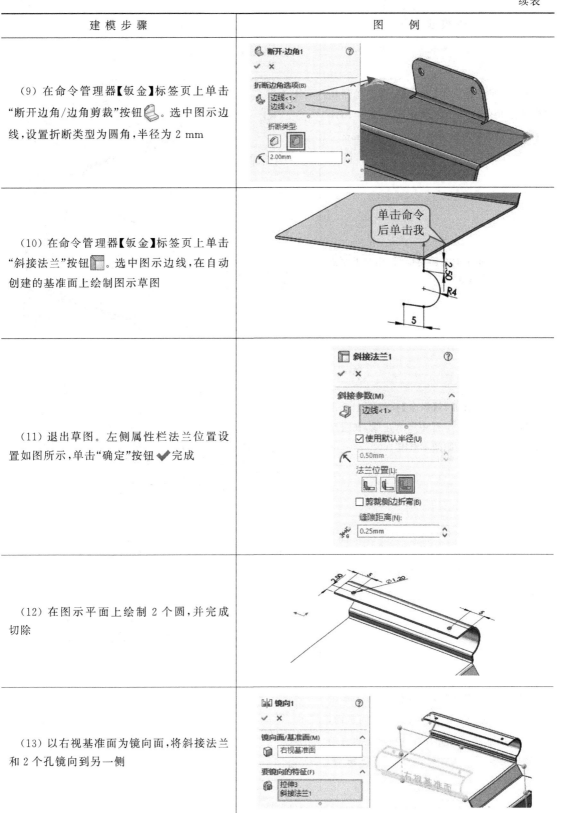，选中图示边线，设置折断类型为圆角，半径为 2 mm	
（10）在命令管理器【钣金】标签页上单击"斜接法兰"按钮，选中图示边线，在自动创建的基准面上绘制图示草图	
（11）退出草图。左侧属性栏法兰位置设置如图所示，单击"确定"按钮✔完成	
（12）在图示平面上绘制 2 个圆，并完成切除	
（13）以右视基准面为镜向面，将斜接法兰和 2 个孔镜向到另一侧	

建 模 步 骤	图　　例
（14）在命令管理器【钣金】标签页上单击"断开边角/边角剪裁"按钮。选中图示边线，设置折断类型为圆角，半径为 2 mm	
（15）在图示平面上新建草图，相对于原点左右对称。完成切除	
（16）在命令管理器【钣金】标签页上单击"斜接法兰"按钮。选中图示边线，在自动创建的基准面上绘制图示草图	
（17）按图设置斜接法兰相关选项，完成斜接法兰	
（18）在命令管理器【钣金】标签页上单击"展开"按钮。选中图示面作为固定面，然后单击"收集所有折弯"按钮，系统将自动收集所有折弯，然后单击"确定"按钮完成	

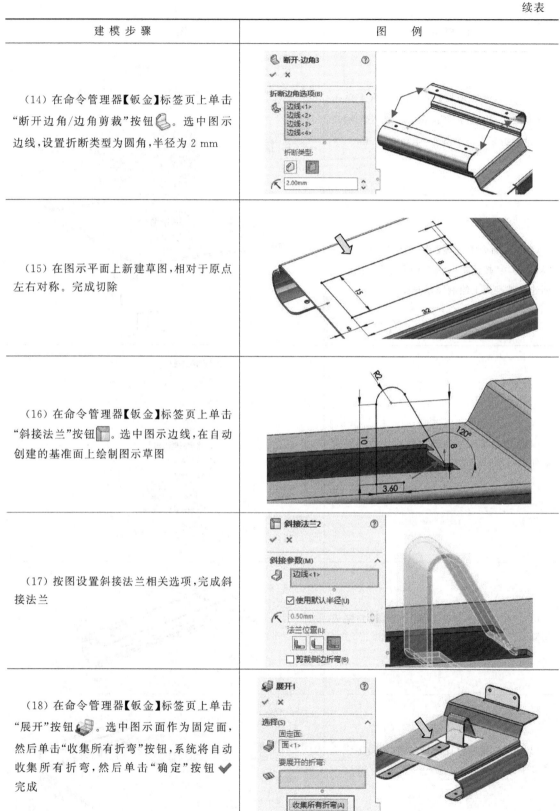

续表

建 模 步 骤	图　　例
（19）在图示平面上新建草图，左右居中。完成切除	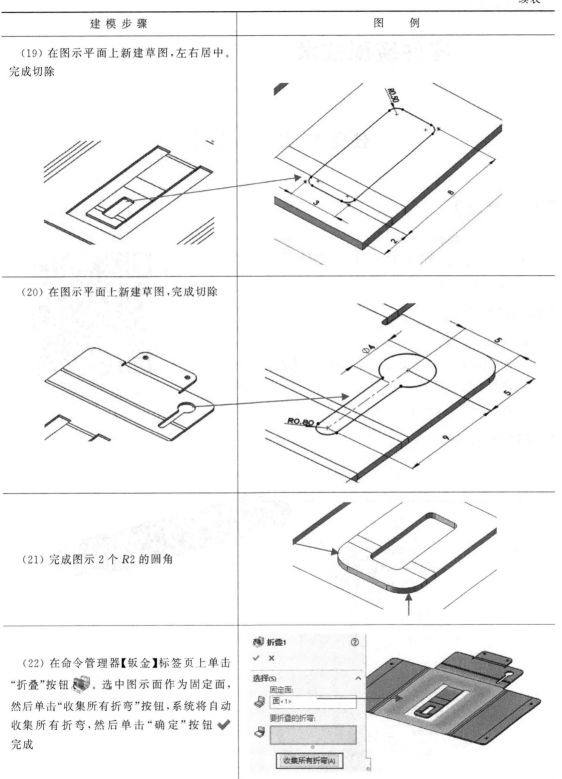
（20）在图示平面上新建草图，完成切除	
（21）完成图示2个R2的圆角	
（22）在命令管理器【钣金】标签页上单击"折叠"按钮。选中图示面作为固定面，然后单击"收集所有折弯"按钮，系统将自动收集所有折弯，然后单击"确定"按钮 完成	

本任务结束！

零件装配技术

◀ 任务 1　球 阀 装 配 ▶

【学习要点】

- 零件的一般装配方法
- 同轴心、重合、距离、相切、平行、垂直等装配关系
- 宽度装配关系

【技能目标】

- 掌握零件的一般装配方法
- 理解同轴心、重合、距离、相切、平行、垂直等装配关系
- 理解宽度装配关系
- 合理调整装配关系

任务视频二维码索引

【项目案例导入】

建立如图 2.1.1 所示的球阀装配体。

图 2.1.1　球阀装配参考图样

【任务分解】

球阀装配任务按图 2.1.2 所示步骤进行分解。

图 2.1.2　球阀装配任务分解示意图

【相关知识】

1. 标准配合

所有配合类型会始终显示在属性管理器中,但只有适用于当前选择的配合才可供使用(见表 2.1.1)。

表 2.1.1　标准配合

命 令 条 件	参 数 设 置	配 合 含 义	
已完成相关零件的绘制并导入到装配体文件	选择的要素显示在这里 系统会自动过滤适合的配合类型 必要时可反转方向	重合	将所选面、边线及基准面定位
		平行	放置所选项,这样它们彼此间保持等间距
		垂直	将所选项按彼此间成 90°角度放置
		相切	将所选项按彼此间相切放置
		同轴心	将所选项放置于共享同一中心线
		距离	将所选项按彼此间指定的距离放置
		配合对齐	根据需要切换配合对齐
		同向对齐	同向对齐:与所选面正交的向量指向同一方向
		反向对齐	反向对齐:与所选面正交的向量指向相反方向
在装配体状态下	选择欲配合的要素	系统自动过滤适用的配合类型	

2. 宽度配合

约束两个平面之间的标签(见表 2.1.2)。

表 2.1.2　宽度配合

命 令 条 件	参 数 设 置	结 果
已完成相关零件的绘制并导入到装配体文件	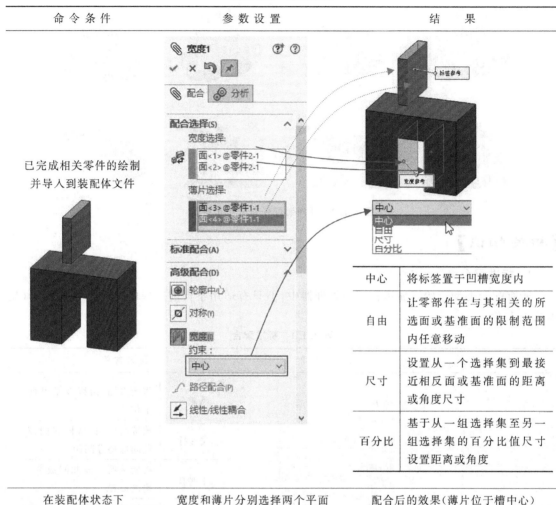	

中心	将标签置于凹槽宽度内
自由	让零部件在与其相关的所选面或基准面的限制范围内任意移动
尺寸	设置从一个选择集到最接近相反面或基准面的距离或角度尺寸
百分比	基于从一组选择集至另一组选择集的百分比值尺寸设置距离或角度

在装配体状态下	宽度和薄片分别选择两个平面	配合后的效果(薄片位于槽中心)

【任务实施】

任务实施过程如表 2.1.3 所示。

表 2.1.3　球阀装配

建 模 步 骤	图 例
(1) 新建装配体文件	

续表

建 模 步 骤	图 例
（2）系统将自动执行"插入零部件"命令（如果不小心关闭了此命令，可从命令管理器【装配体】标签页上单击"插入零部件"按钮，执行命令）。单击"浏览"按钮	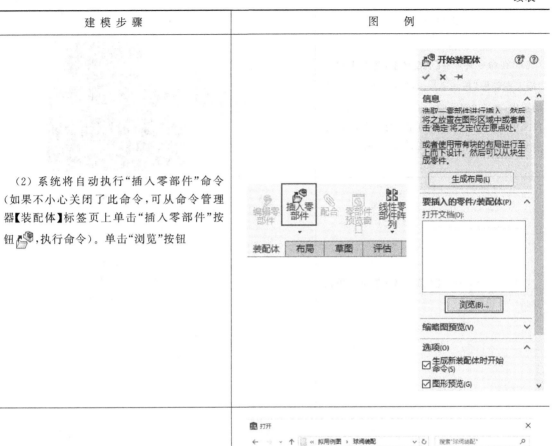
（3）在"球阀装配"文件夹中找到零件"Ball Valve Housing"，单击"打开"按钮	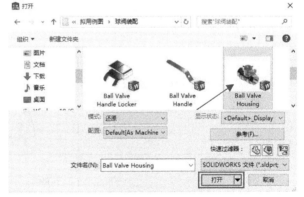
（4）资源管理器自动关闭，回到SolidWorks装配体界面，选中的零件也跟随鼠标出现在绘图区域中。此时，单击"确定"按钮 ✔ 或直接在绘图区域单击鼠标左键放置零件，零件将自动定位到原点作为固定件（后续装配的基准件）	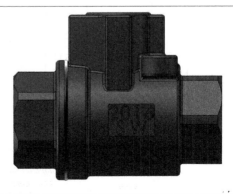

续表

建 模 步 骤	图 例
（5）在命令管理器【装配体】标签页上单击"插入零部件"按钮，类似第（2）～（3）步的操作，单击"浏览"按钮，在"球阀装配"文件夹中找到零件"Ball"，单击"打开"按钮，然后在绘图区域单击鼠标左键放置零件	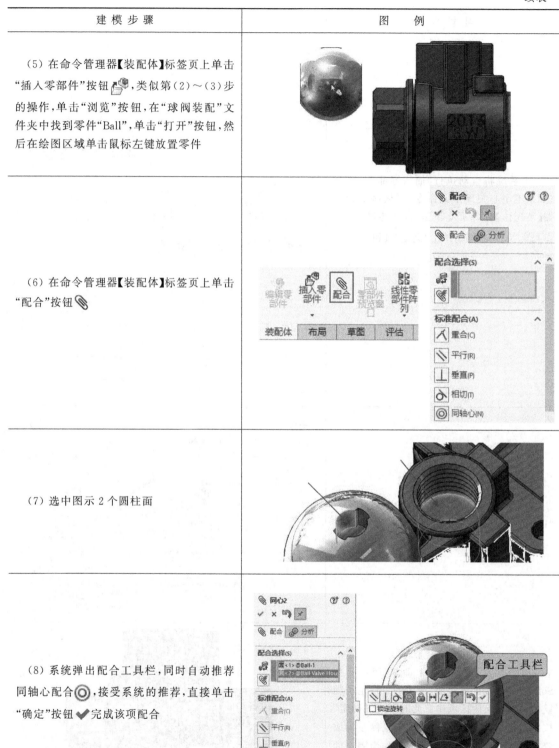
（6）在命令管理器【装配体】标签页上单击"配合"按钮	
（7）选中图示 2 个圆柱面	
（8）系统弹出配合工具栏，同时自动推荐同轴心配合，接受系统的推荐，直接单击"确定"按钮 完成该项配合	

建 模 步 骤	图 例
（9）选中图示 2 个球面	
（10）系统弹出配合工具栏,同时自动推荐同轴心配合◎,单击"确定"按钮 ✔ 完成该项配合(到这里为止,球体已装配至阀腔,后续我们还将添加另一个与阀轴间的配合以控制转动)	配合工具栏
（11）再次单击 ✔ 按钮或 ✖ 按钮结束配合命令	
（12）参考第(5)步,将零件"Ball Valve Bushing"导入装配体	
（13）在命令管理器【装配体】标签页上单击"配合"按钮 ✎。选中图示 2 个面,自动添加重合配合 ✗ 关系,单击"确定"按钮 ✔ 完成该项配合	

续表

建 模 步 骤	图　　例
（14）在绘图区域左上角展开装配体	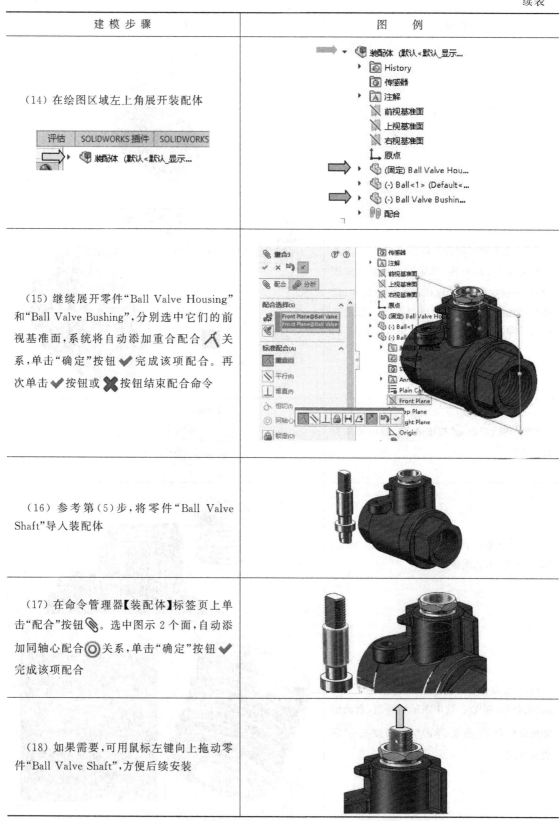
（15）继续展开零件"Ball Valve Housing"和"Ball Valve Bushing"，分别选中它们的前视基准面，系统将自动添加重合配合关系，单击"确定"按钮完成该项配合。再次单击按钮或按钮结束配合命令	
（16）参考第（5）步，将零件"Ball Valve Shaft"导入装配体	
（17）在命令管理器【装配体】标签页上单击"配合"按钮。选中图示 2 个面，自动添加同轴心配合关系，单击"确定"按钮完成该项配合	
（18）如果需要，可用鼠标左键向上拖动零件"Ball Valve Shaft"，方便后续安装	

续表

建模步骤	图　例
（19）选中图示 2 个面	
（20）系统弹出配合工具栏，同时自动推荐重合配合。这里，我们选择距离 ⟷ 配合，输入数值 2.5 mm，单击"确定"按钮 ✔ 完成该项配合	
（21）参考第（14）步和第（15）步，展开零件"Ball Valve Shaft"和"Ball"，分别选中它们的前视基准面，系统将自动添加重合配合 ⟋ 关系，单击"确定"按钮 ✔ 完成该项配合。再次单击 ✔ 按钮或 ✖ 按钮结束配合命令（拖动零件"Ball Valve Shaft"可看到零件"Ball"一起转动）	
（22）将零件"Ball Valve Handle"导入装配体	
（23）添加这 2 个面的重合配合	

建 模 步 骤	图 例
（24）展开高级配合，选中其中的宽度配合 ⅢⅢ。宽度选择项选择零件"Ball Valve Handle"孔的 2 个侧平面，薄片选择项选择零件"Ball Valve Shaft"的 2 个侧平面。单击"确定"按钮 ✔ 完成该项配合 	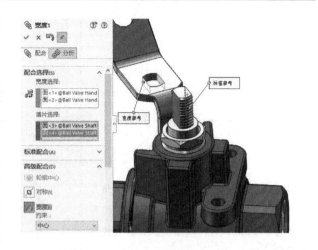
（25）重新展开标准配合，添加图示 2 个面的同轴心配合	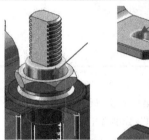
（26）拖动零件"Ball Valve Handle"，使之旋转至大致如右图所示	
（27）将零件"Ball Valve Handle Locker"导入装配体	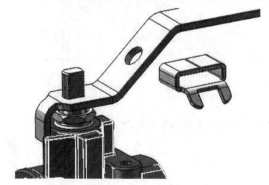

续表

建 模 步 骤	图　例
（28）单击"移动零部件"按钮，展开旋转项，将零件"Ball Valve Handle Locker"旋转至大致如图所示。 	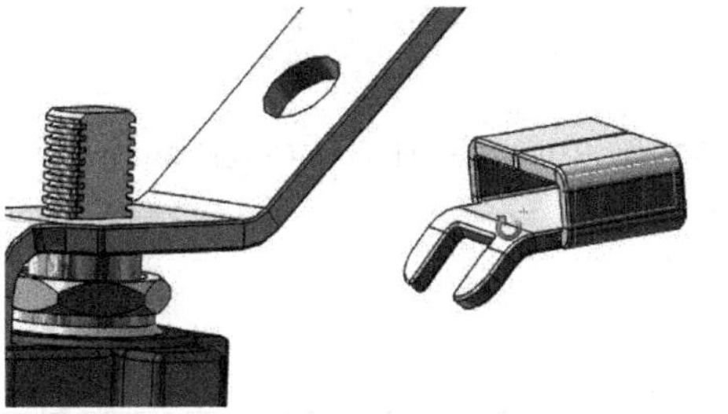 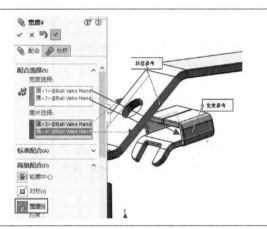
（29）展开高级配合，选中其中的宽度配合。宽度选择项选择零件"Ball Valve Handle Locker"孔的 2 个侧平面，薄片选择项选择零件"Ball Valve Handle"的 2 个侧平面。单击"确定"按钮完成该项配合	
（30）继续宽度配合。宽度选择项选择零件"Ball Valve Handle Locker"孔的另外 2 个侧平面，薄片选择项选择零件"Ball Valve Handle"的另外 2 个侧平面。单击"确定"按钮完成该项配合	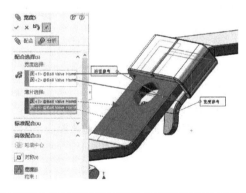
（31）重新展开标准配合，添加图示 2 个面的相切配合（必要时反转方向）。单击 2 次按钮结束配合命令	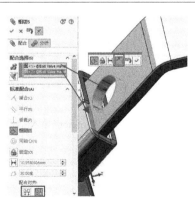

建 模 步 骤	图 例
（32）将零件"Ball Valve Handle Cover"导入装配体	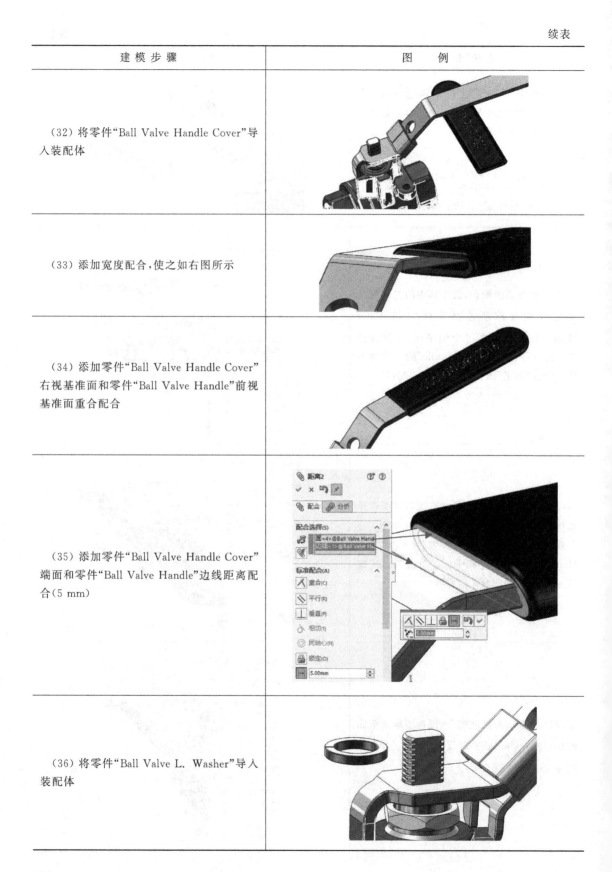
（33）添加宽度配合，使之如右图所示	
（34）添加零件"Ball Valve Handle Cover"右视基准面和零件"Ball Valve Handle"前视基准面重合配合	
（35）添加零件"Ball Valve Handle Cover"端面和零件"Ball Valve Handle"边线距离配合（5 mm）	
（36）将零件"Ball Valve L. Washer"导入装配体	

续表

建 模 步 骤	图 例
（37）添加图示 2 个面的重合配合	
（38）添加图示 2 个面的同轴心配合	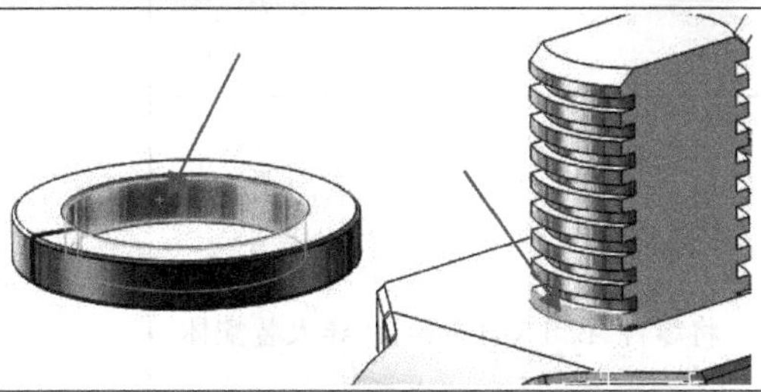
（39）添加图示 2 个面的平行配合	
（40）将零件"Ball Valve Nut"导入装配体	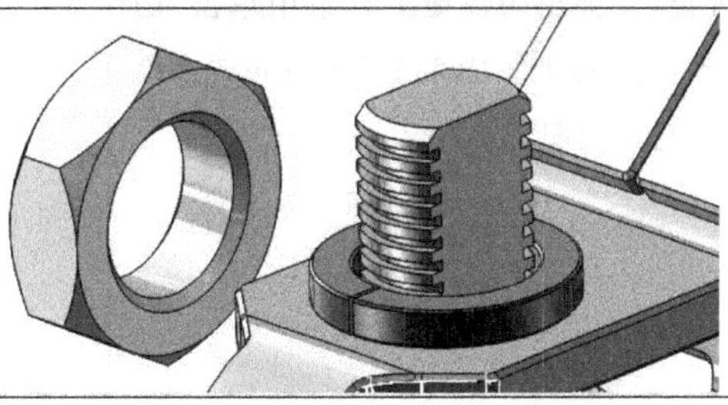
（41）添加图示 2 个面的同轴心配合	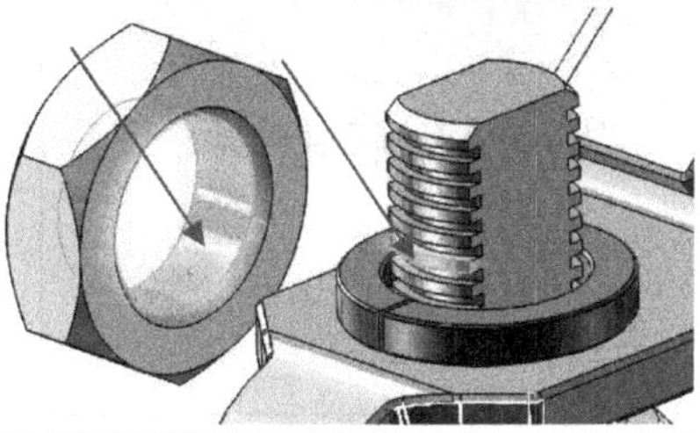
（42）添加图示 2 个面的重合配合	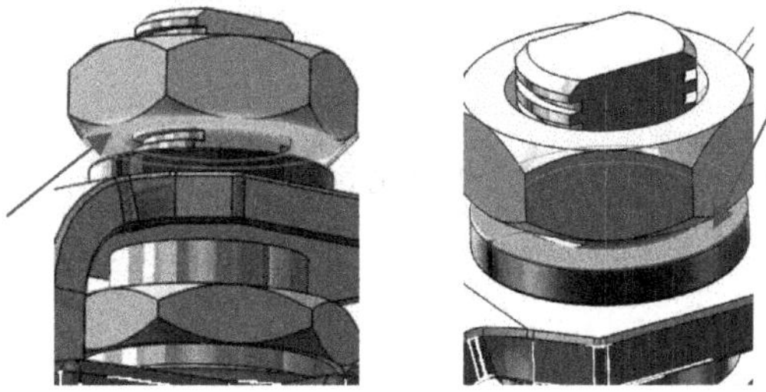

续表

建 模 步 骤	图 例
（43）添加图示 2 个面的平行或垂直配合	
（44）将零件"Ball Valve Seal"导入装配体	
（45）在零件"Ball Valve Housing"上单击鼠标左键，在弹出的快捷工具条中单击"隐藏"按钮 ，将零件"Ball Valve Housing"隐藏，便于后续装配	
（46）添加图示 2 个面的重合配合	
（47）添加图示 2 个面的同轴心配合	

续表

建 模 步 骤	图 例
(48) 注意看特征树,前面被隐藏的零件 "Ball Valve Housing"显示的图标有所区别, 接下来,我们将隐藏的零件恢复显示	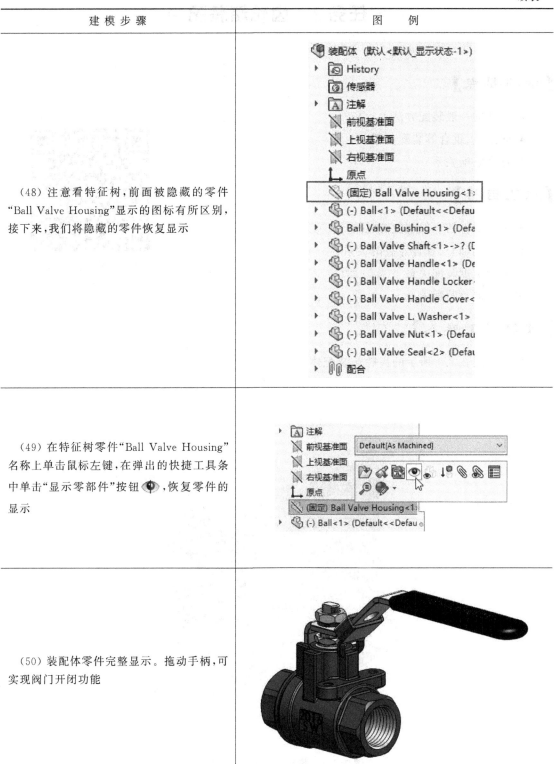
(49) 在特征树零件"Ball Valve Housing" 名称上单击鼠标左键,在弹出的快捷工具条 中单击"显示零部件"按钮 👁,恢复零件的 显示	
(50) 装配体零件完整显示。拖动手柄,可 实现阀门开闭功能	

本任务结束!

◀ 任务 2　齿轮箱装配 ▶

【学习要点】

- 零件的一般装配方法
- 同轴心、重合等装配关系
- 宽度装配关系

任务视频二维码索引

【技能目标】

- 掌握零件的一般装配方法
- 巩固同轴心、重合等装配关系
- 巩固宽度装配关系
- 合理调整装配关系

【项目案例导入】

建立如图 2.2.1 所示的齿轮箱装配体。

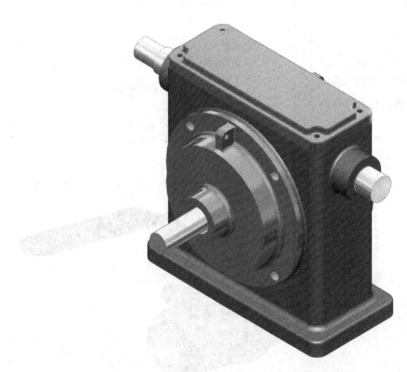

图 2.2.1　齿轮箱装配体参考图样

【任务分解】

齿轮箱装配任务按图 2.2.2 所示步骤进行分解。

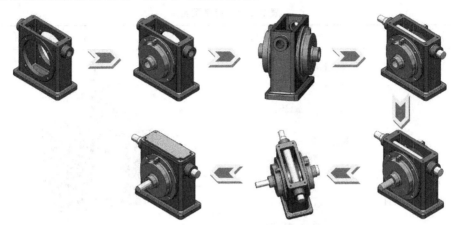

图 2.2.2　齿轮箱装配任务分解示意图

【相关知识】

1. 标准配合

所有配合类型会始终显示在属性管理器中,但只有适用于当前选择的配合才可供使用(见表 2.2.1)。

表 2.2.1　标准配合

命令条件	参数设置	配合含义	
已完成相关零件的绘制并导入到装配体文件	选择的要素显示在这里　系统会自动过滤适合的配合类型　必要时可反转方向	⋏ 重合	将所选面、边线及基准面定位
		∥ 平行	放置所选项,这样它们彼此间保持等间距
		⊥ 垂直	将所选项按彼此间 90°放置
		⟁ 相切	将所选项按彼此间相切放置
		◎ 同轴心	将所选项放置于共享同一中心线
		⊢⊣ 距离	将所选项按彼此间指定的距离放置
		配合对齐	根据需要切换配合对齐
		同向对齐	与所选面正交的向量指向同一方向
		反向对齐	与所选面正交的向量指向相反方向
在装配体状态下	选择欲配合的要素	系统自动过滤适用的配合类型	

2. 高级配合之宽度配合

约束 2 个平面之间的标签（见表 2.2.2）。

表 2.2.2　宽度配合

命令条件	参数设置	结　果
已完成相关零件的绘制并导入到装配体文件	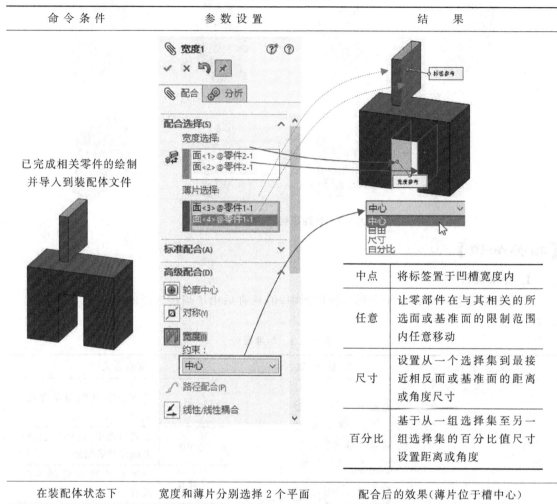	中点：将标签置于凹槽宽度内 任意：让零部件在与其相关的所选面或基准面的限制范围内任意移动 尺寸：设置从一个选择集到最接近相反面或基准面的距离或角度尺寸 百分比：基于从一组选择集至另一组选择集的百分比值尺寸设置距离或角度
在装配体状态下	宽度和薄片分别选择 2 个平面	配合后的效果（薄片位于槽中心）

【任务实施】

任务实施过程如表 2.2.3 所示。

表 2.2.3　齿轮箱装配

建模步骤	图　例
（1）新建装配体文件	新建 SOLIDWORKS 文件

建模步骤	图　例
（2）系统将自动执行"插入零部件"命令（如果不小心关闭了此命令，可从命令管理器【装配体】标签页上单击"插入零部件"按钮 ）。单击"浏览"按钮 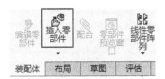	
（3）在"齿轮箱装配"文件夹中找到零件"Housing"，单击"打开"按钮	
（4）资源管理器自动关闭，回到SolidWorks装配体界面，选中的零件也跟随鼠标出现在绘图区域中。此时，单击"确定"按钮 ，或直接在绘图区域单击鼠标左键放置零件，零件将自动定位到原点，作为固定件（后续装配的基准件）	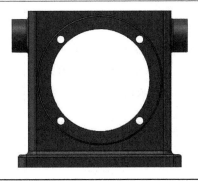

续表

建 模 步 骤	图　例
（5）在命令管理器【装配体】标签页上单击"插入零部件"按钮，类似第（2）~（3）步的操作，单击"浏览"按钮，在"齿轮箱装配"文件夹中找到零件"Cover_Pl&Lug"，单击"打开"按钮，然后在绘图区域单击鼠标左键放置零件	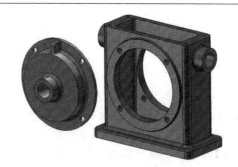
（6）在命令管理器【装配体】标签页上单击"配合"按钮 	
（7）选中图示的 2 个面	
（8）系统弹出配合工具栏，同时自动推荐"同轴心"配合，接受系统的推荐，直接单击"确定"按钮，完成该项配合	

续表

建模步骤	图　例
（9）选中图示的 2 个柱面	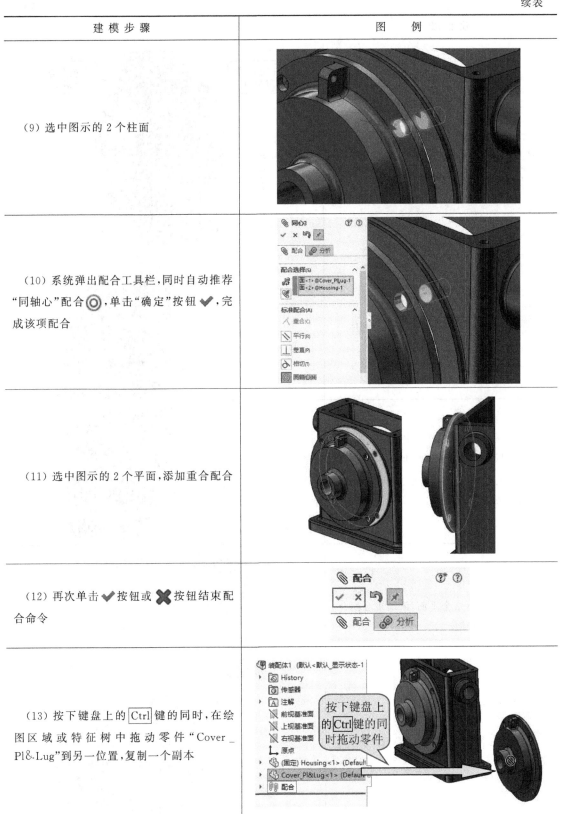
（10）系统弹出配合工具栏，同时自动推荐"同轴心"配合 ◎，单击"确定"按钮 ✔，完成该项配合	
（11）选中图示的 2 个平面，添加重合配合	
（12）再次单击 ✔ 按钮或 ✖ 按钮结束配合命令	
（13）按下键盘上的 ⌈Ctrl⌋ 键的同时，在绘图区域或特征树中拖动零件"Cover_Pl&Lug"到另一位置，复制一个副本	

建 模 步 骤	图　　例
(14) 参考第(7)～(11)步,完成另一侧的装配	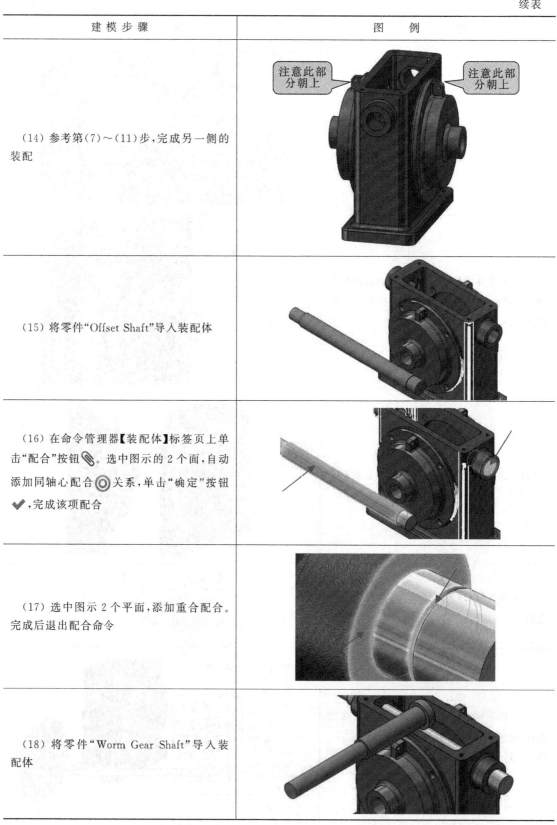
(15) 将零件"Offset Shaft"导入装配体	
(16) 在命令管理器【装配体】标签页上单击"配合"按钮📎。选中图示的 2 个面,自动添加同轴心配合◎关系,单击"确定"按钮✔,完成该项配合	
(17) 选中图示 2 个平面,添加重合配合。完成后退出配合命令	
(18) 将零件"Worm Gear Shaft"导入装配体	

续表

建 模 步 骤	图 例
(19) 添加图示 2 个面的同轴心配合	
(20) 添加图示 2 个面的重合配合	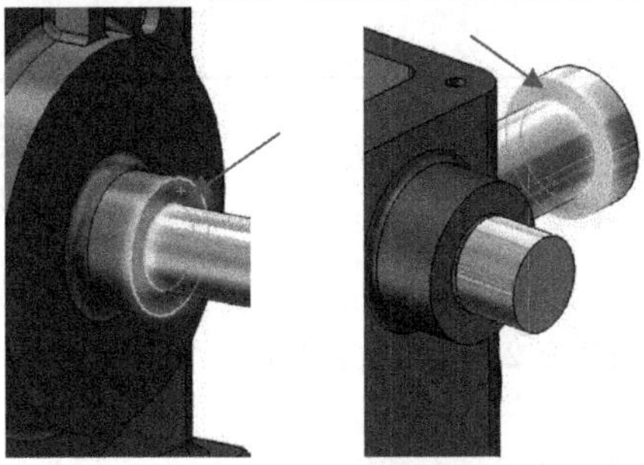
(21) 将零件"Worm Gear"导入装配体	
(22) 添加零件"Worm Gear"内孔和零件"Worm Gear Shaft"之间的同轴心配合	
(23) 添加零件"Worm Gear"和零件"Housing"之间的宽度配合,使零件"Worm Gear"位于零件"Housing"居中的位置	

续表

建 模 步 骤	图 例
(24) 将零件"Worm Gear"导入装配体	
(25) 添加图示 2 个面的重合配合	
(26) 添加图示 2 个面的重合配合	
(27) 添加图示 2 个面的重合配合	

本任务结束!

◀ 任务 3　万向节装配 ▶

【学习要点】

- 零件的一般装配方法
- 同轴心、重合、平行等装配关系
- 子装配体的概念
- 零件属性的应用

任务视频二维码索引

【技能目标】

- 掌握零件的一般装配方法
- 掌握同轴心、重合、平行等装配关系
- 理解子装配体的概念
- 合理调整装配关系

【项目案例导入】

建立如图 2.3.1 所示的万向节装配体。

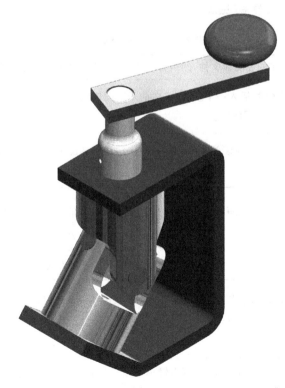

图 2.3.1　万向节装配体参考图样

【任务分解】

万向节装配任务按图 2.3.2 所示步骤进行分解。

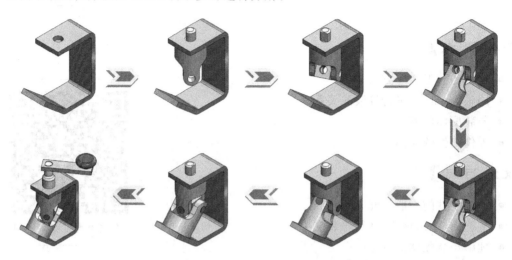

图 2.3.2 万向节装配任务分解示意图

【相关知识】

1. 子装配体

一个装配体是另一个装配体的零部件,则称第一个装配体为子装配体。可以多层嵌套子装配体以反映设计的层次关系(见表 2.3.1)。

表 2.3.1 子装配体的生成方法

(1) 生成一个单独操作的装配体文件,然后将它插入更高层的装配体,使其成为一个子装配体

(2) 在编辑顶层装配体时,插入一个新的、空白的子装配体到任何一层装配体层次关系中,然后用多种方式将该零部件添加到该子装配体中

(3) 通过选择一组已经包含在装配体中的零部件来构成子装配体,这样就可以一步生成子装配体并添加零部件。

可以将一个子装配体还原为单个零部件,从而将零部件在装配体层次关系中向上移动一层(见表 2.3.2)。

表 2.3.2 子装配体的还原方法

(1) 在 Feature Manager 设计树中,右键单击一个子装配体或按住键盘上的 Ctrl 键并选择多个装配体,然后在右键菜单中选择解散子装配体;选择子装配体的图标,然后单击"编辑"→"还原装配体"按钮也可解散子装配体

(2) 要从图形区域还原一个子装配体,则右键单击该子装配体的任一零件,在右键菜单中单击选择子装配体;然后在图形区域右键单击,在右键菜单中单击解散子装配体

2. 零件属性

当一个零件中存在多个形态（多个配置）时，在插入到装配体中时，可通过零件属性调整插入时的形态（见表 2.3.3）。

表 2.3.3　零件属性

命令条件	参数设置	结　果
零件存在多个配置（形态）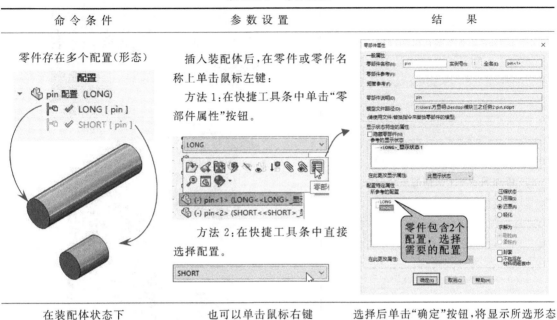	插入装配体后，在零件或零件名称上单击鼠标左键： 方法 1：在快捷工具条中单击"零部件属性"按钮。 方法 2：在快捷工具条中直接选择配置。	
在装配体状态下	也可以单击鼠标右键	选择后单击"确定"按钮，将显示所选形态

【任务实施】

任务实施过程如表 2.3.4 所示。

表 2.3.4　万向节装配

建 模 步 骤	图　例
（1）新建装配体文件	—
（2）将零件"bracket"作为第一个零件导入装配体	
（3）再将零件"Yoke_male"导入装配体	

建 模 步 骤	图 例
（4）添加图示 2 个圆柱面的同轴心配合	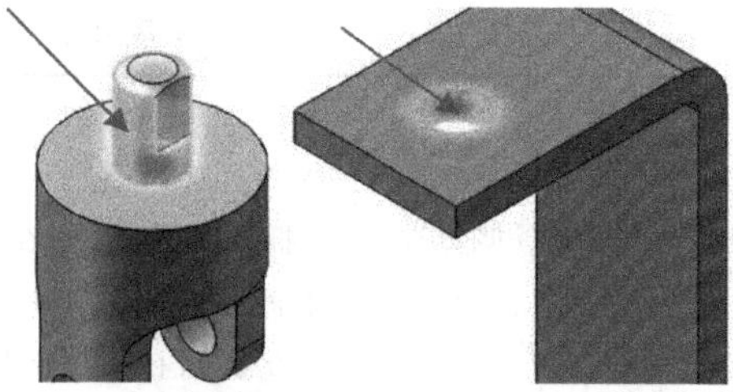
（5）添加图示 2 个平面的重合配合	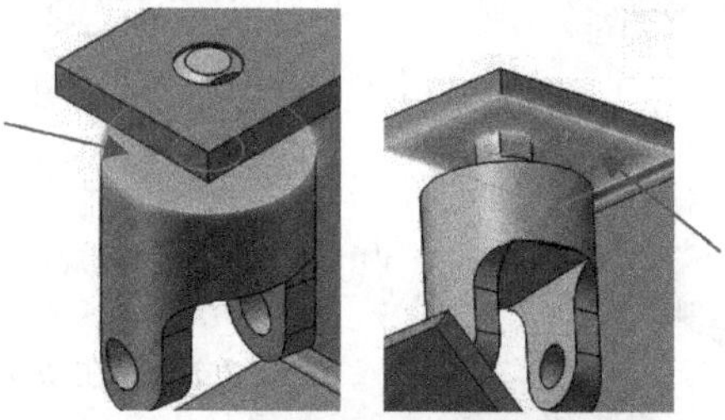
（6）将零件"spider"导入装配体	
（7）添加图示孔的同轴心配合	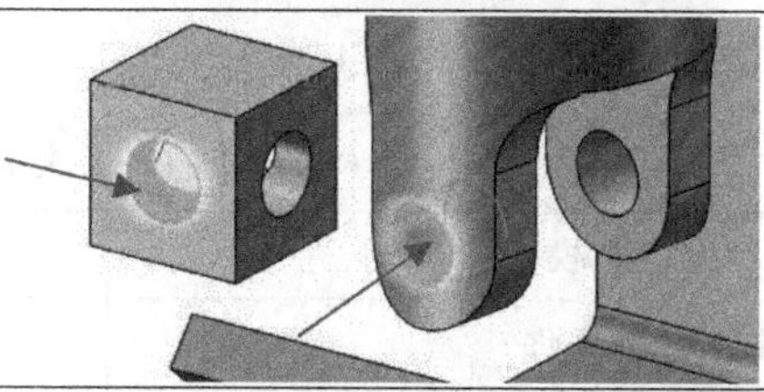
（8）添加宽度配合，将零件"spider"置于零件"Yoke_male"槽中心位置	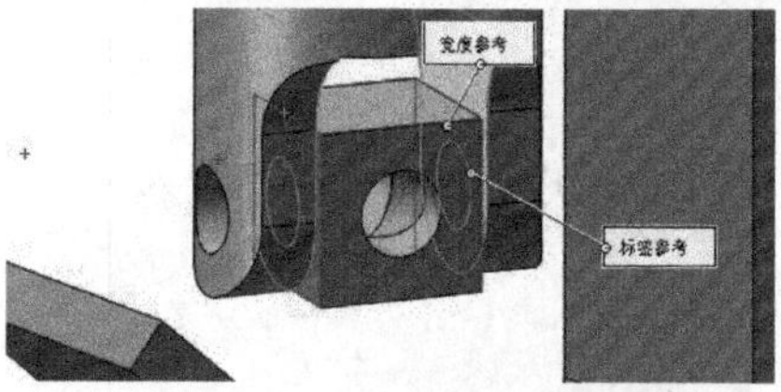
（9）将零件"Yoke_female"导入装配体	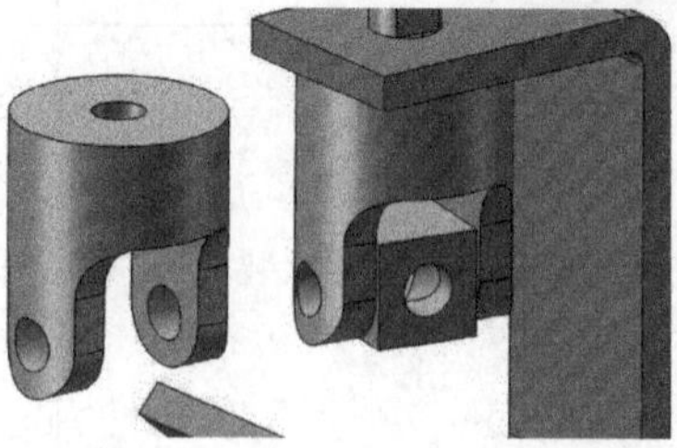

续表

建 模 步 骤	图 例
（10）添加图示 2 个孔的同轴心配合	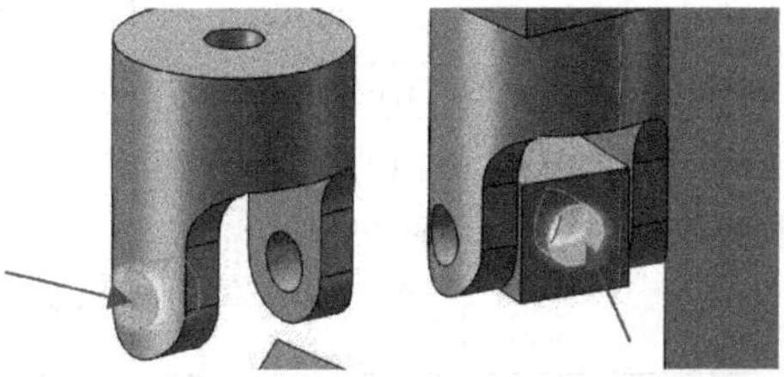
（11）添加宽度配合，将零件"spider"置于零件"Yoke_female"槽中心位置	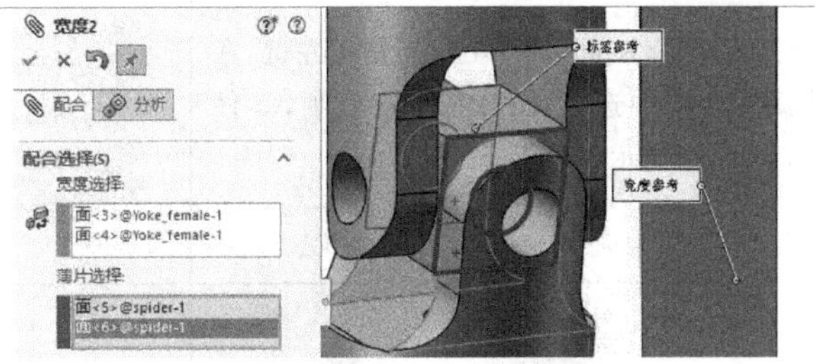
（12）添加图示 2 个平面的平行配合	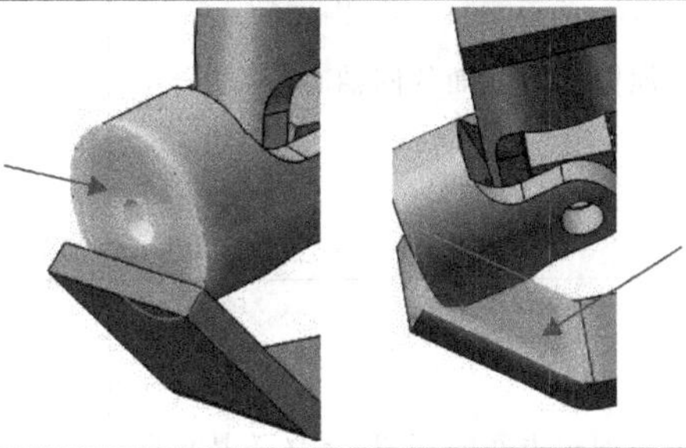
（13）将零件"pin"导入装配体	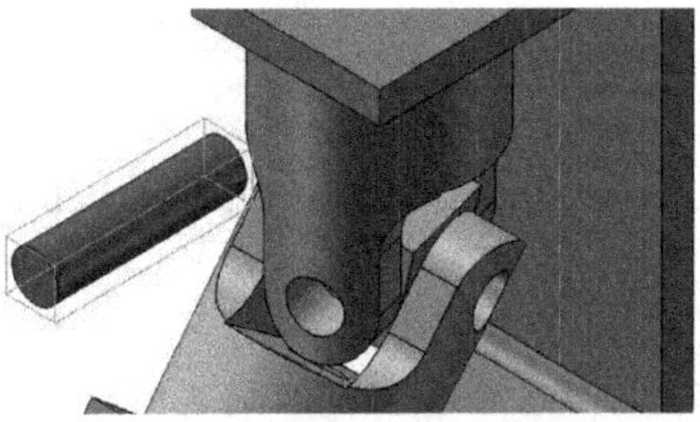
（14）添加图示圆柱面的同轴心配合	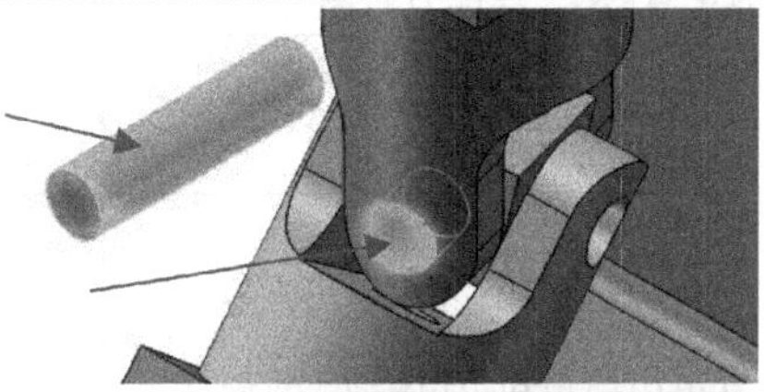
（15）添加图示表面的相切配合	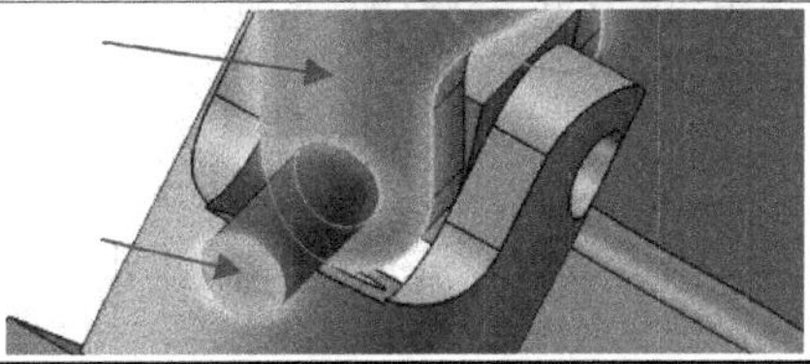

建 模 步 骤	图 例
（16）同时按下键盘上的 Ctrl 键和鼠标左键，从特征树中复制零件"pin"（当然，也可以通过正常的方法再次导入零件"pin"）	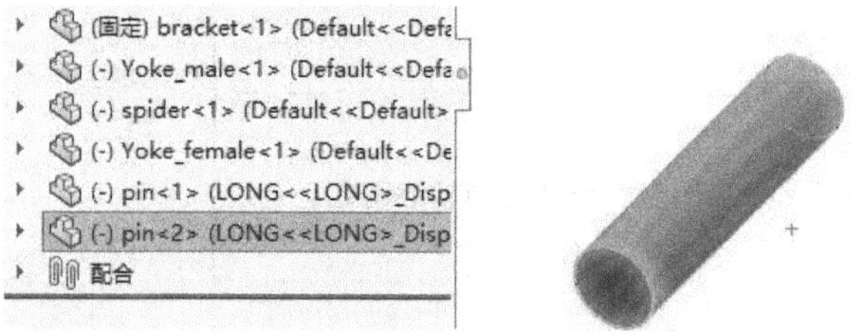
（17）在零件 pin<2>上单击鼠标左键，在快捷工具条中选择"SHORT"配置项，零件 pin<2>将显示为短形态	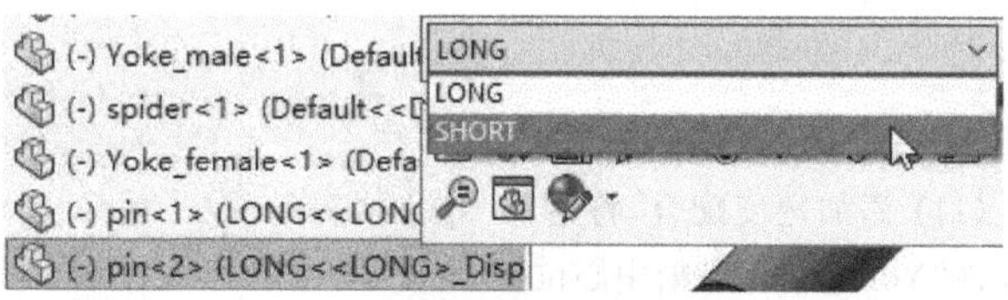
（18）添加图示圆柱面的同轴心配合	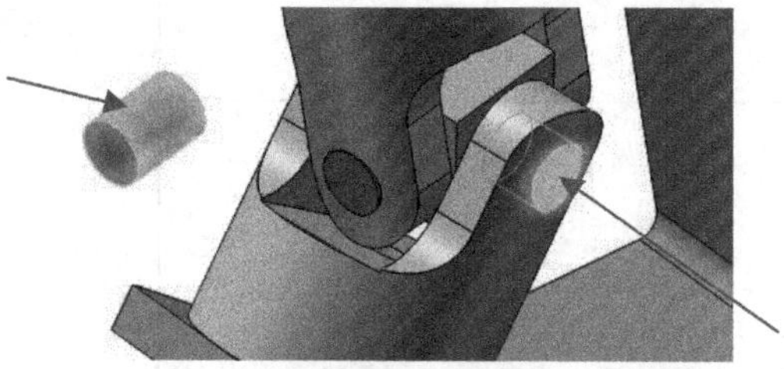
（19）添加图示表面的相切配合（必要时反向）	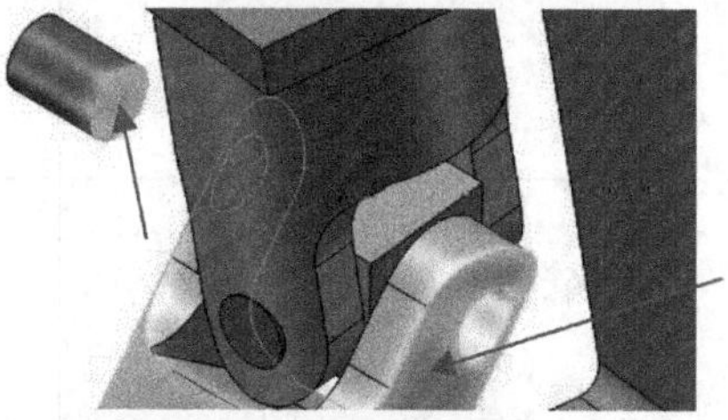
（20）复制短形态的零件"pin"，将视图旋转至合适的位置，便于装配另一侧	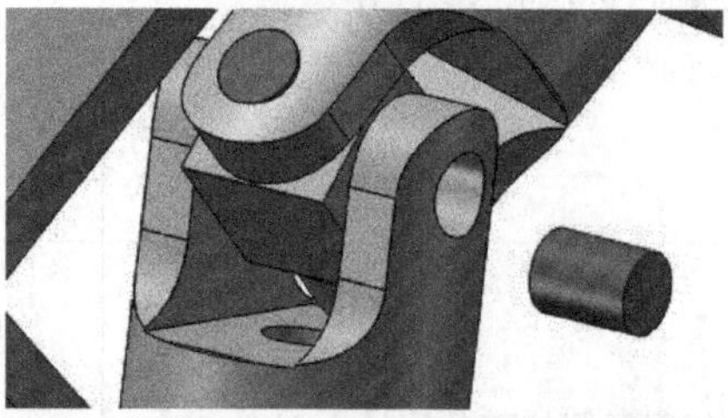
（21）重复第（18）步和第（19）步，装配好另一侧的短零件"pin"	
（22）新建一个装配体文件	—

建 模 步 骤	图 例
（23）将零件"crank-shaft"作为第一个零件导入装配体	
（24）将零件"crank-arm"导入装配体	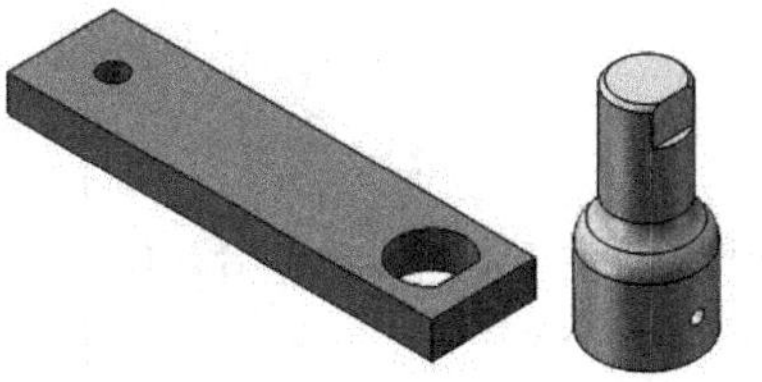
（25）添加图示 2 个圆柱面的同轴心配合	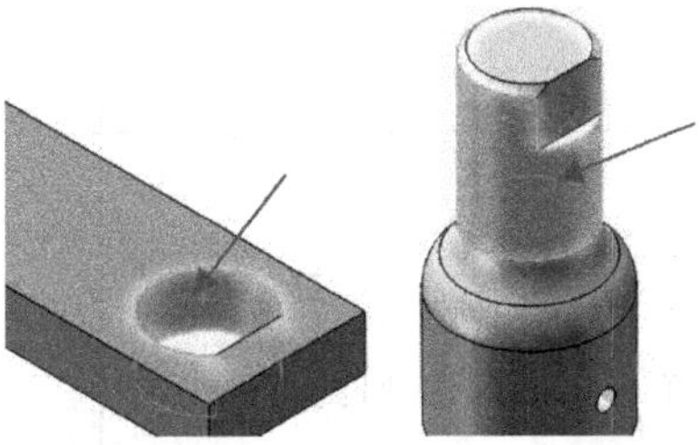
（26）添加图示 2 个平面的重合配合	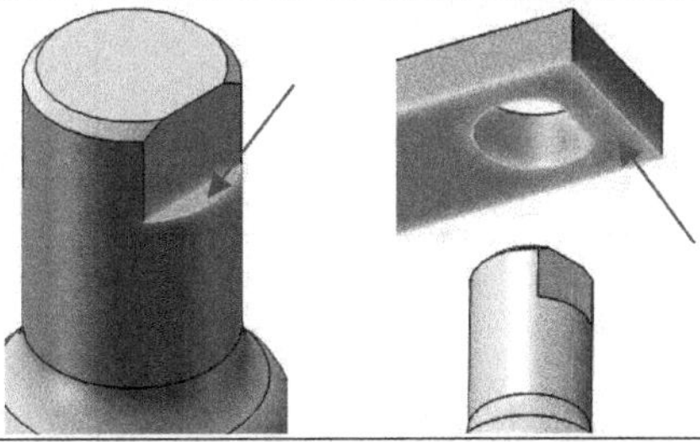
（27）添加图示 2 个平面的重合配合	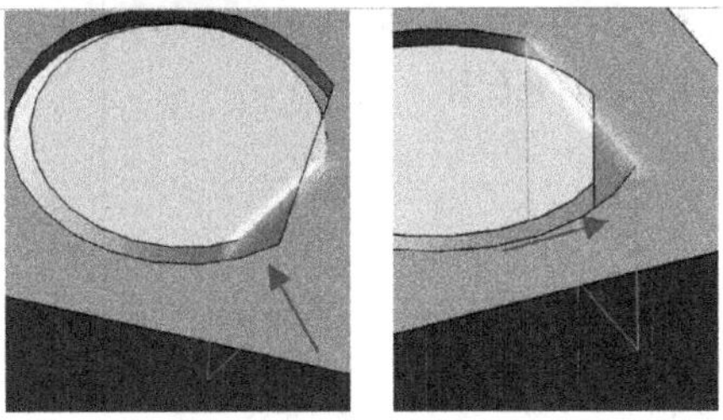
（28）将零件"crank-knob"导入装配体	

建 模 步 骤	图 例
（29）添加图示 2 个圆柱面的同轴心配合	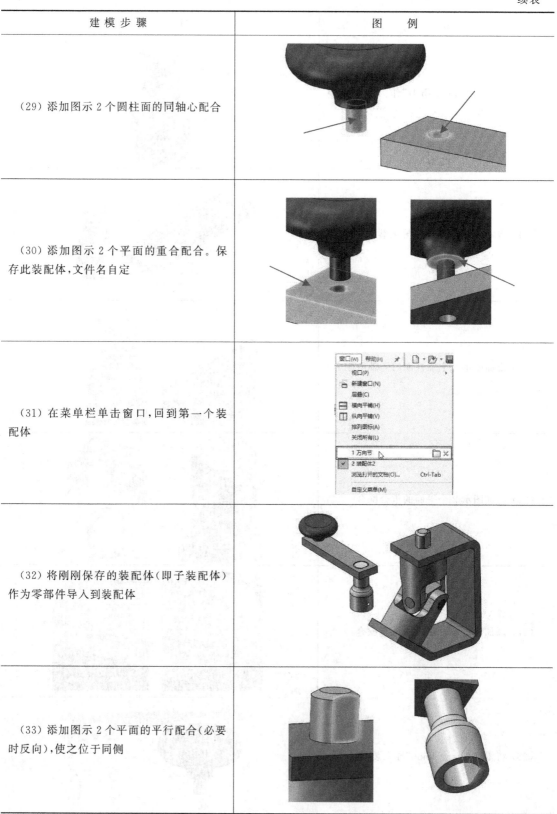
（30）添加图示 2 个平面的重合配合。保存此装配体，文件名自定	
（31）在菜单栏单击窗口，回到第一个装配体	
（32）将刚刚保存的装配体（即子装配体）作为零部件导入到装配体	
（33）添加图示 2 个平面的平行配合（必要时反向），使之位于同侧	

续表

建 模 步 骤	图 例
（34）添加图示 2 个圆柱面的同轴心配合	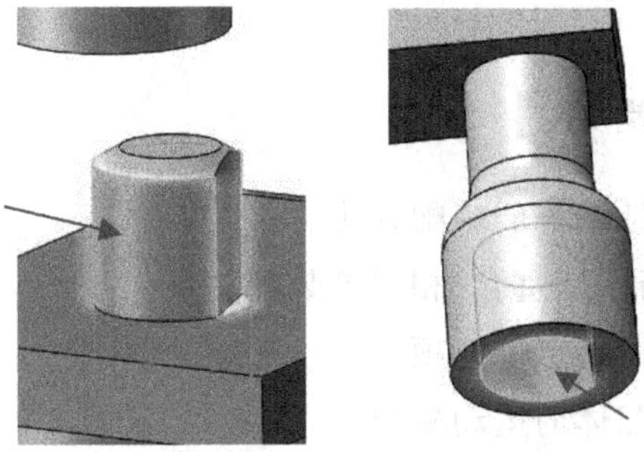
（35）添加图示 2 个平面的重合配合	
（36）拖动零件，可使万向节转动	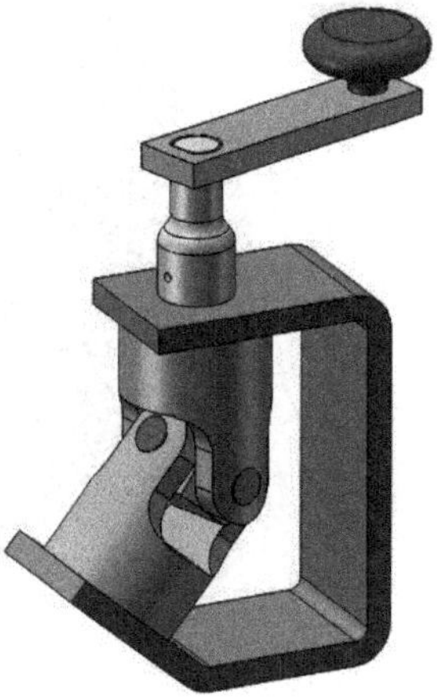
（37）插入的子装配体各零件间会失去保留的自由度，若要恢复，则可在特征树子装配体名称上单击鼠标左键，在快捷工具条中单击"使子装配体为柔性"按钮 即可	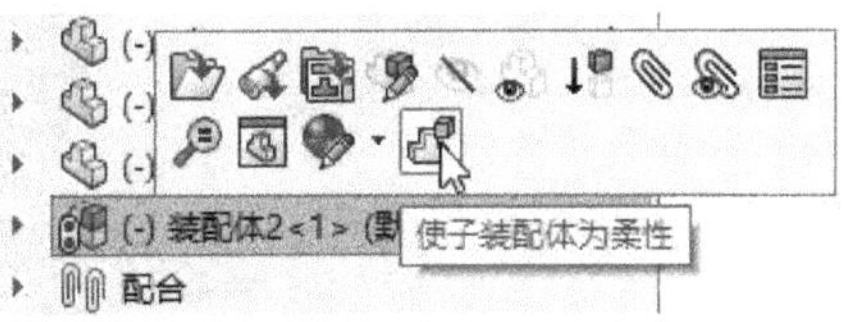

本任务结束！

◀ 任务 4　间歇运动机构装配 ▶

【学习要点】

- 零件的一般装配方法
- 同轴心、重合、相切等装配关系
- 只用于定位选项
- 装配体的运动模拟

任务视频二维码索引

【技能目标】

- 掌握零件的一般装配方法
- 理解只用于定位选项的作用
- 初步领会装配体的运动模拟设置方法

【项目案例导入】

建立如图 2.4.1 所示的间歇运动机构装配体。

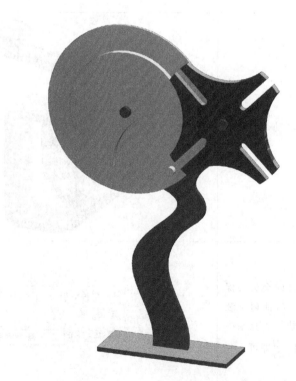

图 2.4.1　间歇运动机构装配体参考图样

【任务分解】

间歇运动机构装配任务按图 2.4.2 所示步骤进行分解。

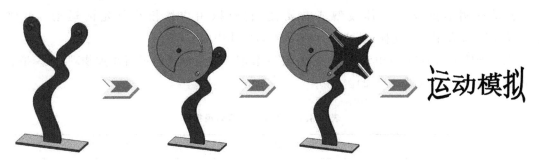

图 2.4.2 间歇运动机构装配任务分解示意图

【相关知识】

1. 配合选项——只用于定位

各配合类型的选项一般在需要将零件定位于某个位置但又不需要添加几何约束时使用,常用于动画及物理模拟运动场合(见表 2.4.1)。

表 2.4.1 配合选项只用于定位

命 令 条 件	参 数 设 置	结 果
已完成相关零件的绘制并导入到装配体文件	先正常设置好配合项目,然后勾选"只用于定位"	相配合的零部件按选定的配合项目完成移动,但此时只是将零部件定位于配合项目所要求的位置,并不实际添加配合关系,一旦鼠标移动相关零部件,则此定位关系随即被破坏
在装配体状态下	设定配合项后勾选"只用于定位"选项	系统不添加配合关系

2. 装配体的运动模拟

运动算例是装配体模型运动的图形模拟。我们可将诸如光源和相机透视图之类的视觉属性融合到运动算例中。

运动算例不更改装配体模型或其属性，它模拟用户给模型规定的运动。可使用 SolidWorks 配合用户在建模运动时约束组件在装配体中的运动。

在装配体中添加马达（电动机）等要素，创建装配体的运动动画或者添加物理量，模拟装配体的真实运动情况（见表 2.4.2）。

表 2.4.2　装配体的运动模拟

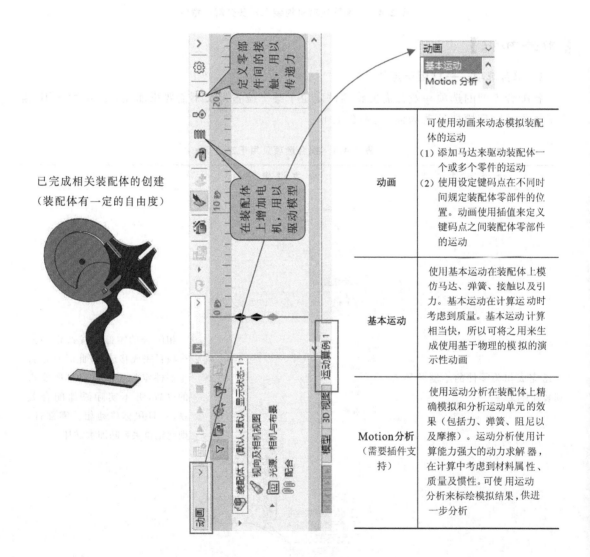

命令条件	参数设置	结果	
已完成相关装配体的创建（装配体有一定的自由度）		动画	可使用动画来动态模拟装配体的运动 (1) 添加马达来驱动装配体一个或多个零件的运动 (2) 使用设定键码点在不同时间规定装配体零部件的位置。动画使用插值来定义键码点之间装配体零部件的运动
		基本运动	使用基本运动在装配体上模仿马达、弹簧、接触以及引力。基本运动在计算运动时考虑到质量。基本运动计算相当快，所以可将之用来生成使用基于物理的模拟的演示性动画
		Motion分析（需要插件支持）	使用运动分析在装配体上精确模拟和分析运动单元的效果（包括力、弹簧、阻尼以及摩擦）。运动分析使用计算能力强大的动力求解器，在计算中考虑到材料属性、质量及惯性。可使用运动分析来标绘模拟结果，供进一步分析
在装配体状态下	切换到运动算例中	三种运动的模拟方式	

【任务实施】

任务实施过程如表 2.4.3 所示。

表 2.4.3　间歇运动机构装配

建模步骤	图　例
（1）新建装配体文件	—
（2）将零件"Base"作为第一个零件导入装配体文件	
（3）将零件"Continuious Rotation Wheel"导入装配体	
（4）在命令管理器【装配体】标签页上单击"配合"按钮	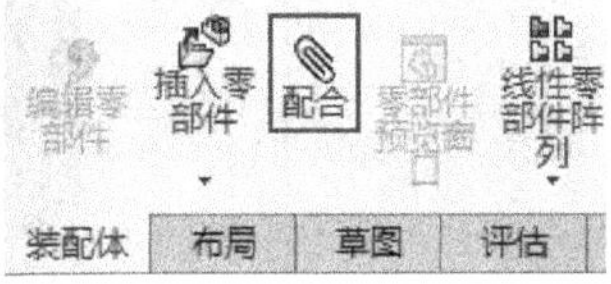 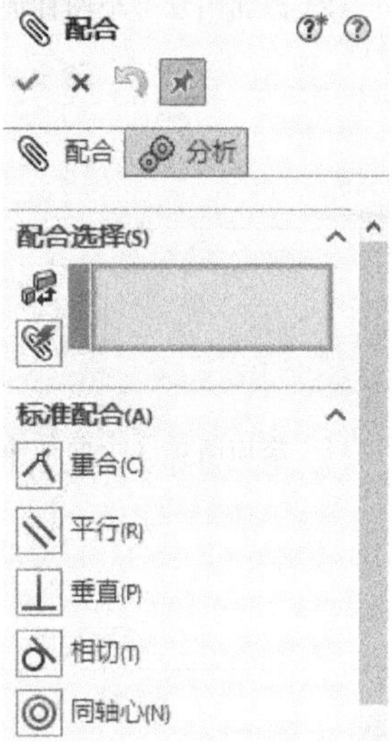
（5）添加图示 2 个圆柱面的同轴心配合	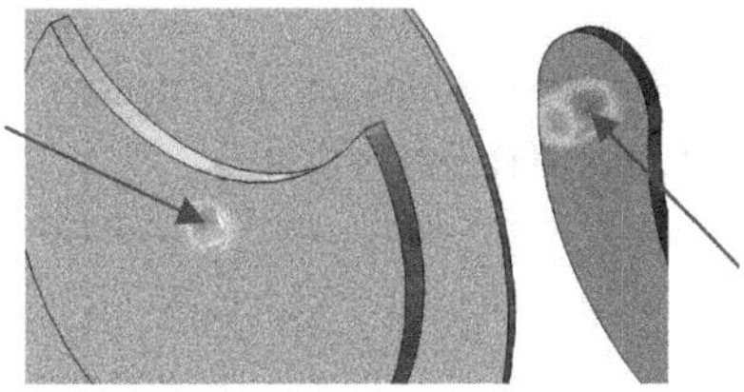

建模步骤	图例
（6）添加图示 2 个面的重合配合	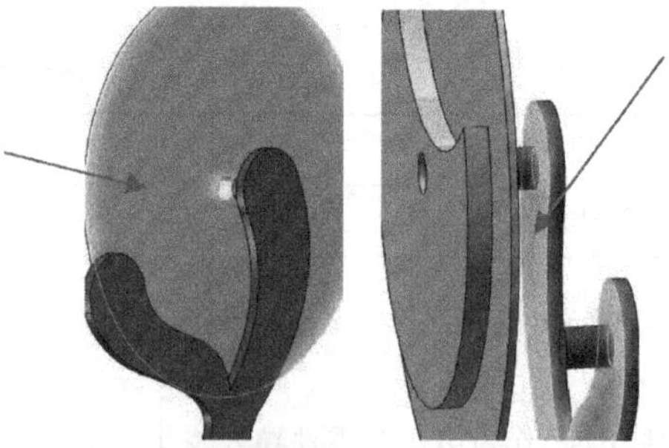
（7）将零件"Intermitten Rotation"导入装配体	
（8）添加图示 2 个圆柱面的同轴心配合	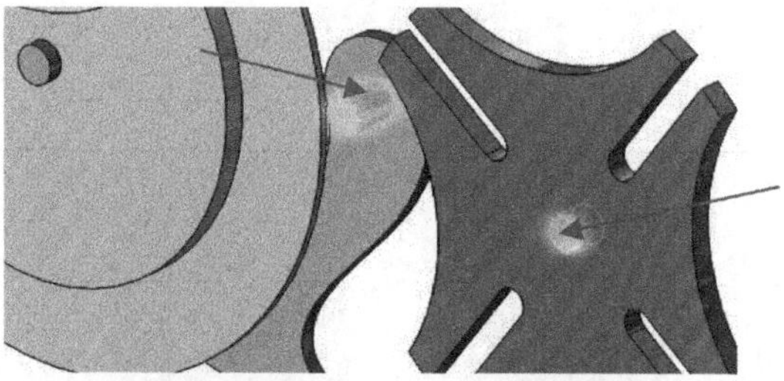
（9）添加图示 2 个面的重合配合	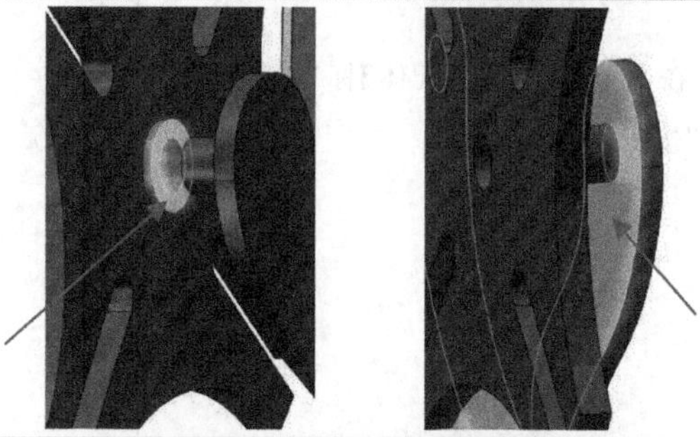
（10）拖动零件"Continuious Rotation Wheel"，使小凸台大致位于图示位置	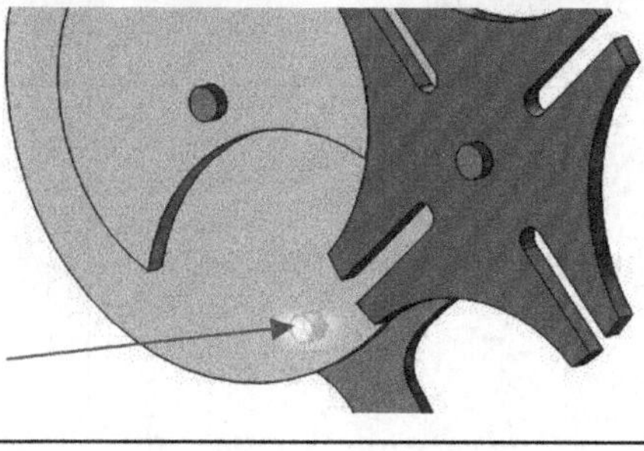

建 模 步 骤	图 例
（11）添加图示 2 个面的相切配合（注意：此处应勾选下方的"只用于定位"选项）。我们只是暂时将零件"Continuious Rotation Wheel"置于图示位置，作为后续运动模拟的起始位置	
（12）将装配体调整到适合的视图朝向和大小，单击软件界面下方的标签，切换到"运动算例1"	
（13）单击软件界面上方⚙旁边的黑色倒三角符号▼，单击"插件"选项	
（14）在插件界面中勾选"SOLIDWORKS Motion"，激活插件	

建 模 步 骤	图 例
（15）将运动模式改为 Motion 分析	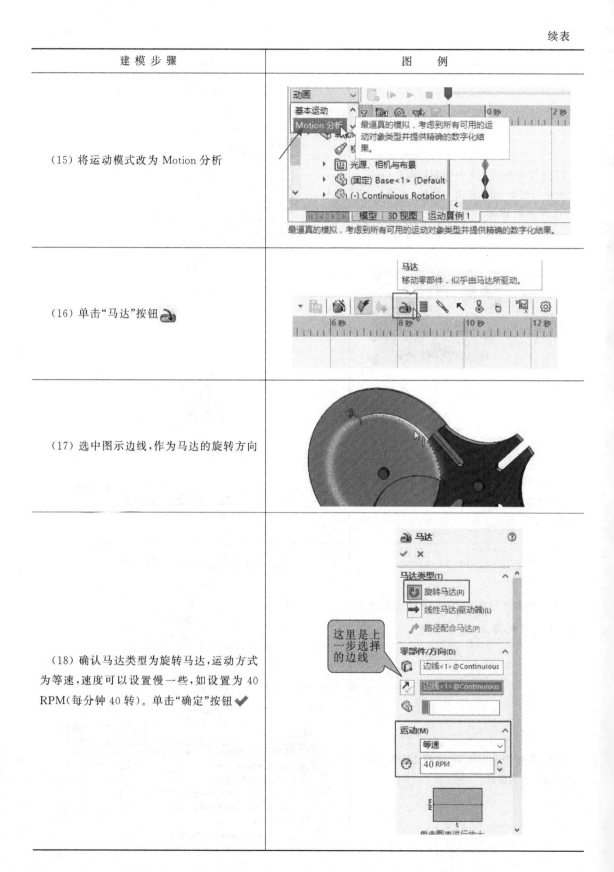
（16）单击"马达"按钮	
（17）选中图示边线，作为马达的旋转方向	
（18）确认马达类型为旋转马达，运动方式为等速，速度可以设置慢一些，如设置为 40 RPM（每分钟 40 转）。单击"确定"按钮	

续表

建 模 步 骤	图 例
(19) 系统自动设置动画长度为5秒,此时,如果需要,可以拖动关键帧◆来调整时间	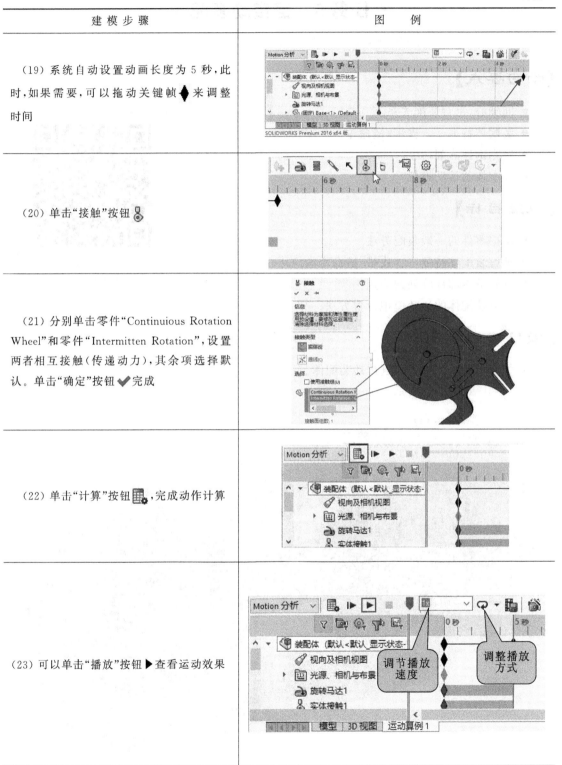
(20) 单击"接触"按钮	
(21) 分别单击零件"Continuious Rotation Wheel"和零件"Intermitten Rotation",设置两者相互接触(传递动力),其余项选择默认。单击"确定"按钮✔完成	
(22) 单击"计算"按钮,完成动作计算	
(23) 可以单击"播放"按钮▶查看运动效果	

本任务结束!

◀ 任务 5　链传动装配 ▶

【学习要点】

- 同轴心、重合装配关系
- 装配体特征——皮带/链命令
- 链零部件阵列命令
- 装配体的运动模拟

任务视频二维码索引

【技能目标】

- 掌握零件的一般装配方法
- 理解装配体特征——皮带/链命令的应用
- 理解链零部件阵列的应用
- 领会装配体的运动模拟设置方法

【项目案例导入】

建立如图 2.5.1 所示的链传动装配体。

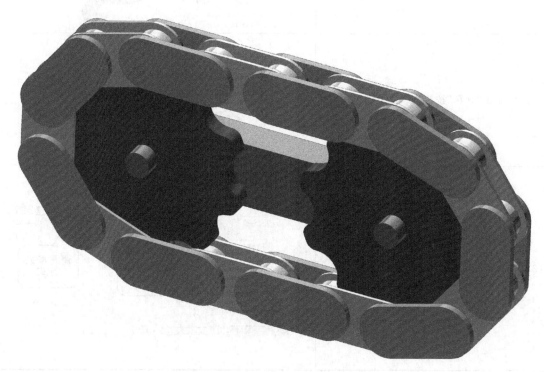

图 2.5.1　链传动装配体参考图样

【任务分解】

链传动装配任务按图 2.5.2 所示步骤进行分解。

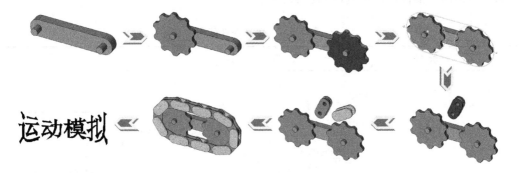

图 2.5.2　链传动装配任务分解示意图

【相关知识】

1. 皮带/链

创建或编辑皮带/链装配体特征(见表 2.5.1)。

表 2.5.1　皮带/链

命令条件	参数设置	结　果
已完成相关要包括在皮带和滑轮系统中的零部件的轴或圆柱面	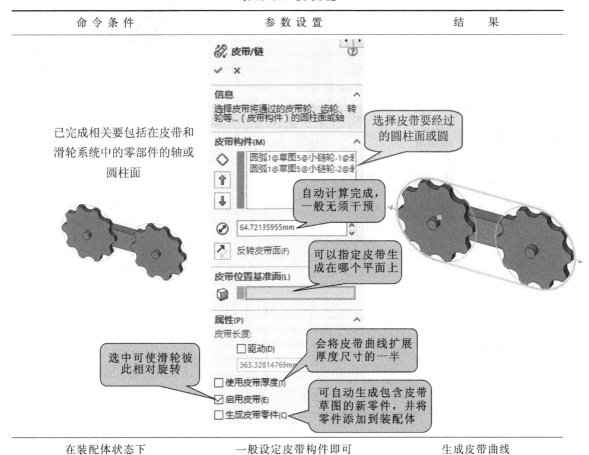	
在装配体状态下	一般设定皮带构件即可	生成皮带曲线

2. 链零部件阵列

应用于沿链路径的阵列零部件。可以沿着开环或闭环路径阵列零部件,从而对滚柱链、能量链和动力传动零部件进行仿真(见表 2.5.2)。

表 2.5.2　链零部件阵列

命 令 条 件	参 数 设 置	结　　果
已完成相关要包括在皮带和滑轮系统中的零部件的轴或圆柱面及皮带曲线		距离 — 沿链路径将零部件与单一链接阵列
		距离链接 — 沿链路径将零部件与两个不相连的链接阵列
		相连链接 — 沿链路径将一个或两个相连的零部件阵列
		动态 — 计算每个阵列实例之间的配合。可以拖动任何实例以移动链
		静态 — 在不必生成配合的前提下复制每个阵列实例。只能通过拖动源零部件来移动链,不能将阵列实例配合到其他零部件
在装配体状态下	按图示设置(注意注释内容)	链条组装完成

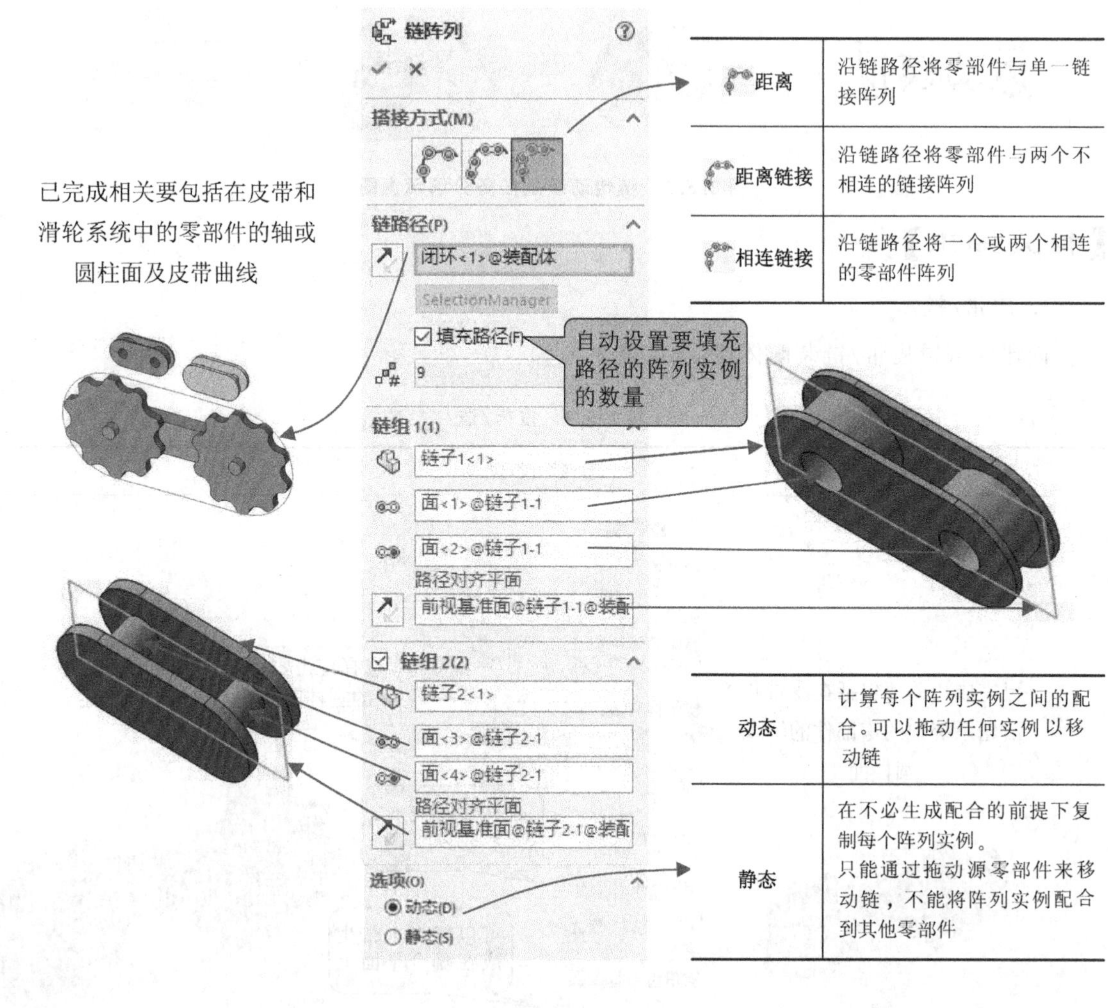

【任务实施】

任务实施过程如表 2.5.3 所示。

表 2.5.3　链传动装配

建 模 步 骤	图　　例
(1)新建装配体文件	—

续表

建 模 步 骤	图　　例
（2）将零件"支持架"作为第一个零件导入装配体文件	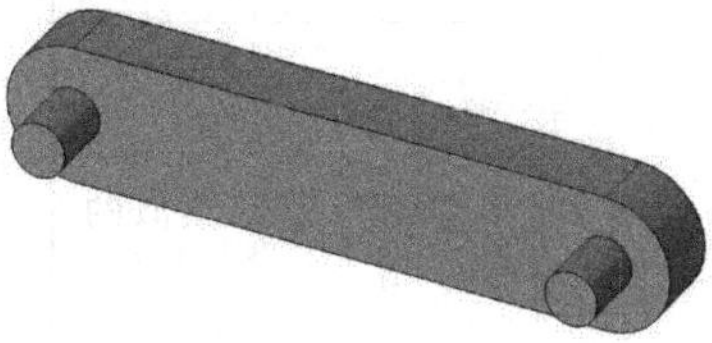
（3）将零件"小链轮"导入装配体	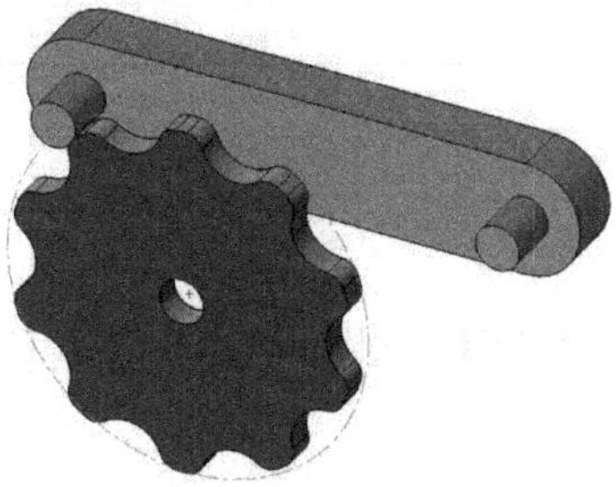
（4）在命令管理器【装配体】标签页上单击"配合"按钮	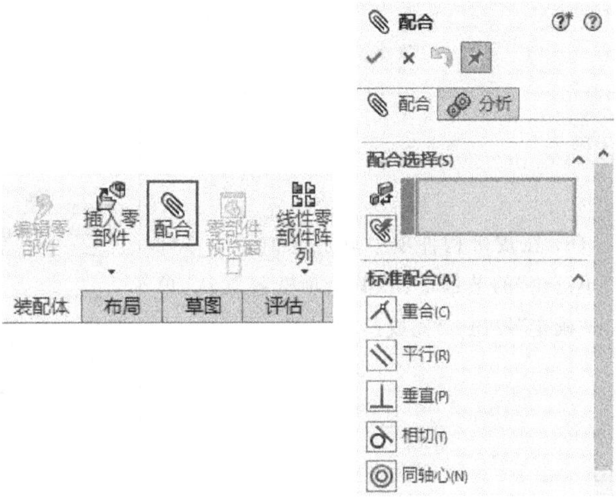
（5）添加图示 2 个圆柱面的同轴心配合	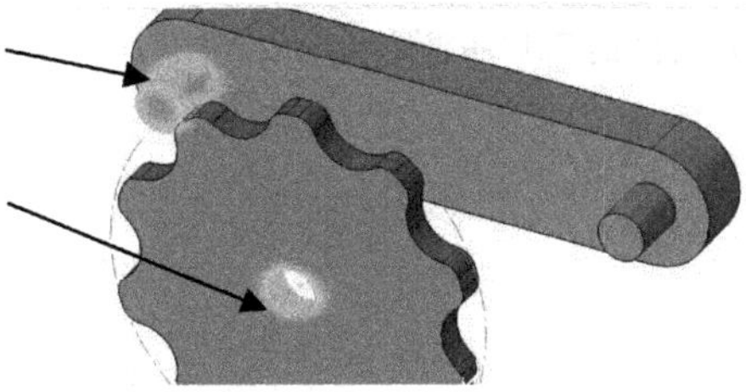
（6）添加图示 2 个面的重合配合	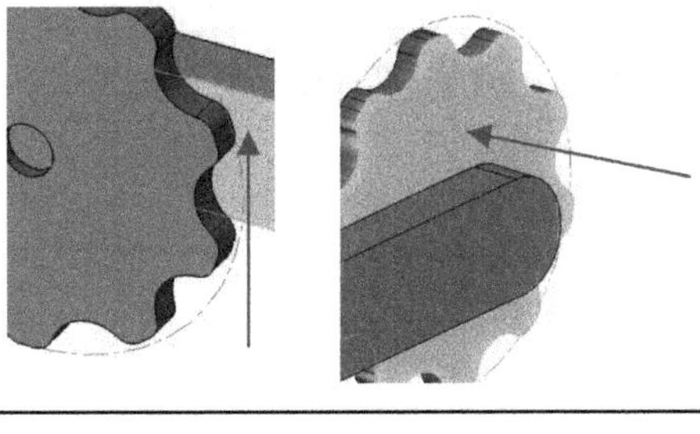

建 模 步 骤	图　　例
（7）复制一个零件"小链轮"，完成类似的装配	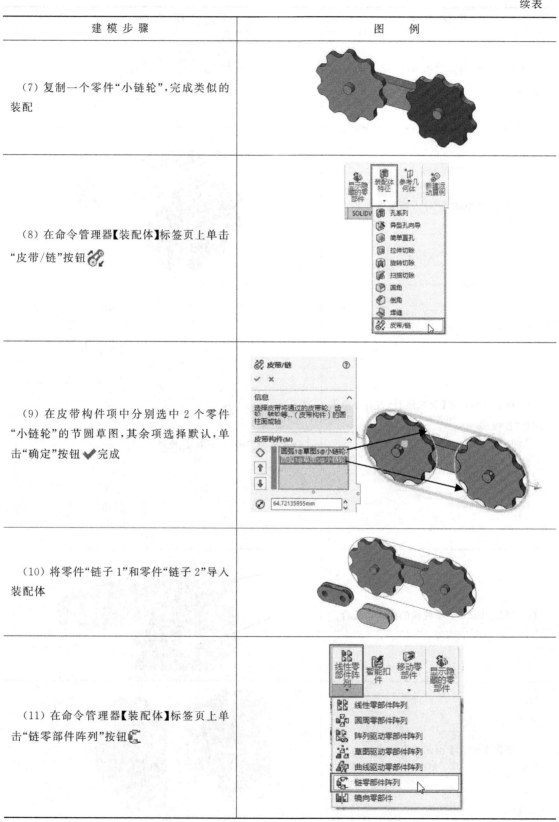
（8）在命令管理器【装配体】标签页上单击"皮带/链"按钮	
（9）在皮带构件项中分别选中 2 个零件"小链轮"的节圆草图，其余项选择默认，单击"确定"按钮 ✔ 完成	
（10）将零件"链子 1"和零件"链子 2"导入装配体	
（11）在命令管理器【装配体】标签页上单击"链零部件阵列"按钮	

建 模 步 骤	图 例
（12）搭接方式选择相连链接 ，然后单击"SelectionManager"按钮，在快捷工具条中选择闭环 □，选中第（9）步生成的皮带曲线作为链路径，并勾选"填充路径"。再按图示分别设置链组 1 和链组 2，其余项选择默认即可，单击"确定"按钮 ✔ 完成链条的装配	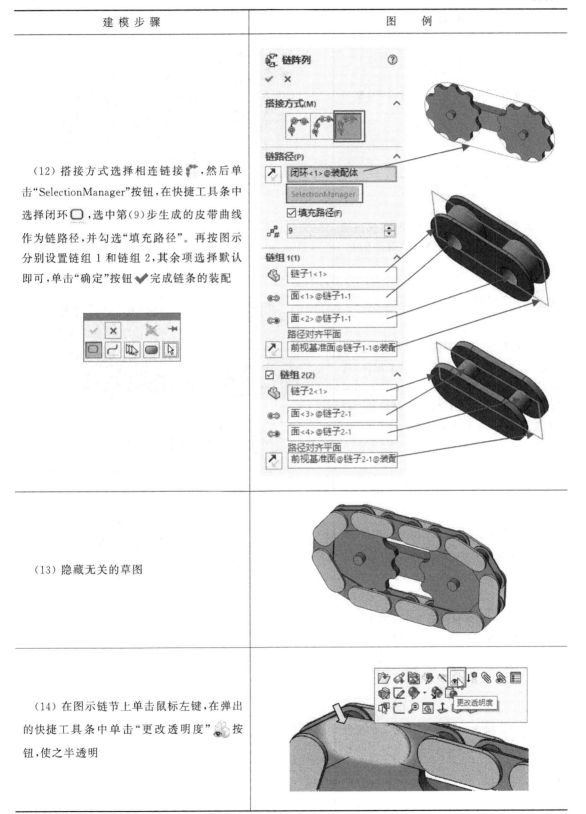
（13）隐藏无关的草图	
（14）在图示链节上单击鼠标左键，在弹出的快捷工具条中单击"更改透明度" 按钮，使之半透明	

建 模 步 骤	图 例
（15）重复第（14）步操作，使图示 4 个链节半透明	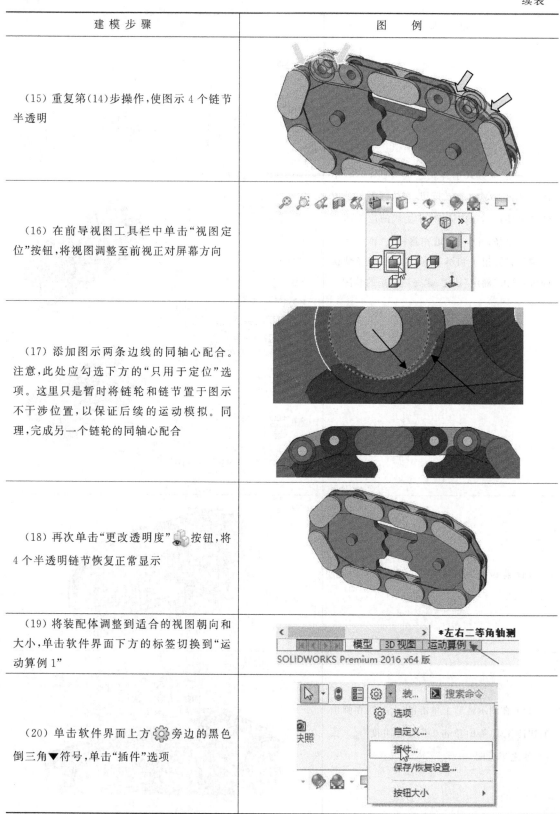
（16）在前导视图工具栏中单击"视图定位"按钮，将视图调整至前视正对屏幕方向	
（17）添加图示两条边线的同轴心配合。注意，此处应勾选下方的"只用于定位"选项。这里只是暂时将链轮和链节置于图示不干涉位置，以保证后续的运动模拟。同理，完成另一个链轮的同轴心配合	
（18）再次单击"更改透明度" 按钮，将 4 个半透明链节恢复正常显示	
（19）将装配体调整到适合的视图朝向和大小，单击软件界面下方的标签切换到"运动算例 1"	
（20）单击软件界面上方 旁边的黑色倒三角▼符号，单击"插件"选项	

续表

建 模 步 骤	图 例
（21）在插件界面中勾选 SOLIDWORKS Motion，激活插件（如果想让插件自动载入，则请同时勾选"启动"下方的复选框，这样下次启动软件时，该插件将自动加载，但会影响软件启动的速度）	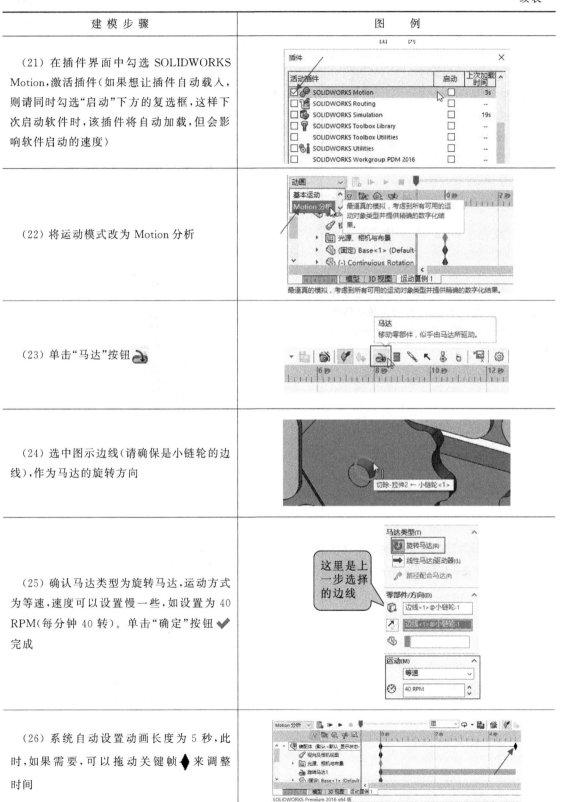
（22）将运动模式改为 Motion 分析	
（23）单击"马达"按钮	
（24）选中图示边线（请确保是小链轮的边线），作为马达的旋转方向	
（25）确认马达类型为旋转马达，运动方式为等速，速度可以设置慢一些，如设置为 40 RPM（每分钟 40 转）。单击"确定"按钮 ✔ 完成	
（26）系统自动设置动画长度为 5 秒，此时，如果需要，可以拖动关键帧 ◆ 来调整时间	

建 模 步 骤	图 例
（27）单击"接触"按钮 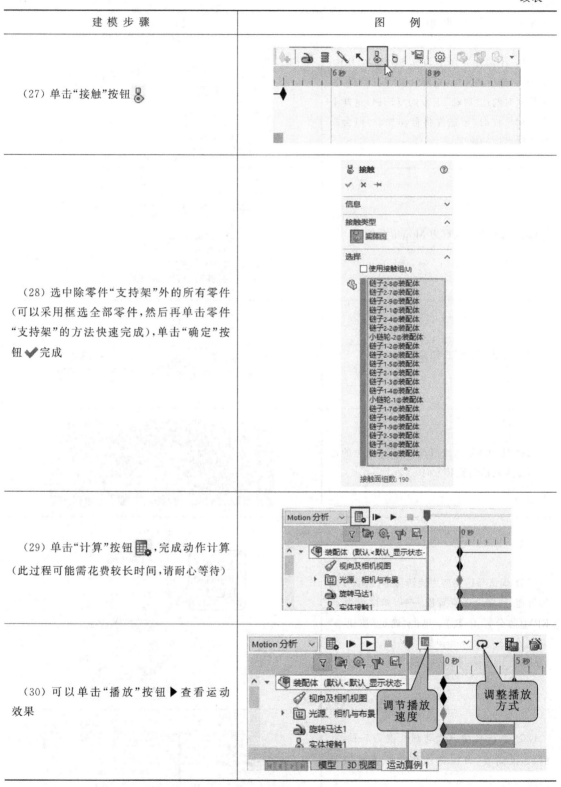	
（28）选中除零件"支持架"外的所有零件（可以采用框选全部零件，然后再单击零件"支持架"的方法快速完成），单击"确定"按钮 ✔ 完成	
（29）单击"计算"按钮 ，完成动作计算（此过程可能需花费较长时间，请耐心等待）	
（30）可以单击"播放"按钮 ▶ 查看运动效果	

本任务结束！

工程图技术

◀ 任务 1 托架工程图 ▶

【学习要点】

- 视图调色板的功能
- 视图显示样式
- 尺寸标注

【技能目标】

- 了解基本视图的创建方法
- 理解视图显示样式的调整方法
- 理解模型尺寸的标注方法

任务视频二维码索引

【项目案例导入】

建立如图 3.1.1 所示的托架工程图。

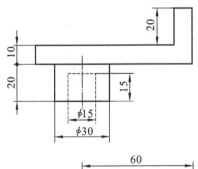

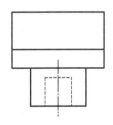

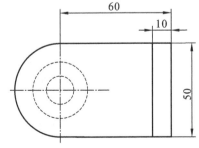

图 3.1.1　托架工程图参考图样

【任务分解】

托架工程图任务按图 3.1.2 所示步骤进行分解。

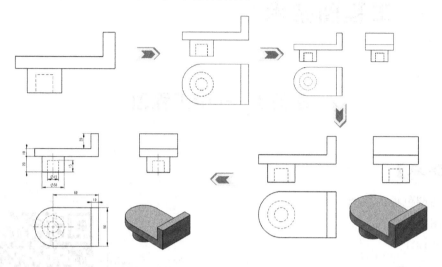

图 3.1.2　托架工程图任务分解示意图

【相关知识】

1. 视图调色板 ▦

视图调色板位于屏幕右侧的任务窗格中,可快速插入一个或多个预定义的视图到工程图中。它包含所选模型的标准视图、注解视图、剖面视图和平板型式(钣金零件)图像。用户可以将视图拖到工程图图纸来生成工程视图,每个视图作为模型视图而生成(见表 3.1.1)。

表 3.1.1　视图调色板

命令条件	参数设置	结果
已新建工程图文件	《　视图调色板　↑ 点我打开视图调色板 将视图拖到工程图图纸。 这里显示打开的模型的相关视图	单击重新生成视图预览 单击浏览并打开所需的文件 如果已打开相关的零件模型,则会在这里显示,如果打开的是多个文件,则从下拉列表中选择 从这里将所需的视图拖到绘图区域,即可在工程图中生成相关的视图
在工程图状态	在屏幕右侧位置打开	将视图拖到图纸即可完成

2. 模型项目

可以将模型文件(零件或装配体)中的尺寸、注解及参考几何体插入到工程图中。可以将项目插入到所选特征、装配体零部件、装配体特征、工程视图或者所有视图中。当插入项目到所有工程图视图中时,尺寸和注解会以最适当的视图出现。显示在部分视图的特征(如局部视图或剖面视图),会先在这些视图中标注尺寸(见表 3.1.2)。

表 3.1.2 模型项目

命令条件	参数设置	结果
已插入相关的视图 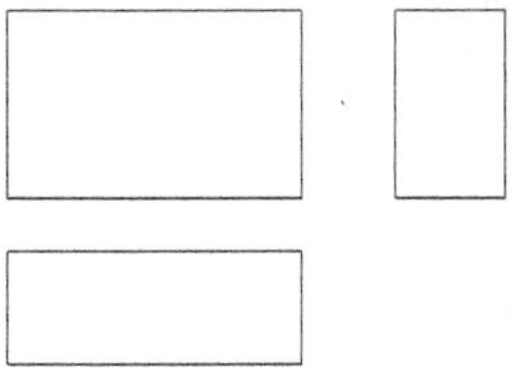 然后单击模型项目按钮。 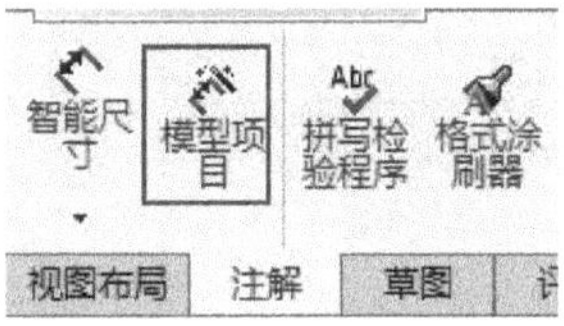 	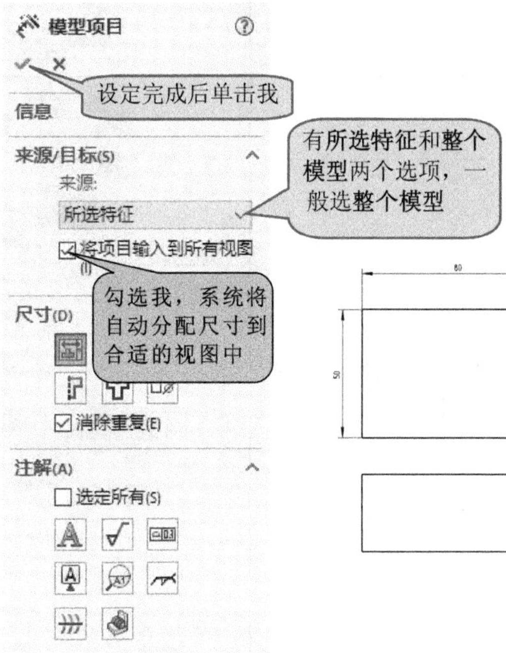	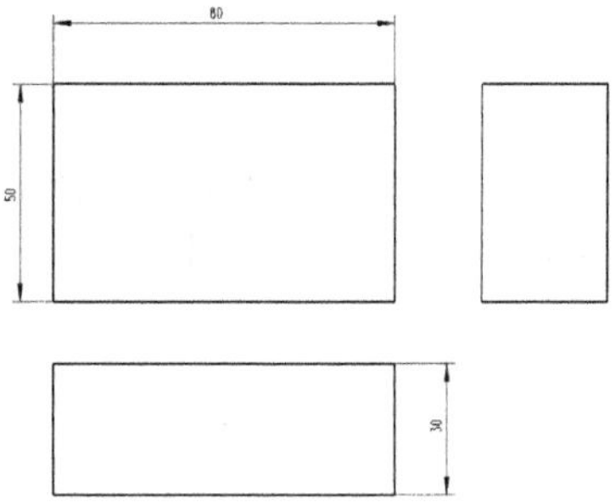
在工程图状态	设定来源为整个模型	系统自动标注尺寸

【任务实施】

任务实施过程如表 3.1.3 所示。

表 3.1.3 托架工程图

建模步骤	图 例
(1) 新建工程图	

建 模 步 骤	图 例
（2）系统会自动出现一张图纸，此时的图纸大小可能不是你所需的格式	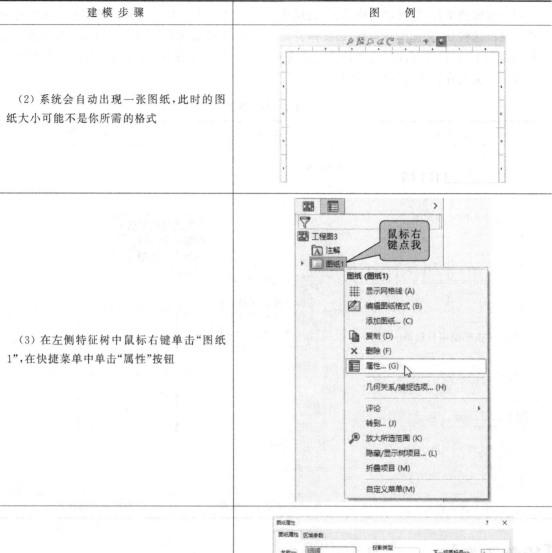
（3）在左侧特征树中鼠标右键单击"图纸1"，在快捷菜单中单击"属性"按钮	
（4）在图纸属性中，可设置图纸的名称、比例、视角、图纸格式/大小等。这里，我们设置比例为2∶1，图纸大小为 A4（GB），然后单击"确定"按钮，绘图区域中的图纸将自动更新为你所设置的样式（必要时可单击前导视图工具栏的"整屏显示全图"按钮，显示全部图纸）	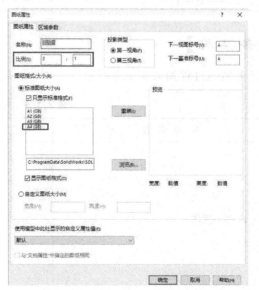

续表

建 模 步 骤	图 例
（5）单击屏幕右侧的"视图调色板"按钮，打开视图调色板	
（6）单击"浏览"按钮 … ，打开文件托架。在视图调色板中将显示该模型的相关视图	
（7）将后视拖动到图纸，作为主视图	
（8）向下移动鼠标，系统自动以主视图为基准作俯视投影。在合适的位置单击鼠标左键放置视图	

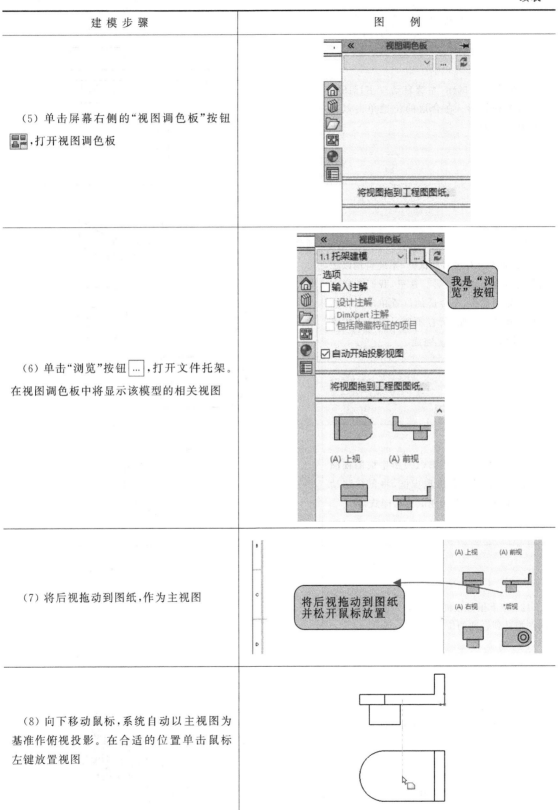

建模步骤	图 例
(9) 向右移动鼠标,系统自动以主视图为基准作左视投影。在合适的位置单击鼠标左键放置视图	
(10) 向 4 个对角移动鼠标,系统自动以主视图为基准作轴测投影。这里,我们选择右上角的轴测投影,在合适的位置单击鼠标左键放置视图。至此,所有所需视图已生成完毕,单击"确定"按钮 ✔ 完成	
(11) 将鼠标移动到第(10)步生成的视图上,在视图的周围会出现虚框,将鼠标移动到虚框附近,光标会转变成移动样式 ✛	
(12) 按下鼠标左键,将第(10)步生成的轴测图拖动到合适的位置	
(13) 到这里,基本视图已经创建完毕。接下来,用鼠标左键单击,选中轴测图,在前导视图工具栏中单击"显示样式"按钮 🔲,在下拉列表中单击"带边线上色"按钮 🔲,将该视图转变为上色模式(其他视图方法亦然)	

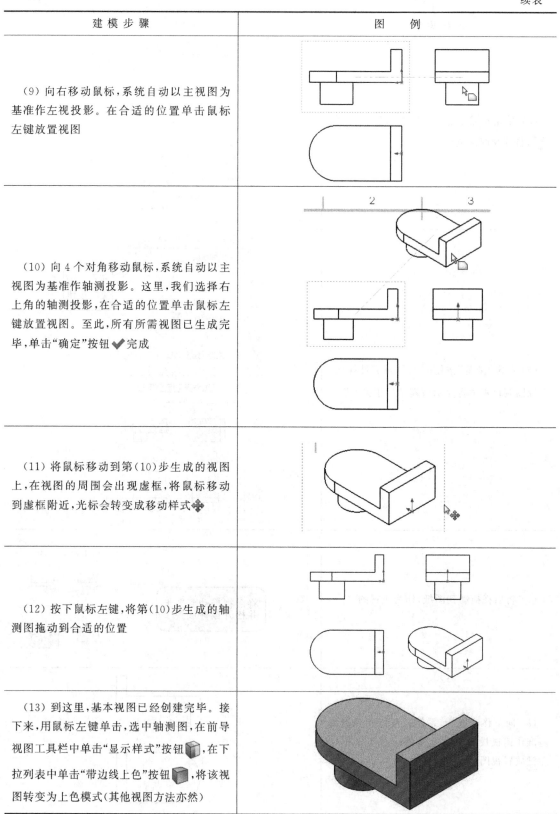

续表

建 模 步 骤	图 例
（14）单击主视图选中它，在前导视图工具栏中单击"显示样式"按钮，在下拉列表中单击"隐藏线可见"按钮，三个视图将自动将隐藏线显示为虚线	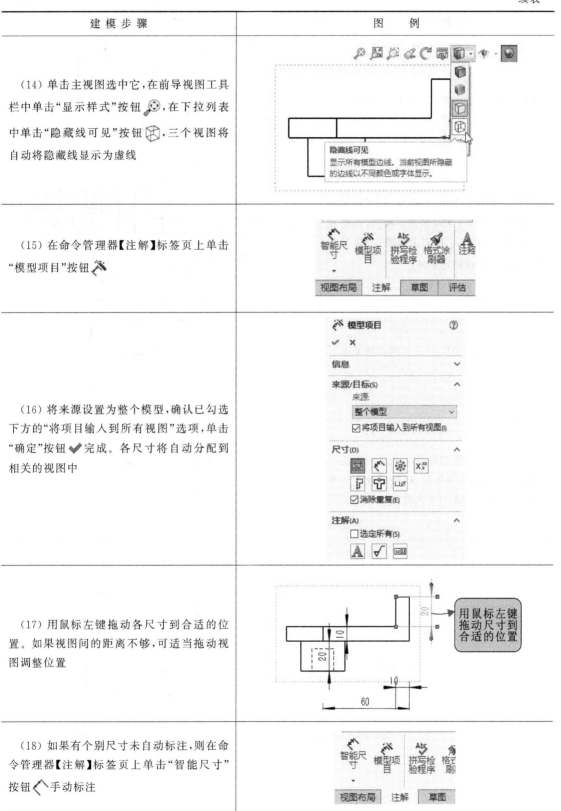
（15）在命令管理器【注解】标签页上单击"模型项目"按钮	
（16）将来源设置为整个模型，确认已勾选下方的"将项目输入到所有视图"选项，单击"确定"按钮 完成。各尺寸将自动分配到相关的视图中	
（17）用鼠标左键拖动各尺寸到合适的位置。如果视图间的距离不够，可适当拖动视图调整位置	
（18）如果有个别尺寸未自动标注，则在命令管理器【注解】标签页上单击"智能尺寸"按钮手动标注	

建 模 步 骤	图 例
（19）手动标注虚线孔的直径和深度	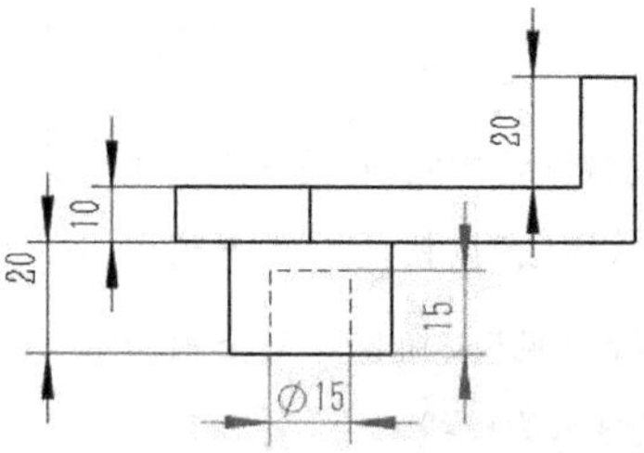
（20）按住键盘上的 Shift 键,同时用鼠标左键拖动主视图上的∅30到主视图,再松开鼠标和键盘,将尺寸移到主视图（如果按住键盘上的 Ctrl 键则是复制）	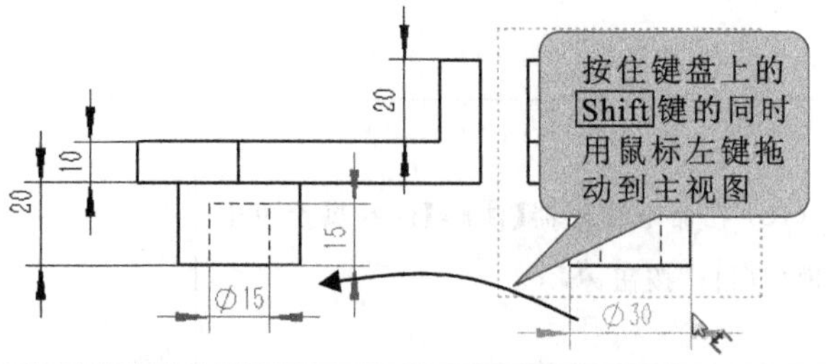
（21）单击尺寸∅30,在箭头周边将显示圆形的控点	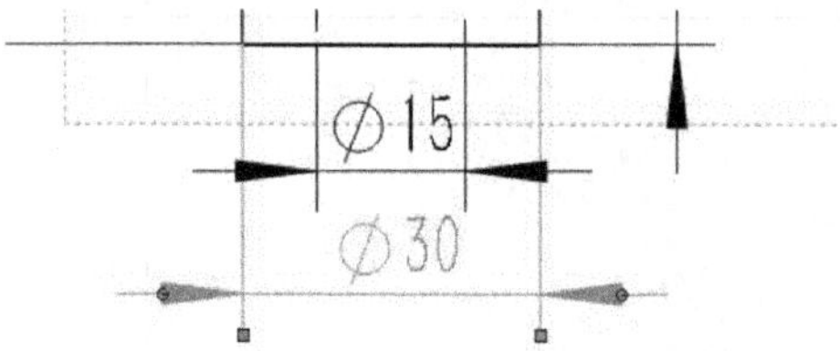
（22）用左键单击圆形控点,可改变箭头的方向;用右键单击圆形控点,则可改变箭头的样式。这里,我们将箭头的方向改成内侧	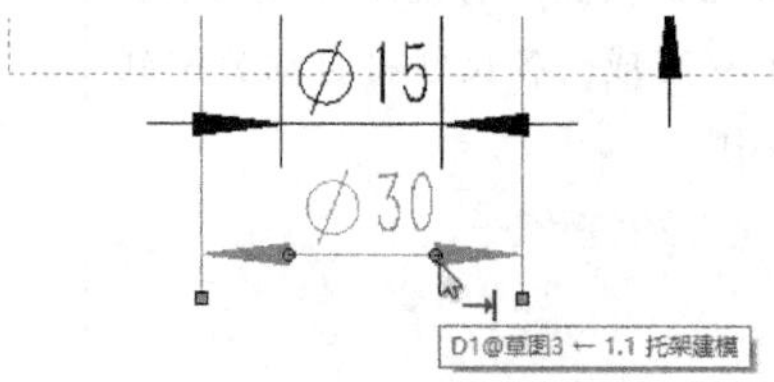
（23）单击尺寸 10 mm,右键单击下方的圆形控点,将下方的箭头改成直线	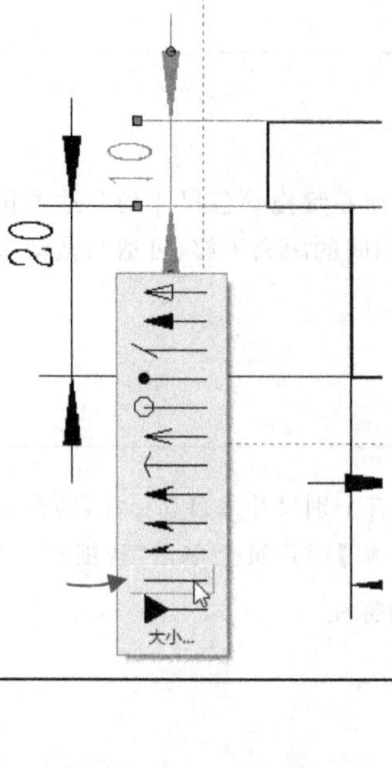

建 模 步 骤	图 例
(24) 单击尺寸 20 mm,右键单击上方的圆形控点,将上方的箭头改成点	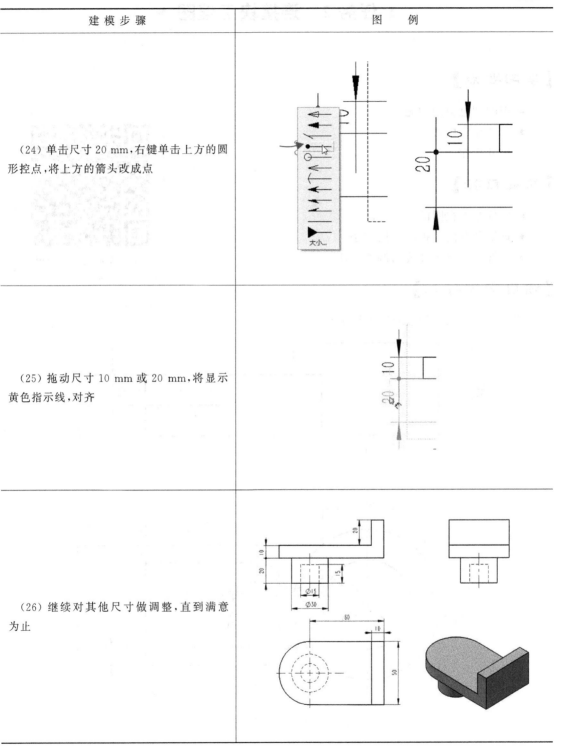
(25) 拖动尺寸 10 mm 或 20 mm,将显示黄色指示线,对齐	
(26) 继续对其他尺寸做调整,直到满意为止	

本任务结束!

◀ 任务 2 连接块工程图 ▶

【学习要点】

- 视图调色板的功能
- 尺寸显示样式
- 尺寸标注

【技能目标】

- 掌握基本视图的创建方法
- 理解断开的剖视图应用方法
- 掌握视图显示样式的调整方法

任务视频二维码索引

【项目案例导入】

建立如图 3.2.1 所示的连接块工程图。

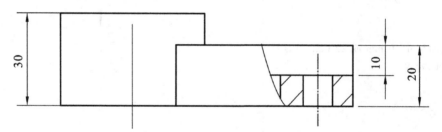

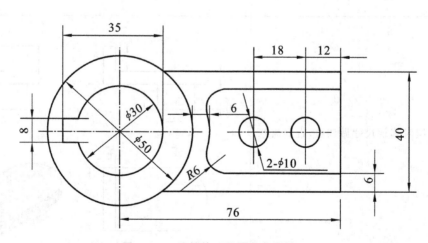

图 3.2.1 连接块工程图参考图样

【任务分解】

连接块工程图任务按图 3.2.2 所示步骤进行分解。

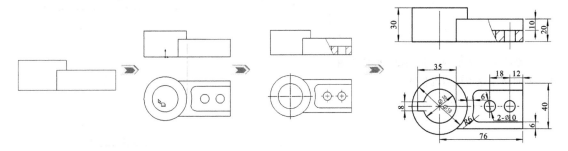

图 3.2.2　连接块工程图任务分解示意图

【相关知识】

断开的剖视图 🖉 :在工程图视图中剖切零件或装配体的某部分以显示内部,系统会自动在所有零部件的剖切面上生成剖面线。断开的剖视图为现有工程视图的一部分,而不是单独的视图。闭合的轮廓通常是样条曲线,定义断开的剖视图(见表 3.2.1)。

表 3.2.1　断开的剖视图

命 令 条 件	参 数 设 置	结　果
已完成基本的视图,在命令管理器【视图布局】标签页上单击"断开的剖视图"按钮 🖉	断开的剖视图　✔　✕ 信息　通过输入一个值或选择……切割到的实体来为断开的……定深度。 深度(D)　边线<1> 10.00mm　□预览(P)　在需要剖切的部位绘制封闭的样条曲线　指定剖切的深度位置　必要时可勾选我查看	在需要剖切的部位绘制封闭的样条曲线
在工程图状态	绘制样条线后才会出现设置	按指定的剖切位置生成局部剖视图

【任务实施】

任务实施过程如表 3.2.2 所示。

表 3.2.2　连接块工程图

建 模 步 骤	图　　例
(1)新建工程图	

建模步骤	图 例
（2）系统会自动出现一张图纸，此时的图纸大小可能不是你所需的格式	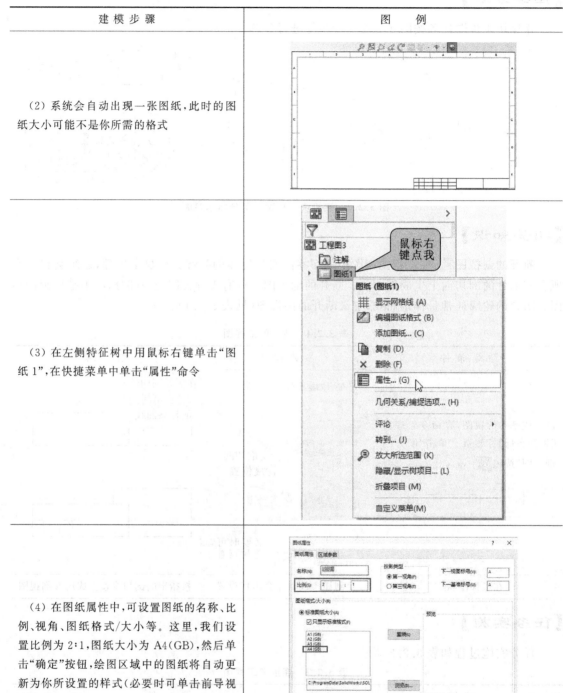
（3）在左侧特征树中用鼠标右键单击"图纸1"，在快捷菜单中单击"属性"命令	
（4）在图纸属性中，可设置图纸的名称、比例、视角、图纸格式/大小等。这里，我们设置比例为 2∶1，图纸大小为 A4（GB），然后单击"确定"按钮，绘图区域中的图纸将自动更新为你所设置的样式（必要时可单击前导视图工具栏的"整屏显示全图"按钮，显示全部图纸）	

建模步骤	图　例
（5）单击屏幕右侧的"视图调色板"按钮 ，打开视图调色板	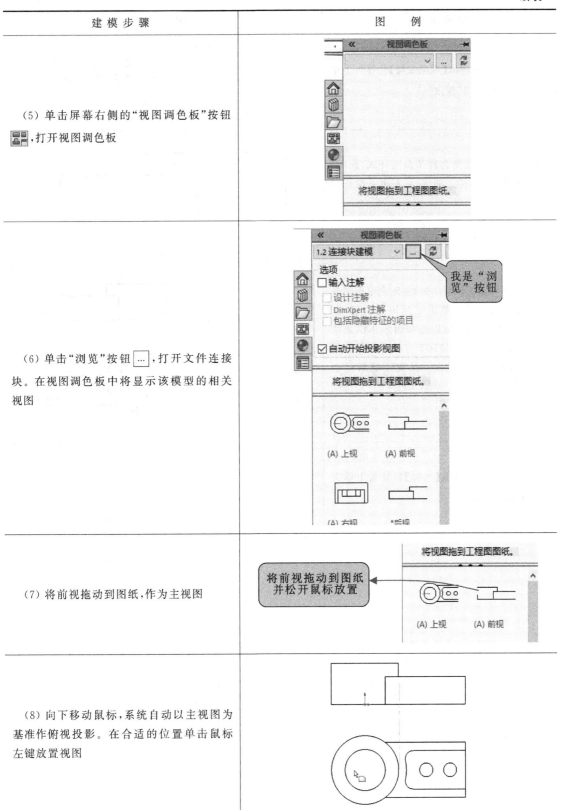
（6）单击"浏览"按钮 ，打开文件连接块。在视图调色板中将显示该模型的相关视图	
（7）将前视拖动到图纸，作为主视图	
（8）向下移动鼠标，系统自动以主视图为基准作俯视投影。在合适的位置单击鼠标左键放置视图	

建 模 步 骤	图 例
（9）在命令管理器【视图布局】标签页上单击"断开的剖视图"按钮	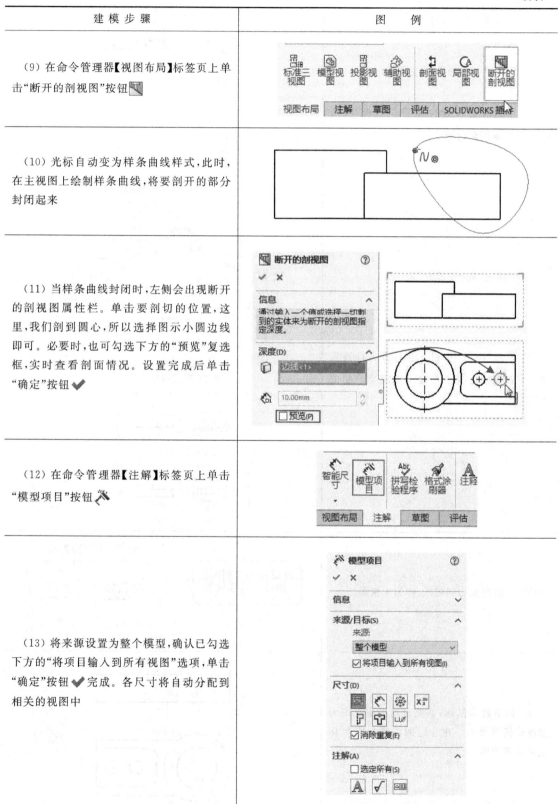
（10）光标自动变为样条曲线样式，此时，在主视图上绘制样条曲线，将要剖开的部分封闭起来	
（11）当样条曲线封闭时，左侧会出现断开的剖视图属性栏。单击要剖切的位置，这里，我们剖到圆心，所以选择图示小圆边线即可。必要时，也可勾选下方的"预览"复选框，实时查看剖面情况。设置完成后单击"确定"按钮	
（12）在命令管理器【注解】标签页上单击"模型项目"按钮	
（13）将来源设置为整个模型，确认已勾选下方的"将项目输入到所有视图"选项，单击"确定"按钮 完成。各尺寸将自动分配到相关的视图中	

续表

建 模 步 骤	图 例
（14）用鼠标左键拖动各尺寸到合适的位置。如果视图间的距离不够,可适当拖动视图调整位置	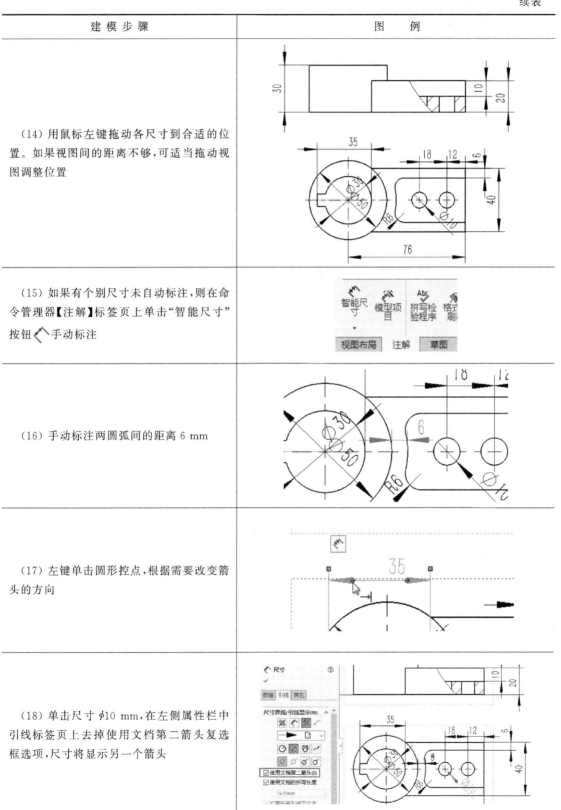
（15）如果有个别尺寸未自动标注,则在命令管理器【注解】标签页上单击"智能尺寸"按钮手动标注	
（16）手动标注两圆弧间的距离 6 mm	
（17）左键单击圆形控点,根据需要改变箭头的方向	
（18）单击尺寸 ϕ10 mm,在左侧属性栏中引线标签页上去掉使用文档第二箭头复选框选项,尺寸将显示另一个箭头	

建 模 步 骤	图 例
(19) 勾选下方的"自定义文字位置"选项，单击 ⤵ 按钮，将文字改为水平显示	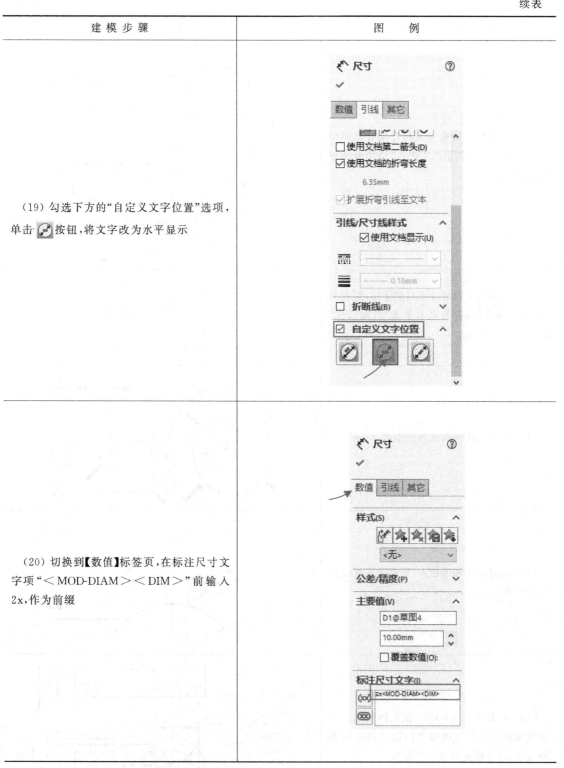
(20) 切换到【数值】标签页，在标注尺寸文字项"＜MOD-DIAM＞＜DIM＞"前输入2x，作为前缀	

本任务结束！

◀ 任务 3　法兰工程图 ▶

【学习要点】

- 剖面视图的操作
- 辅助视图的操作
- 剪裁视图的操作

任务视频二维码索引

【技能目标】

- 掌握剖面视图的创建方法
- 掌握辅助视图的创建方法
- 掌握剪裁视图的创建方法
- 掌握视图边线的调整方法

【项目案例导入】

建立如图 3.3.1 所示的法兰工程图。

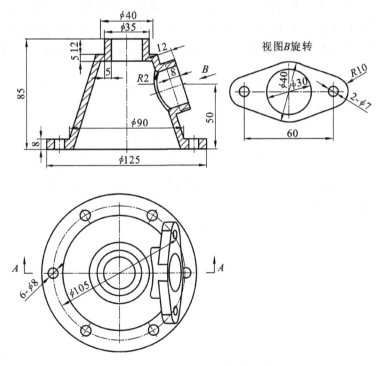

图 3.3.1　法兰工程图参考图样

【任务分解】

法兰工程图任务按图 3.3.2 所示步骤进行分解。

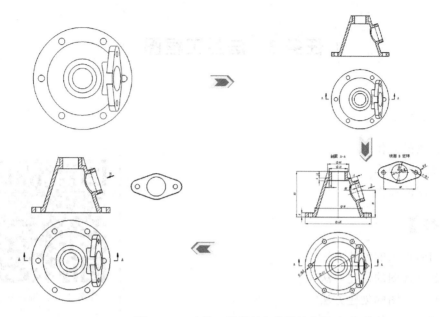

图 3.3.2　法兰工程图任务分解示意图

【相关知识】

1. 剖面视图 ⇅

在工程图视图中剖切零件或装配体以显示内部,系统会自动在所有零部件的剖切面上生成剖面线。通过使用剖切线或剖面线切割俯视图,可以在工程图中建立剖面视图。剖面视图可以是直切剖面或者是用阶梯剖切线定义的等距剖面。剖切线还包括同心圆弧(见表 3.3.1)。

表 3.3.1　剖面视图

命 令 条 件	参 数 设 置	结 果
已完成基本的视图,在命令管理器【视图布局】标签页上单击"剖面视图"按钮 ⇅。	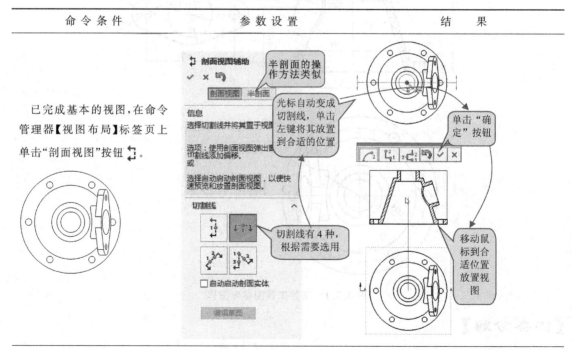	
在工程图状态	选择合适的切割线	按指定的剖切位置生成剖面视图

2. 辅助视图

辅助视图类似于投影视图,但它是垂直于现有视图中参考边线的展开视图(见表3.3.2)。

表3.3.2　辅助视图

命 令 条 件	参 数 设 置	结　　果
已完成基本的视图,在命令管理器【视图布局】标签页上单击"辅助视图"按钮 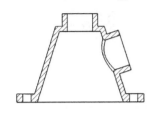	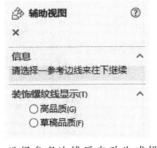 选择参考边线后自动生成投影,移动鼠标放置到合适的位置。按住键盘上的 Ctrl 键放置可将视图放置于任意位置	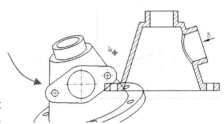
在工程图状态	选择参考边线继续	按指定的参考边线生成辅助视图

3. 剪裁视图

剪裁视图通过隐藏除了所定义区域之外的所有内容而集中于工程图视图的某部分。未剪裁的部分使用草图(通常是样条曲线或其他闭合的轮廓)进行闭合。

除了局部视图或已用于生成局部视图的视图,还可以裁剪任何工程视图(见表3.3.3)。

表3.3.3　剪裁视图

命 令 条 件	参 数 设 置	结　　果
已完成基本的视图和用于剪裁的草图,在命令管理器【视图布局】标签页上单击"剪裁视图"按钮 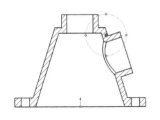	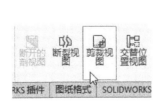 视图会直接将草图外部的视图隐去,仅保留草图内部的图形	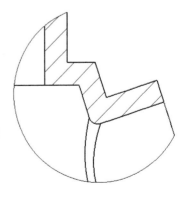
在工程图状态	保持草图处于选中状态再点击按钮	按指定的草图生成剪裁视图

【任务实施】

任务实施过程如表 3.3.4 所示。

表 3.3.4 法兰工程图

建 模 步 骤	图 例
（1）新建工程图。设置比例为 1∶1,图纸大小为 A2(GB)	—
（2）单击"浏览"按钮 ⋯ ,打开文件法兰。在视图调色板中将显示该模型的相关视图	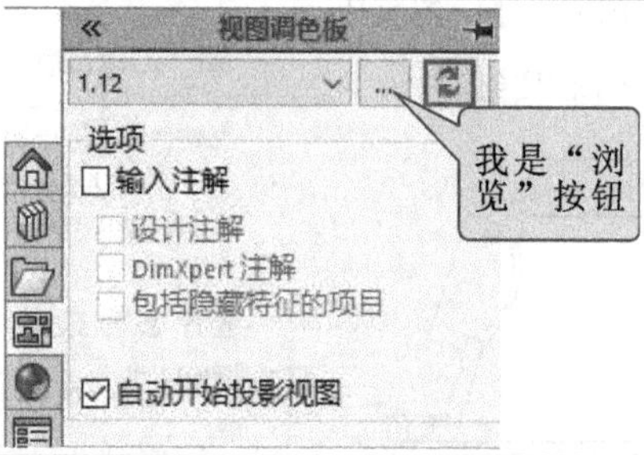
（3）将上视拖动到图纸,作为俯视图。按键盘上的 Esc 键结束命令	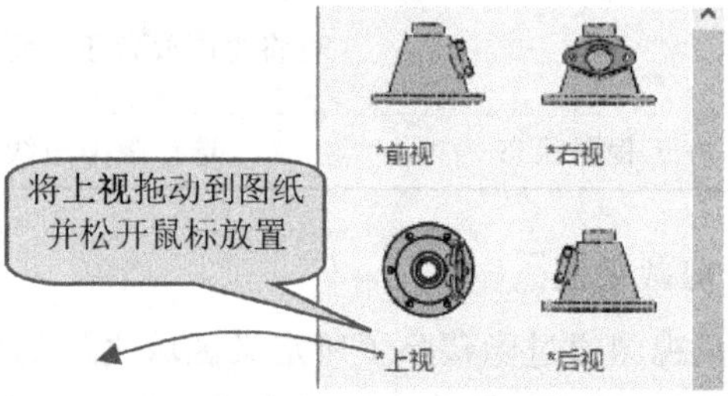
（4）在命令管理器【视图布局】标签页上单击"剖面视图"按钮 ⇄	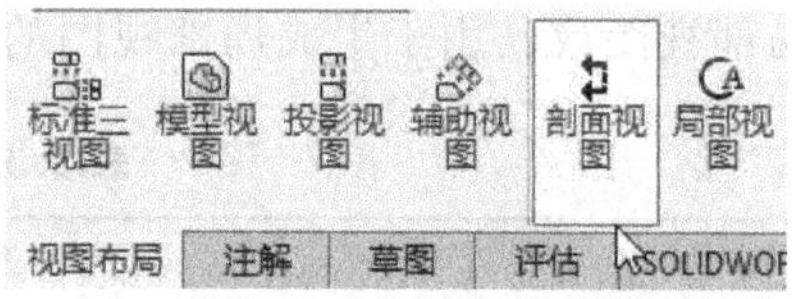
（5）选择图示水平切割线	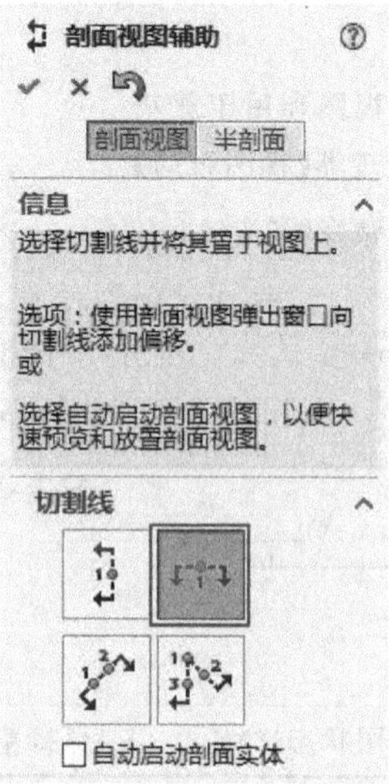

建 模 步 骤	图 例
（6）光标自动变为带箭头的水平剖切线样式，用鼠标移动圆心，单击鼠标放置	
（7）在弹出的快捷工具栏上单击"确定"按钮 ✔	
（8）系统自动出现所在切割线的剖面预览。向上移动鼠标到合适的位置并单击左键放置。必要时，可修改字母及反转方向	
（9）在命令管理器【视图布局】标签页上单击"辅助视图"按钮	
（10）单击图示边线，确定视图方向（视图将在边线垂直方向）	

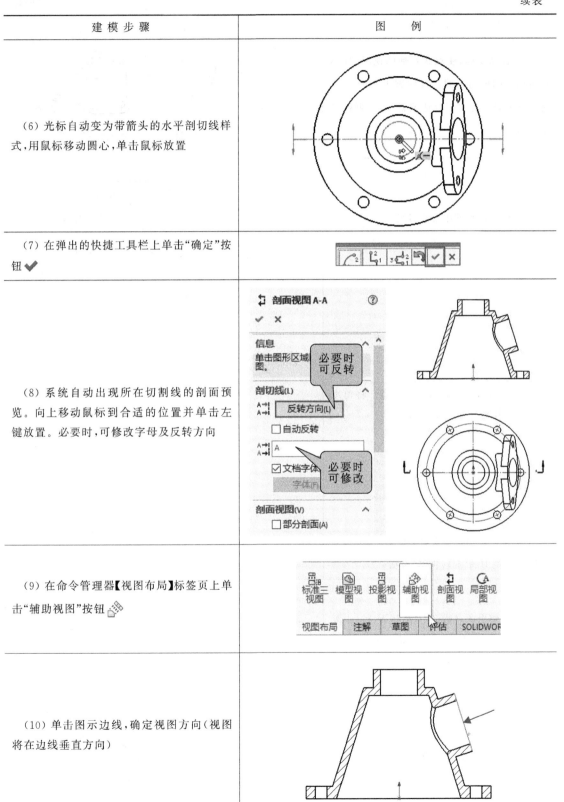

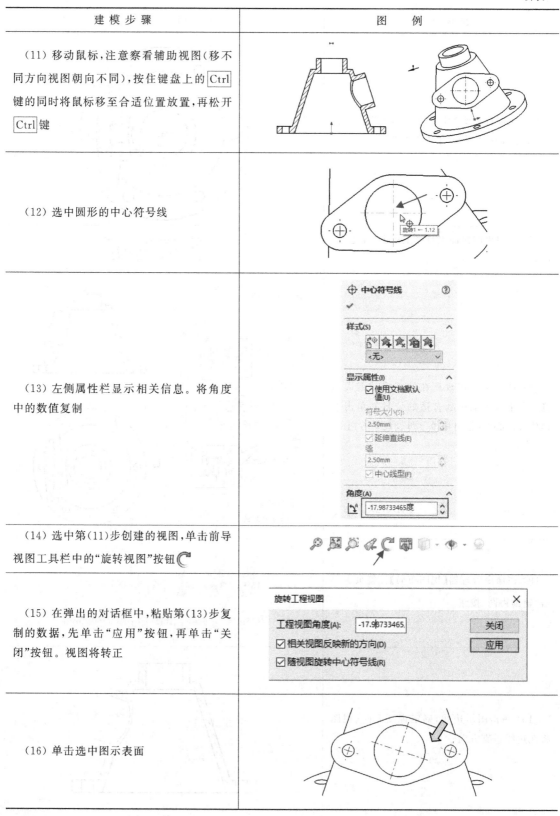

建 模 步 骤	图　　例
（11）移动鼠标，注意察看辅助视图（移不同方向视图朝向不同），按住键盘上的 Ctrl 键的同时将鼠标移至合适位置放置，再松开 Ctrl 键	
（12）选中圆形的中心符号线	
（13）左侧属性栏显示相关信息。将角度中的数值复制	
（14）选中第（11）步创建的视图，单击前导视图工具栏中的"旋转视图"按钮	
（15）在弹出的对话框中，粘贴第（13）步复制的数据，先单击"应用"按钮，再单击"关闭"按钮。视图将转正	
（16）单击选中图示表面	

建 模 步 骤	图 例
（17）单击【草图】标签页上的"转换实体引用"按钮，将该边线引用至工程图（此操作相当于绘制剪裁边线）	
（18）在图示边线上单击鼠标右键，在右键快捷菜单中单击"选择链"命令，选中上一步创建的整圈外轮廓草图	
（19）在命令管理器【视图布局】标签页上单击"剪裁视图"按钮 🔲，会直接将草图外部的视图隐去，仅保留草图内部的图形	
（20）在命令管理器的空白处单击鼠标右键，在右键快捷菜单中单击"线型"按钮 ▥，将会调出线型工具栏（此工具栏一般出现在屏幕左下角）	
（21）选中图示平面，单击【草图】标签页上的"转换实体引用"按钮	

建 模 步 骤	图 例
（22）如果出现此对话框，请单击"确定"按钮关闭	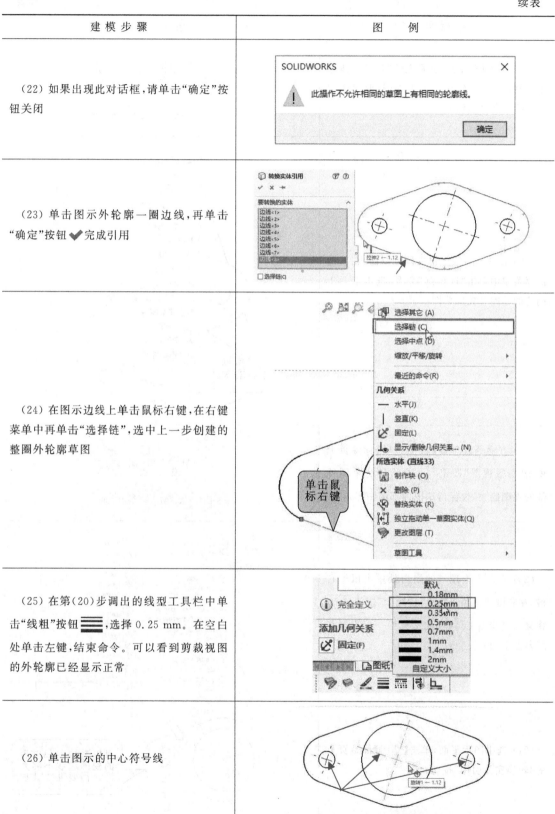
（23）单击图示外轮廓一圈边线，再单击"确定"按钮 ✔ 完成引用	
（24）在图示边线上单击鼠标右键，在右键菜单中再单击"选择链"，选中上一步创建的整圈外轮廓草图	
（25）在第（20）步调出的线型工具栏中单击"线粗"按钮 ▤ ，选择 0.25 mm。在空白处单击左键，结束命令。可以看到剪裁视图的外轮廓已经显示正常	
（26）单击图示的中心符号线	

续表

建模步骤	图　例
（27）在左侧的属性栏中，将角度设为 0°，单击"确定"按钮 ✔ 完成	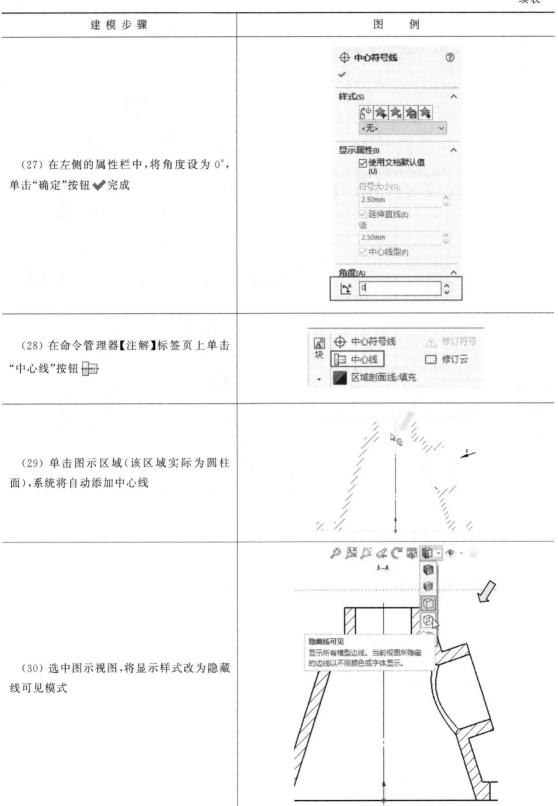
（28）在命令管理器【注解】标签页上单击"中心线"按钮 ⊞	
（29）单击图示区域（该区域实际为圆柱面），系统将自动添加中心线	
（30）选中图示视图，将显示样式改为隐藏线可见模式	

续表

建 模 步 骤	图 例
（31）单击线型工具栏中的"隐藏/显示边线"按钮	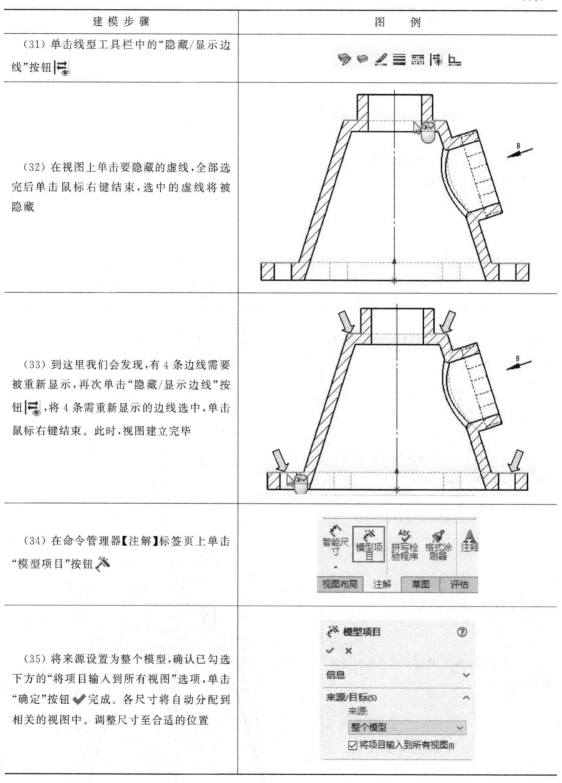
（32）在视图上单击要隐藏的虚线，全部选完后单击鼠标右键结束，选中的虚线将被隐藏	
（33）到这里我们会发现，有 4 条边线需要被重新显示，再次单击"隐藏/显示边线"按钮，将 4 条需要重新显示的边线选中，单击鼠标右键结束。此时，视图建立完毕	
（34）在命令管理器【注解】标签页上单击"模型项目"按钮	
（35）将来源设置为整个模型，确认已勾选下方的"将项目输入到所有视图"选项，单击"确定"按钮 完成。各尺寸将自动分配到相关的视图中。调整尺寸至合适的位置	

本任务结束！

◀ 任务 4 轴套工程图 ▶

【学习要点】

- 局部视图的操作
- 尺寸公差、形位公差的标注
- 表面粗糙度的标注

【技能目标】

- 掌握局部视图的创建方法
- 掌握尺寸公差、形位公差的标注方法
- 掌握表面粗糙度的标注方法
- 掌握半标尺寸的标注方法

任务视频二维码索引

【项目案例导入】

建立如图 3.4.1 所示的轴套工程图。

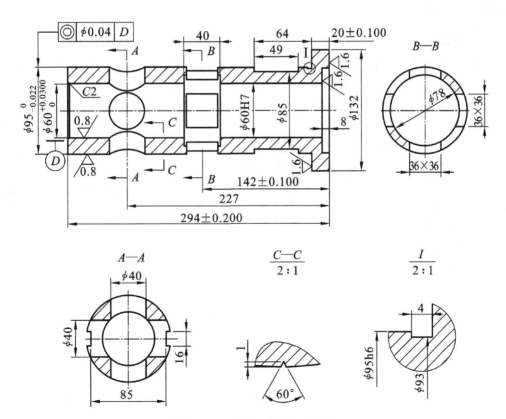

图 3.4.1 轴套工程图参考图样

【任务分解】

轴套工程图任务按图 3.4.2 所示步骤进行分解。

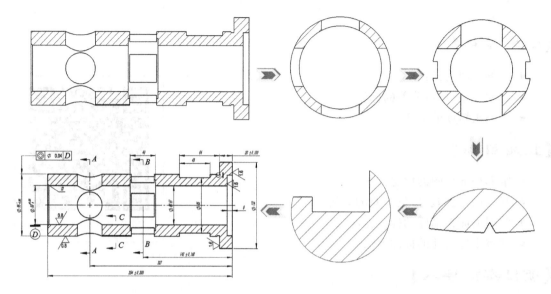

图 3.4.2　轴套工程图任务分解示意图

【相关知识】

1. 局部视图 Ⓐ

在工程图中生成一个局部视图来显示一个视图的某个部分（通常以放大比例显示）。此局部视图可以是正交视图、空间（等轴测）视图、剖面视图、剪裁视图、爆炸装配体视图或另一局部视图。放大的部分使用草图（通常是圆或其他闭合的轮廓）进行闭合（见表 3.4.1）。

表 3.4.1　局部视图

命 令 条 件	参 数 设 置	结　果
已完成基本的视图，在命令管理器【视图布局】标签页上单击"局部视图"按钮 Ⓐ	Ⓐ 局部视图 II 信息 局部视图图标 样式: Ⓐ 依照标准 ●圆(L) ○轮廓(O) 设定符号 Ⓐ II 比例(S) ○使用父关系比例(R) ○使用图纸比例(E) ●使用自定义比例(C) 设定比例　1:1 	在合适的地方绘制圆 R = 9.32 $\dfrac{\text{II}}{1:1}$ 视图符号和比例
在工程图状态	在合适的地方画圆	按指定的位置生成局部视图

2. 尺寸公差

可控制尺寸公差值和非整数尺寸的显示(见表3.4.2)。

表 3.4.2　尺寸公差

命 令 条 件	参 数 设 置	结　　果
已完成基本的尺寸标注,在需要添加尺寸公差的尺寸上单击鼠标左键 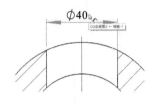	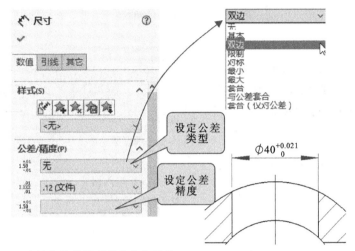 选择公差的类型并设定好数值, 再设定公差的精度	$\phi 40^{+0.021}_{0}$
在工程图状态	必要时调整公差显示的大小	按指定的公差类型显示公差值

3. 形位公差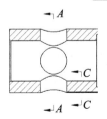

使用特性选择控制框将形位公差添加到零件和工程图(见表3.4.3)。

表 3.4.3　形位公差

命 令 条 件	参 数 设 置	结　　果
已完成基本的视图(如果要标注中心要素,还需完成相关尺寸的标注),在命令管理器【注解】标签页上单击"形位公差"按钮。		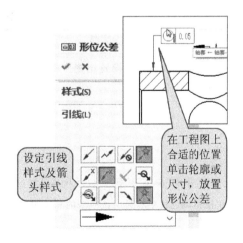
在工程图状态	设定好形位公差项目及数值	在指定的位置上生成形位公差标注

4. 表面粗糙度 √

添加表面粗糙度符号到工程图中,可通过属性栏编辑表面粗糙度符号的属性(见表3.4.4)。

表 3.4.4　表面粗糙度

命 令 条 件	参 数 设 置	结 果
已完成基本的视图,在命令管理器【注解】标签页上单击"表面粗糙度"按钮 √ 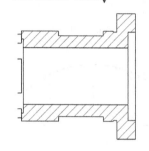	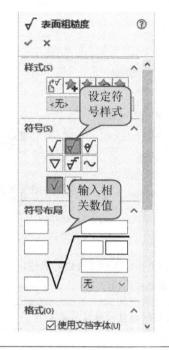	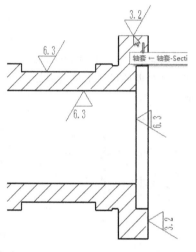 在合适的边线上单击左键放置符号,会自动根据模型调整符号方位
在工程图状态	按图示设置	表面粗糙度符号添加到工程图当中

【任务实施】

任务实施过程如表3.4.5所示。

表 3.4.5　轴套工程图

建 模 步 骤	图 例
(1) 新建工程图。设置比例为1∶2,图纸大小为 A3(GB)	
(2) 单击"浏览"按钮 ⟦…⟧,打开文件轴套。在视图调色板中将显示该模型的相关视图	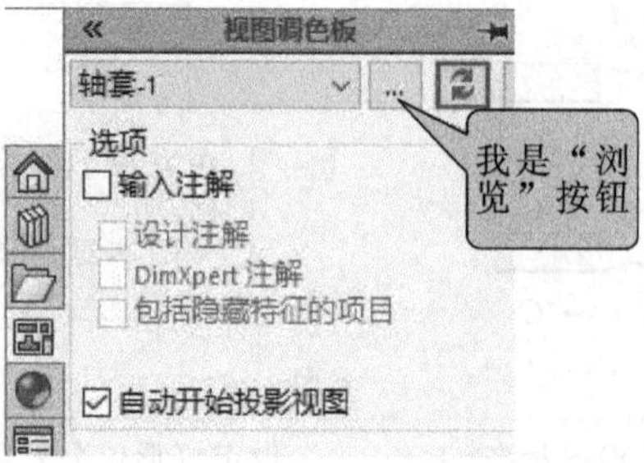

续表

建模步骤	图 例
（3）将前视拖动到图纸，作为主视图。按键盘上的 Esc 键结束命令	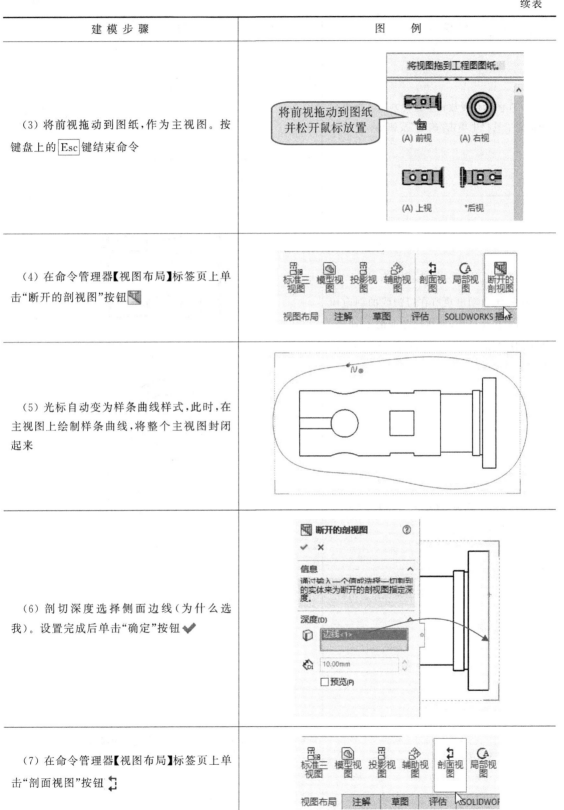
（4）在命令管理器【视图布局】标签页上单击"断开的剖视图"按钮	
（5）光标自动变为样条曲线样式，此时，在主视图上绘制样条曲线，将整个主视图封闭起来	
（6）剖切深度选择侧面边线（为什么选我）。设置完成后单击"确定"按钮	
（7）在命令管理器【视图布局】标签页上单击"剖面视图"按钮	

建 模 步 骤	图 例
（8）在图示位置放置竖直切割线。在出现的快捷工具栏中单击"确定"按钮 ✔	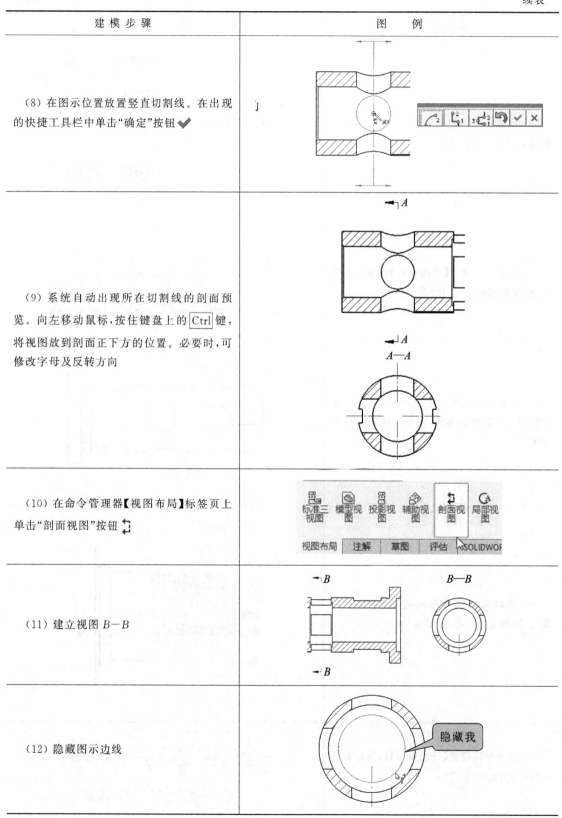
（9）系统自动出现所在切割线的剖面预览。向左移动鼠标，按住键盘上的 Ctrl 键，将视图放到剖面正下方的位置。必要时，可修改字母及反转方向	
（10）在命令管理器【视图布局】标签页上单击"剖面视图"按钮 ⇵	
（11）建立视图 B−B	
（12）隐藏图示边线	

建模步骤	图例
（13）建立视图 $C-C$，注意勾选"横截剖面"，并将比例设置为 2:1。放置于合适位置（由于默认的剖面视图会贯穿整个模型，所以此处，可以先自行绘制用于剖面的线段，在保持选中的情况下，单击"剖面视图"按钮 ）	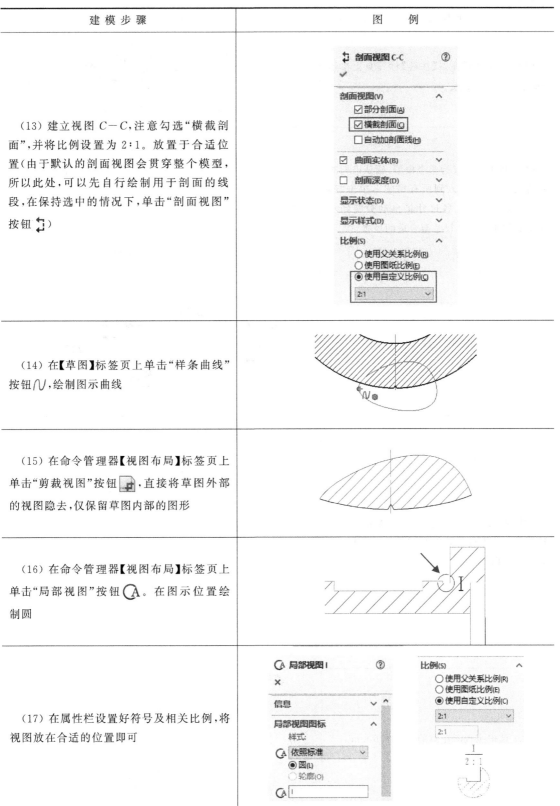
（14）在【草图】标签页上单击"样条曲线"按钮 ，绘制图示曲线	
（15）在命令管理器【视图布局】标签页上单击"剪裁视图"按钮 ，直接将草图外部的视图隐去，仅保留草图内部的图形	
（16）在命令管理器【视图布局】标签页上单击"局部视图"按钮 。在图示位置绘制圆	
（17）在属性栏设置好符号及相关比例，将视图放在合适的位置即可	

续表

建 模 步 骤	图　　例
（18）在命令管理器【注解】标签页上单击"模型项目"按钮	
（19）将来源设置为整个模型，确认已勾选下方的"将项目输入到所有视图"，单击"确定"按钮 ✔ 完成。各尺寸将自动分配到相关的视图中。调整尺寸至合适的位置	
（20）选中主视图中的总长 294 mm	
（21）将公差类型设为对称，确保公差小数位为 3 位。再选中其他有对称公差的尺寸，完成相应设置	
（22）选中主视图左侧的直径 φ95 mm	

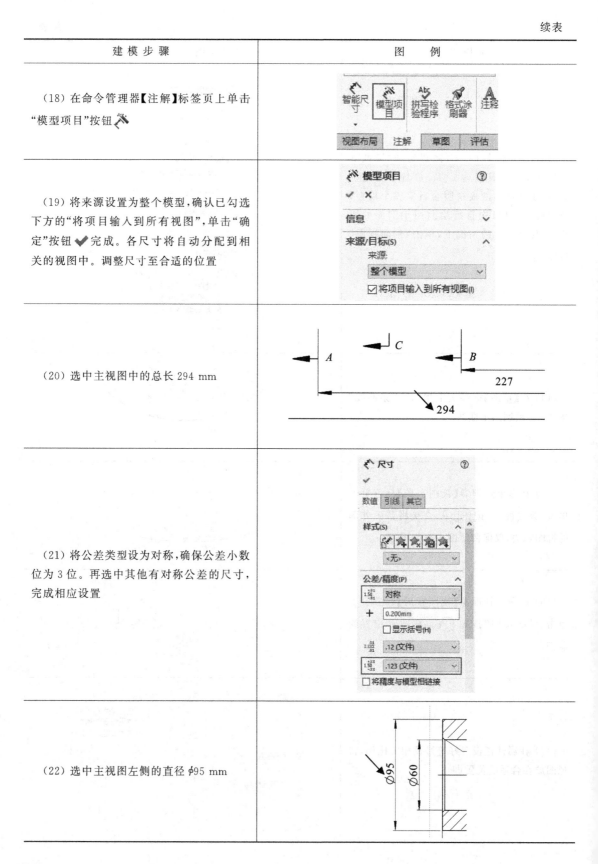

建 模 步 骤	图 例
（23）将公差类型设为双边，上偏差为 0.000 mm，下偏差为 -0.022 mm，确保公差小数位为 3 位。再选中其他有双边公差的尺寸，完成相应设置	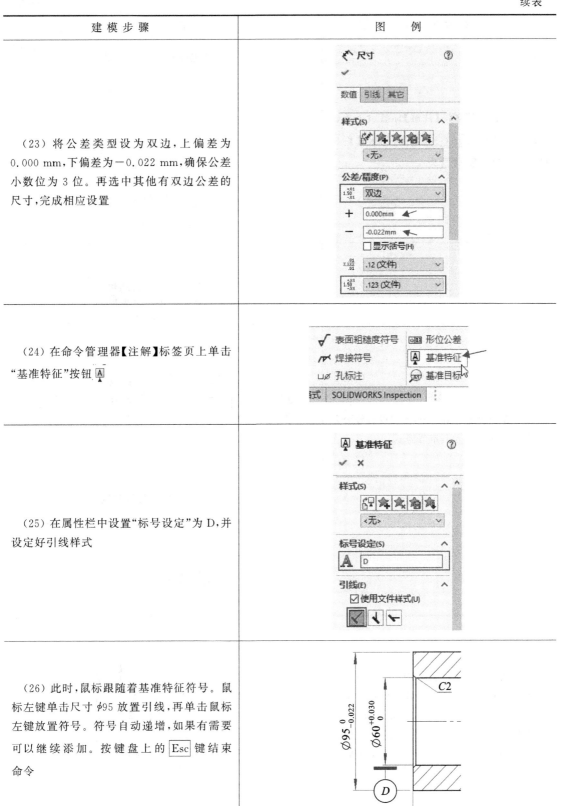
（24）在命令管理器【注解】标签页上单击"基准特征"按钮 $\boxed{A}$	
（25）在属性栏中设置"标号设定"为 D，并设定好引线样式	
（26）此时，鼠标跟随着基准特征符号。鼠标左键单击尺寸 $\phi95$ 放置引线，再单击鼠标左键放置符号。符号自动递增，如果有需要可以继续添加。按键盘上的 $\boxed{Esc}$ 键结束命令	

建 模 步 骤	图　　例
（27）在命令管理器【注解】标签页上单击"形位公差"按钮 △03 。在左侧属性栏中设置引线为折弯、带箭头	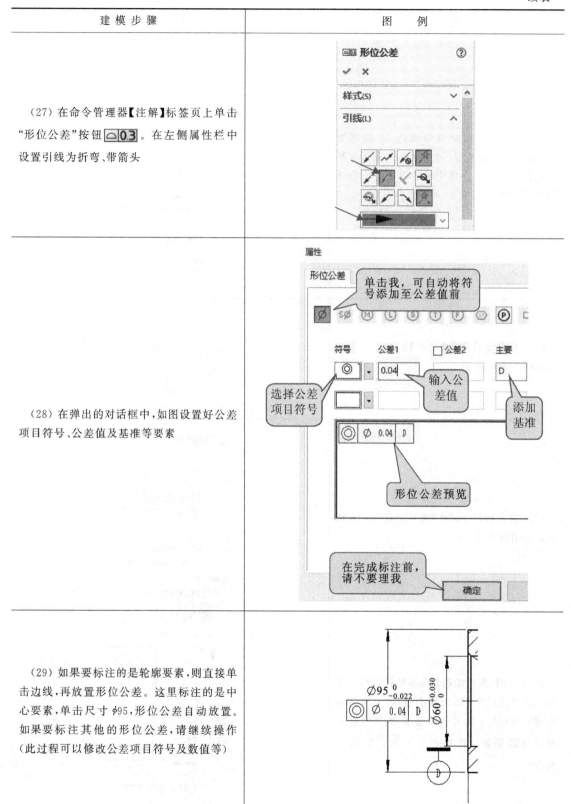
（28）在弹出的对话框中，如图设置好公差项目符号、公差值及基准等要素	
（29）如果要标注的是轮廓要素，则直接单击边线，再放置形位公差。这里标注的是中心要素，单击尺寸 φ95，形位公差自动放置。如果要标注其他的形位公差，请继续操作（此过程可以修改公差项目符号及数值等）	

续表

建 模 步 骤	图 例
（30）向上拖动形位公差，会自动生成与尺寸线对齐的带箭头的引线，将形位公差放置于合适的位置。单击"确定"按钮结束命令	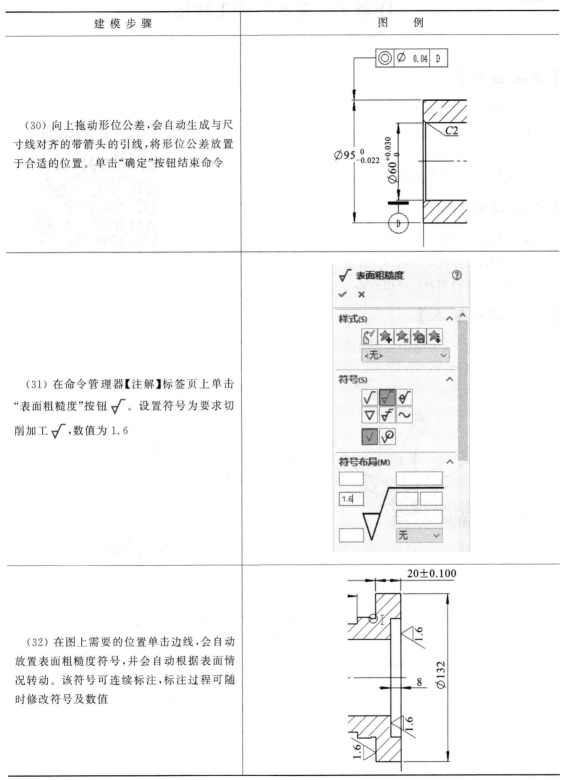
（31）在命令管理器【注解】标签页上单击"表面粗糙度"按钮 √。设置符号为要求切削加工 √，数值为1.6	
（32）在图上需要的位置单击边线，会自动放置表面粗糙度符号，并会自动根据表面情况转动。该符号可连续标注，标注过程可随时修改符号及数值	

本任务结束！

◀ 任务 5　夹紧机构工程图 ▶

【学习要点】

- 标准三视图的操作
- 零件序号的标注
- 材料明细表的应用
- 交替位置视图的建立

任务视频二维码索引

【技能目标】

- 掌握交替位置视图的创建方法
- 掌握自动零件序号的标注方法
- 掌握材料明细表的应用方法

【项目案例导入】

建立如图 3.5.1 所示的夹紧机构工程图。

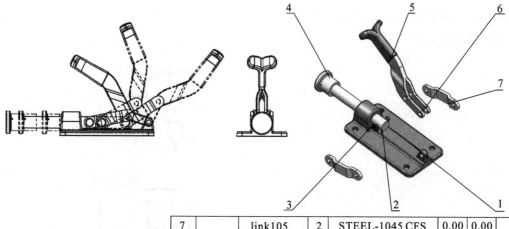

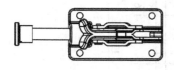

序号	代号	名称	数量	材料	单重	总重	备注
7		link105	2	STEEL-1045 CFS	0.00	0.00	
6		lever102	1	TEST	0.00	0.00	
5		knob104	1	URETHANE	0.00	0.00	
4		clamp_end	1		0.00	0.00	
3		pin106	1	STEEL-1045 CFS	0.00	0.00	
2		plunger103	1	STEEL-4140	0.00	0.00	
1		base101	1	CAST IRCN-CLASS 30	0.00	0.00	

图 3.5.1　夹紧机构工程图参考图样

【任务分解】

夹紧机构工程图任务按图3.5.2所示步骤进行分解。

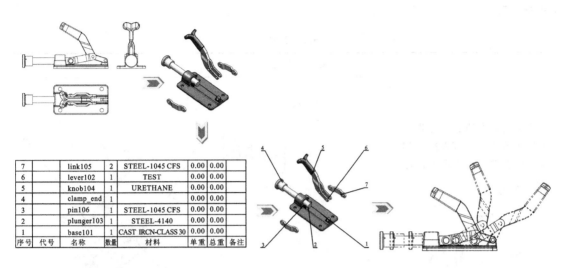

7		link105	2	STEEL-1045 CFS	0.00	0.00	
6		lever102	1	TEST	0.00	0.00	
5		knob104	1	URETHANE	0.00	0.00	
4		clamp_end	1		0.00	0.00	
3		pin106	1	STEEL-1045 CFS	0.00	0.00	
2		plunger103	1	STEEL-4140	0.00	0.00	
1		base101	1	CAST IRCN-CLASS 30	0.00	0.00	
序号	代号	名称	数量	材料	单重	总重	备注

图 3.5.2 夹紧机构工程图任务分解示意图

【相关知识】

1. 交替位置视图

交替位置视图常用于显示装配体的运动范围,表达机构可达到的运动极限位置,一般用双点划线表示(见表3.5.1)。

表 3.5.1 交替位置视图

命令条件	参数设置	结果
已完成基本的装配体视图并选中,在命令管理器【视图布局】标签页上单击"交替位置视图"按钮。	**交替位置视图** 信息 配置(C) ⊙新配置(N) AltPosition_Default_2 *先设定新配置名称后确定* **移动零部件** 信息 请将所需零部件移动到以交替位置视图显示的位置。 *再拖动零件到目标位置后确定* 移动(M) SmartMates 自由拖动	
在工程图状态	会在工程图和模型视图间切换	生成交替位置视图

2. 自动零件序号

零件序号用来将装配体中的零件以注释的方式标注出项目符号。可使用自动零件序号自动在一个或多个工程图视图中插入一组零件序号,零件序号会插入到适当的视图中,不会重复(见表 3.5.2)。

表 3.5.2　自动零件序号

命 令 条 件	参 数 设 置	结　　果
已完成基本的装配体视图并选中,在命令管理器【注解】标签页上单击"自动零件序号"按钮。	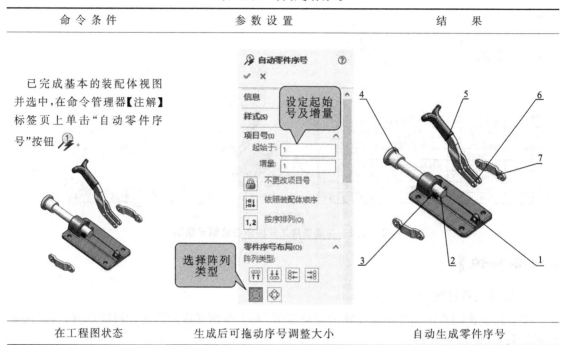	
在工程图状态	生成后可拖动序号调整大小	自动生成零件序号

3. 材料明细表

自动在装配体工程图中添加材料明细表(BOM),带项目号、数量、零件号及自定义属性。可定位、移动、编辑并分割材料明细表(见表 3.5.3)。

表 3.5.3　材料明细表

命 令 条 件	参 数 设 置	结　　果

命令条件:已完成基本的装配体视图并选中任一视图,在命令管理器【注解】标签页上单击"表格"按钮,在下拉列表中单击"材料明细表"按钮。

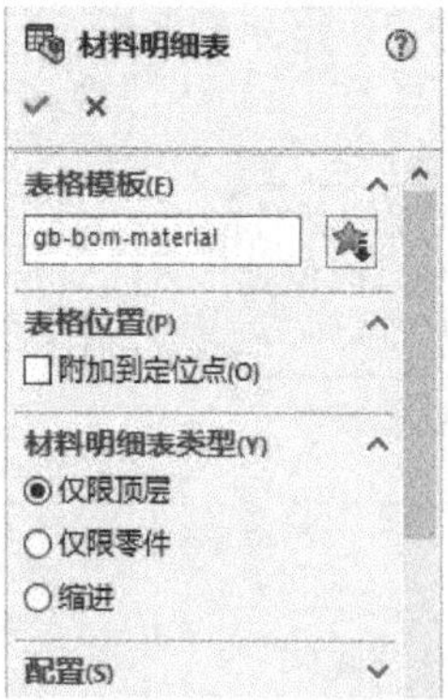

参数设置:
材料明细表
✓ ✕

表格模板(E)
gb-bom-material

表格位置(P)
□ 附加到定位点(O)

材料明细表类型(Y)
◉ 仅限顶层
○ 仅限零件
○ 缩进

配置(S)

结果:

序号	代号	名称	数量	材料	单重	总重	备注
7		link105	2	STEEL-1045 CFS	0.00	0.00	
6		lever102	1	TEST	0.00	0.00	
5		knob104	1	URETHANE	0.00	0.00	
4		clamp_end	1		0.00	0.00	
3		pin106	1	STEEL-1045 CFS	0.00	0.00	
2		plunger103	1	STEEL-4140	0.00	0.00	
1		base101	1	CAST IRCN-CLASS 30	0.00	0.00	

移动鼠标,将其放置到定位点即可

在工程图状态	选择合适的模板后单击"确定"按钮 ✔	生成材料明细表

【任务实施】

任务实施过程如表 3.5.4 所示。

表 3.5.4　夹紧机构工程图

建 模 步 骤	图　　例
（1）打开章节相应的目录下的装配体文件 clamping_fixture.sldasm	
（2）单击"从零件/装配体制作工程图"按钮，选择相应的模板及格式，这里选 A3(GB)	
（3）单击"标准三视图"按钮	
（4）单击"确定"按钮 ✔，系统自动完成视图的建立	
（5）从右侧的视图调色板中将爆炸等轴测图拖放到适当的位置，并将显示模式改为"带边线上色"模式	
（6）选中爆炸等轴测图，在命令管理器【注解】标签页上单击"表格"按钮，在下拉列表中单击"材料明细表"按钮	

建 模 步 骤	图 例
（7）在材料明细表属性页中，单击 按钮，找到表格模板 gb-bom-material。其他选项按照默认处理。设置完成后单击"确定"按钮	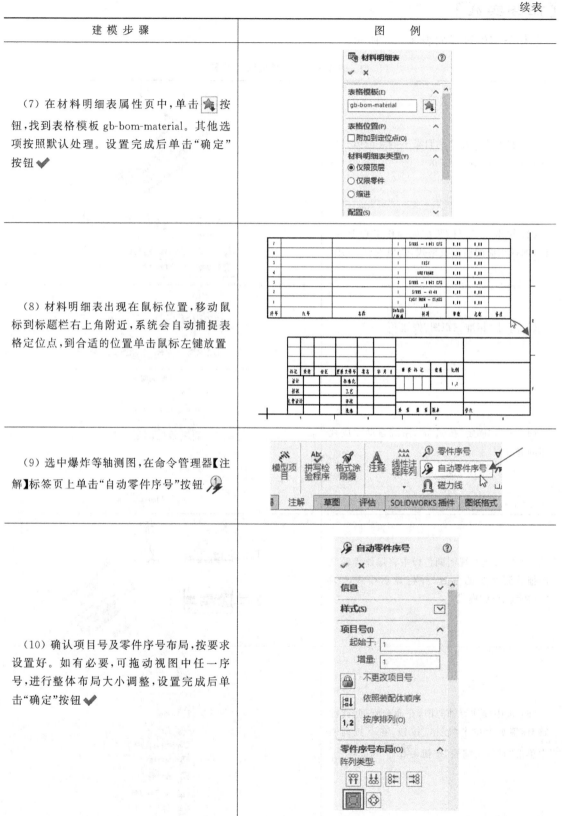
（8）材料明细表出现在鼠标位置，移动鼠标到标题栏右上角附近，系统会自动捕捉表格定位点，到合适的位置单击鼠标左键放置	
（9）选中爆炸等轴测图，在命令管理器【注解】标签页上单击"自动零件序号"按钮	
（10）确认项目号及零件序号布局，按要求设置好。如有必要，可拖动视图中任一序号，进行整体布局大小调整，设置完成后单击"确定"按钮	

续表

建 模 步 骤	图　例
（11）到这里为止,可能材料明细表中的名称列是空白的。在材料明细表表头上单击左键。在弹出的快捷工具栏中单击"列属性"按钮。 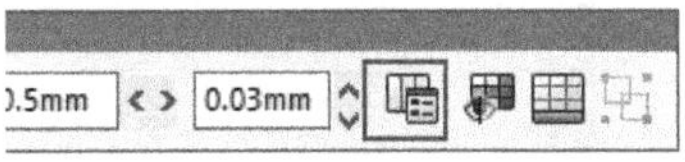	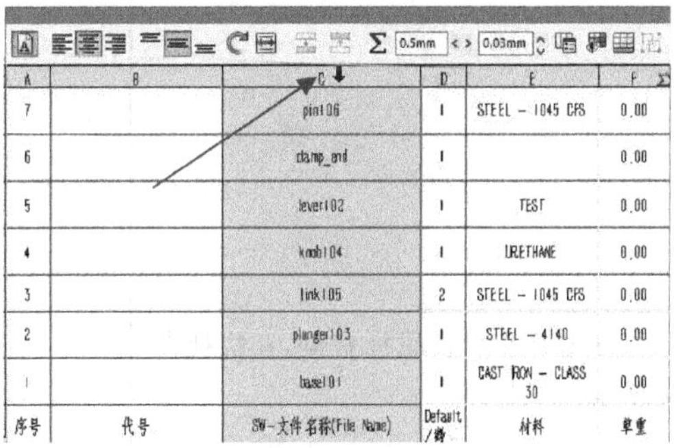
（12）将属性名称改为:SW-文件名称(File Name)	
（13）双击表头 SW － 文件名称（File Name）单元格,将内容改为想要显示的标题。如果需要,可参照上述步骤修改其他列	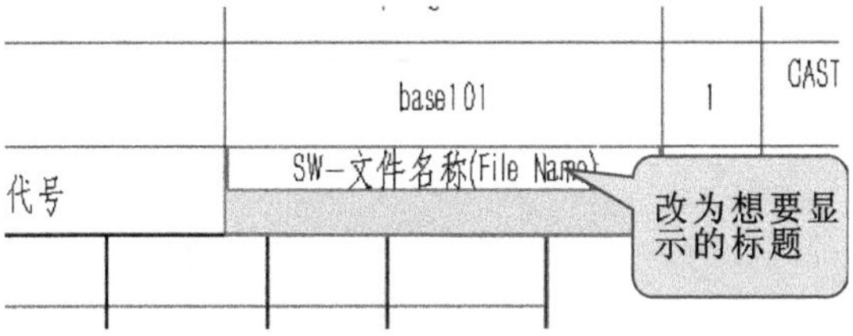
（14）如果需要,可以拖动视图中的零件序号,使之符合图纸要求(拖动时可参考出现的黄色对齐线对齐序号)	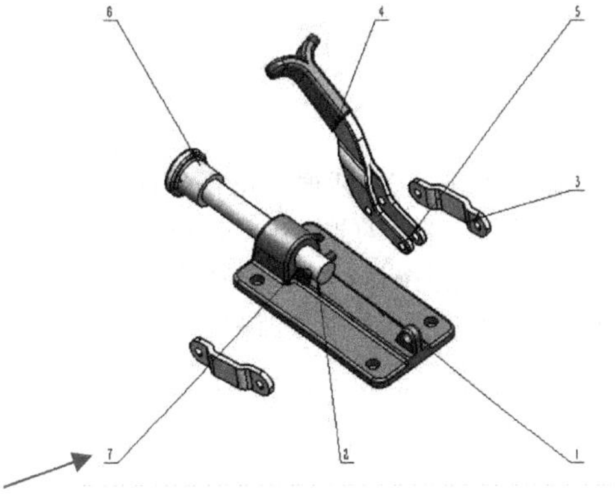
（15）在视图中双击需要修改的序号,将其更改为想要的序号,使之按顺时针或逆时针排序。材料明细表会乱序	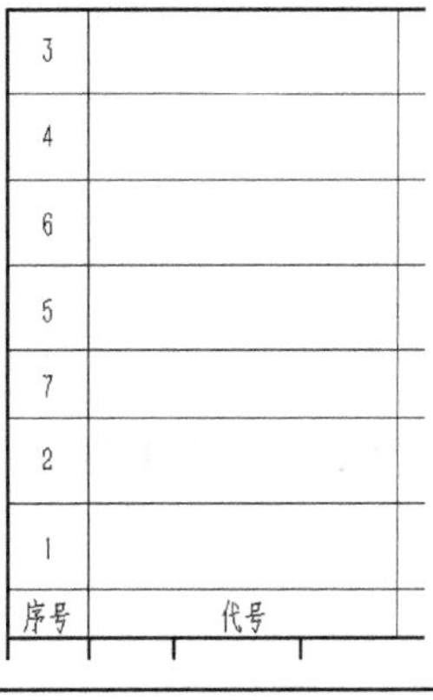

建 模 步 骤	图 例
（16）在序号列头单击鼠标右键，在快捷菜单中单击"排序"命令	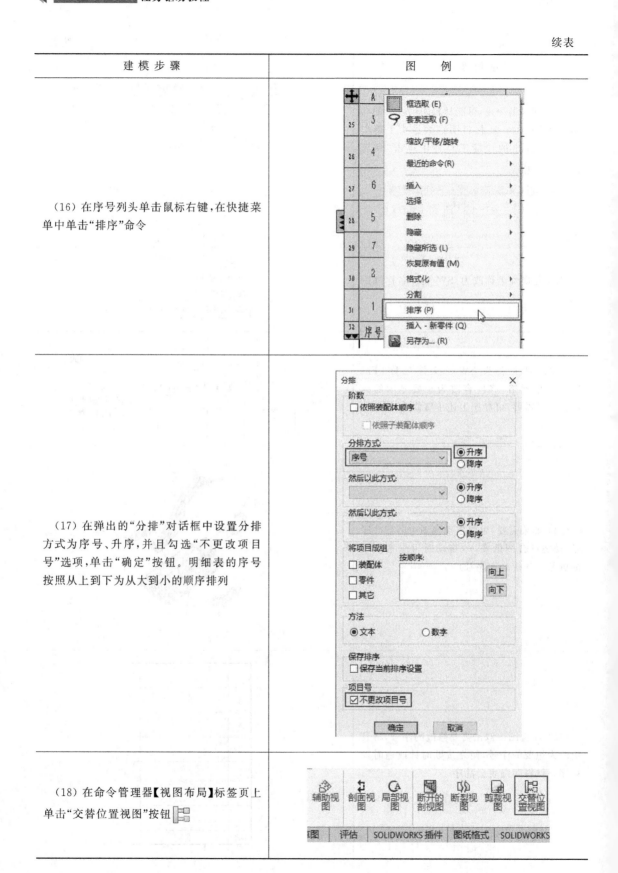
（17）在弹出的"分排"对话框中设置分排方式为序号、升序，并且勾选"不更改项目号"选项，单击"确定"按钮。明细表的序号按照从上到下为从大到小的顺序排列	
（18）在命令管理器【视图布局】标签页上单击"交替位置视图"按钮	

续表

建 模 步 骤	图 例
(19) 提示选择一个视图,单击主视图。在对话框中输入新配置的名称后单击"确定"按钮 ✔	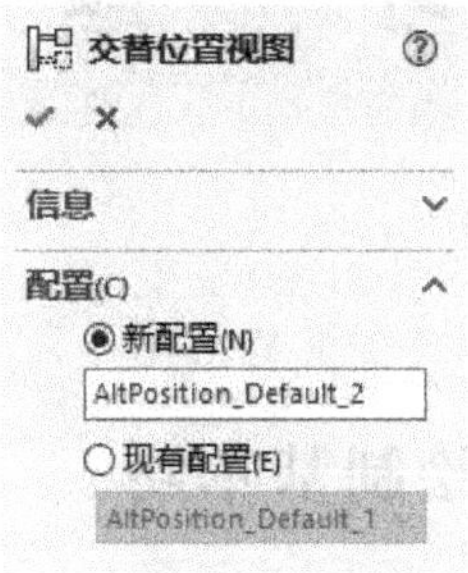
(20) 系统自动切换至编辑界面,并自动进入"移动零部件"界面	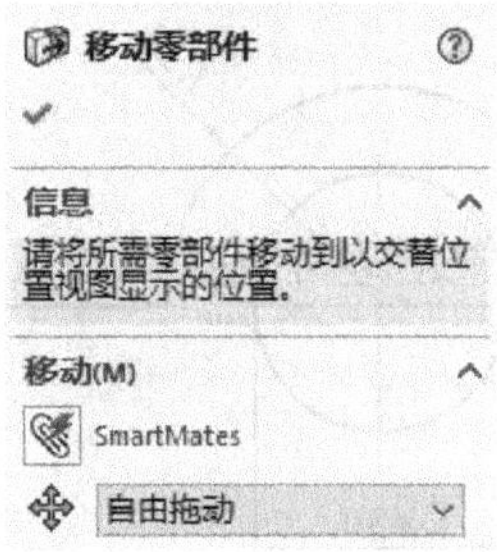
(21) 拖动手柄至新位置后单击"确定"按钮 ✔	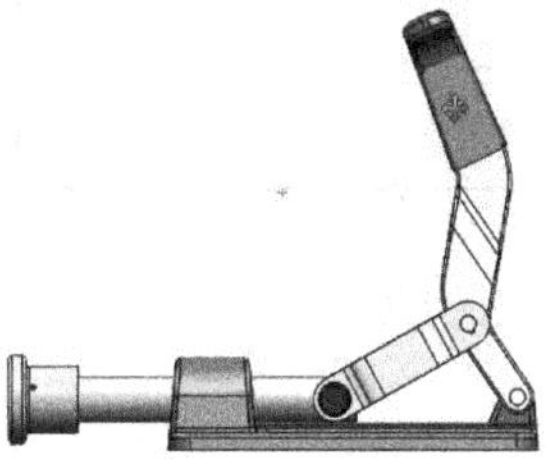
(22) 系统自动回到工程图界面,并将新位置用双点划线表示	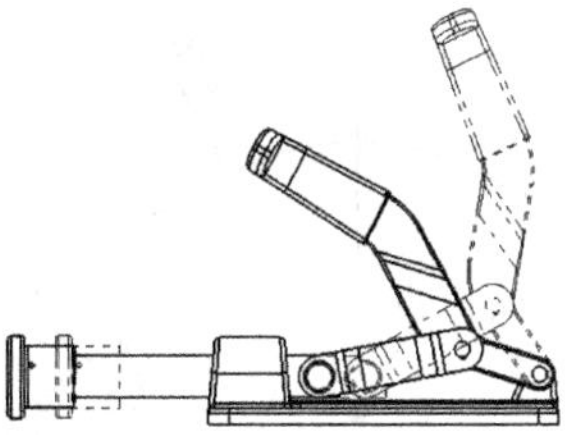
(23) 重复以上步骤继续作交替位置视图	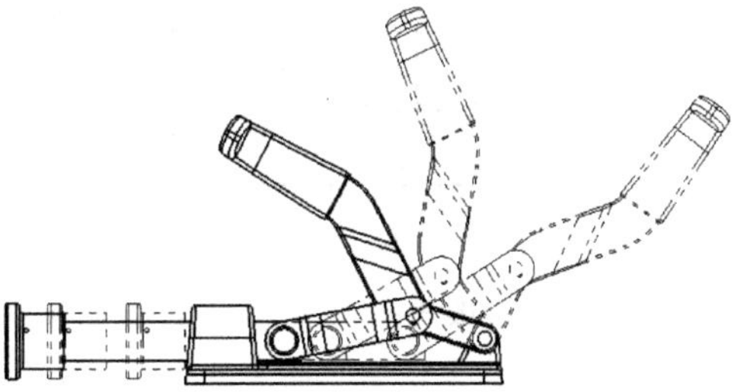

本任务结束!

习 题

【学习要点】

一、草图绘制基本功

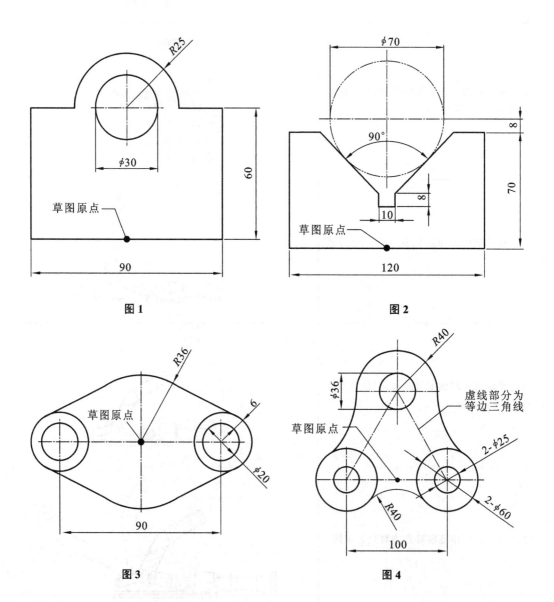

图 1

图 2

图 3

图 4

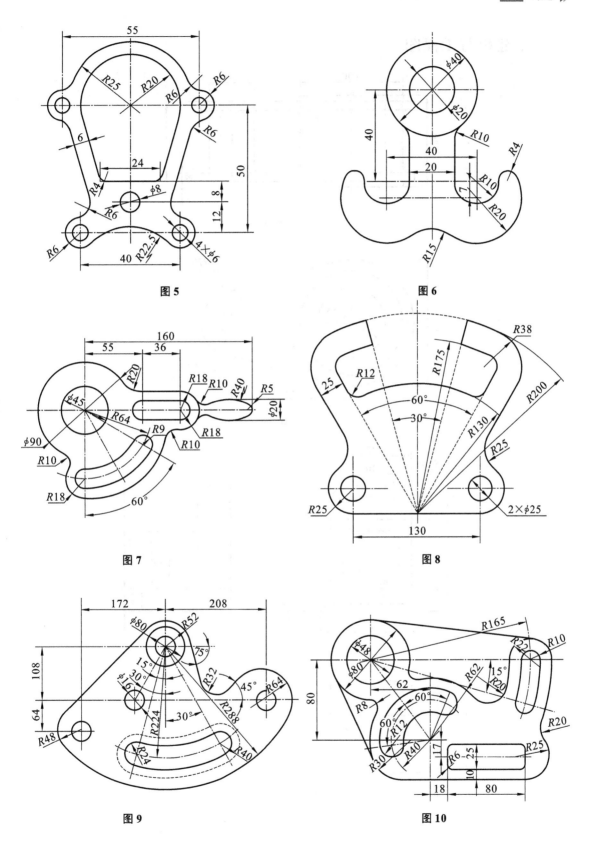

图 5

图 6

图 7

图 8

图 9

图 10

二、建模与工程图

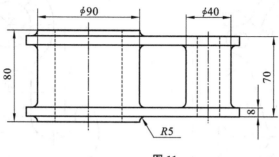

图 11

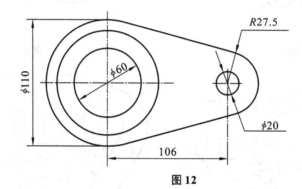

图 12

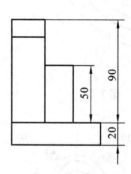

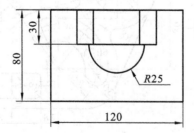

图 13

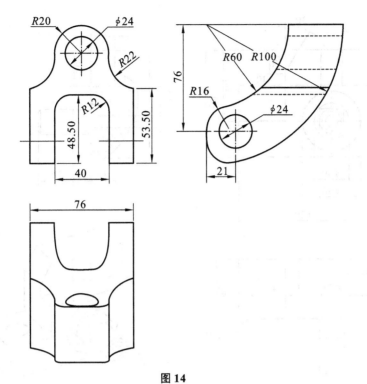

图 14

图 15

图 16

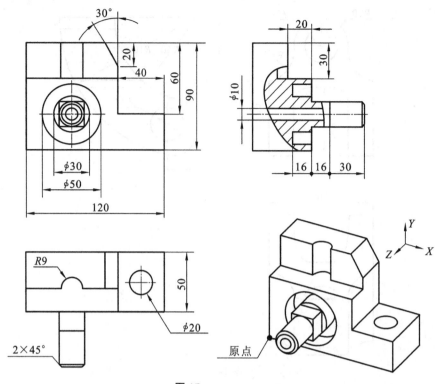

图 17

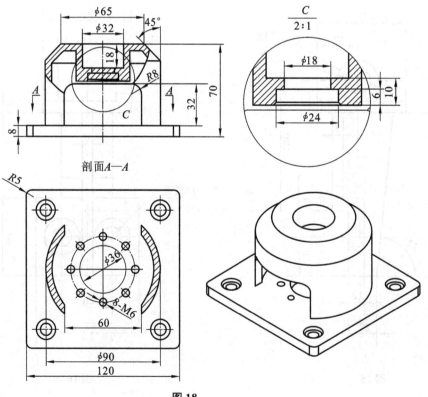

图 18

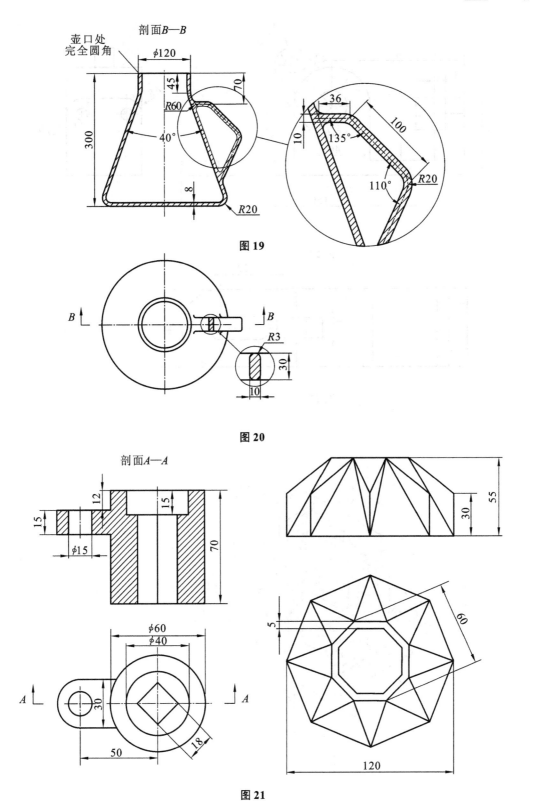

壶口处
完全圆角

剖面B—B

图 19

图 20

剖面A—A

图 21

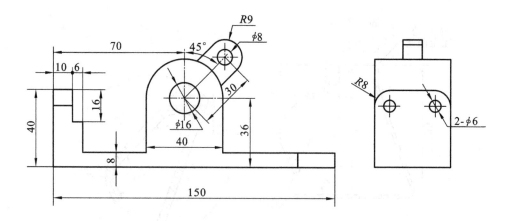

图 22

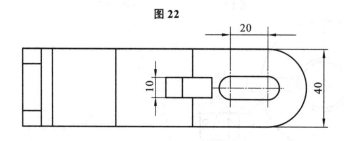

图 23

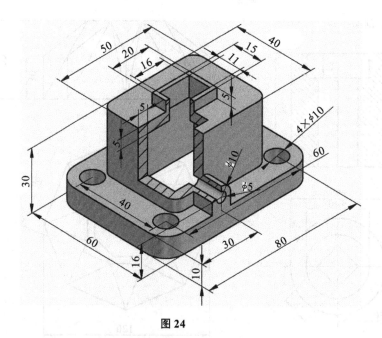

图 24

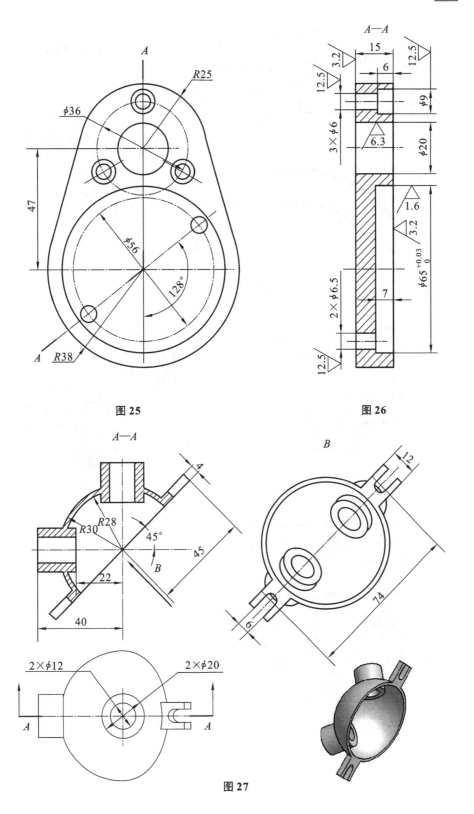

图 25

图 26

图 27

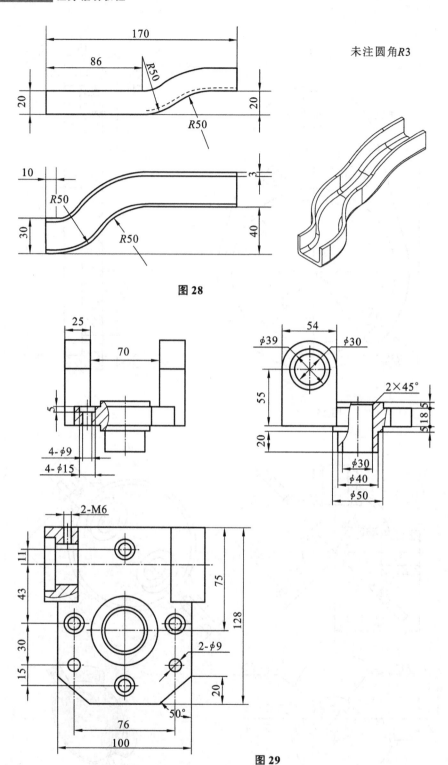

未注圆角*R*3

图 28

图 29

未注圆角R2~R6

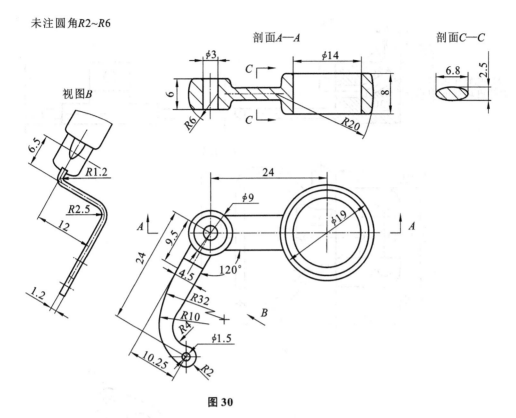

剖面A—A

剖面C—C

视图B

图30

未注倒角2

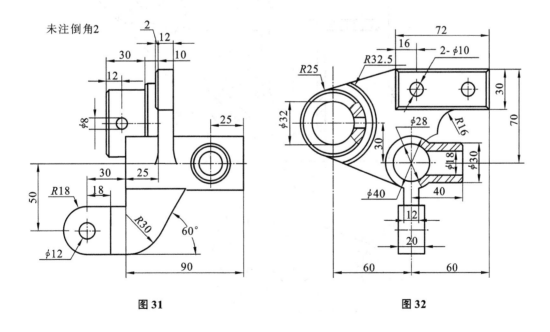

图31

图32

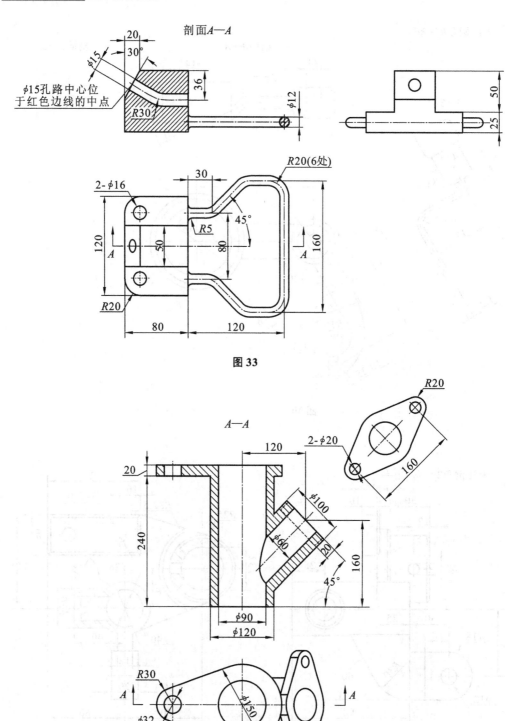

图 33

图 34

三、装配

> 台虎钳

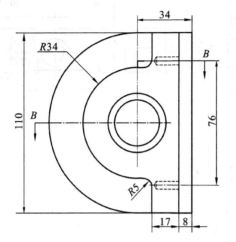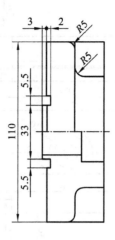

图 35

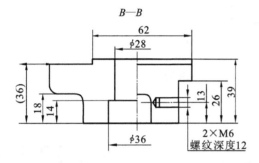

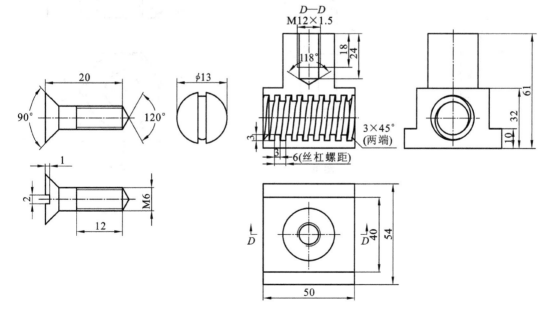

图 36

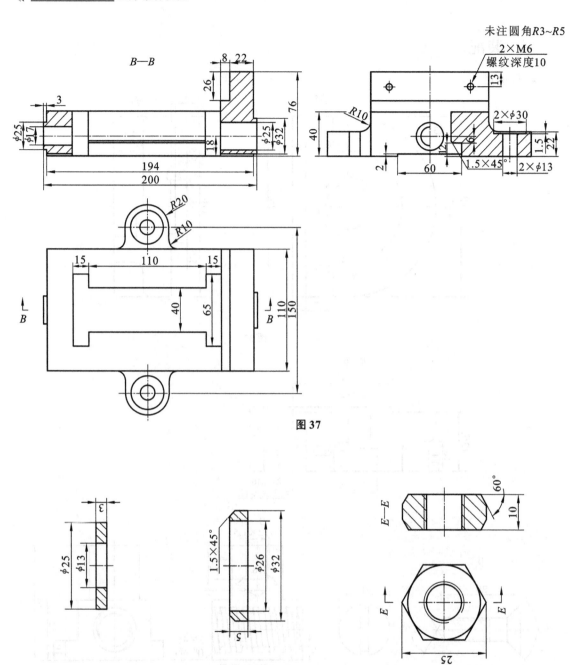

图 37

图 38　　　　　　图 39　　　　　　图 40

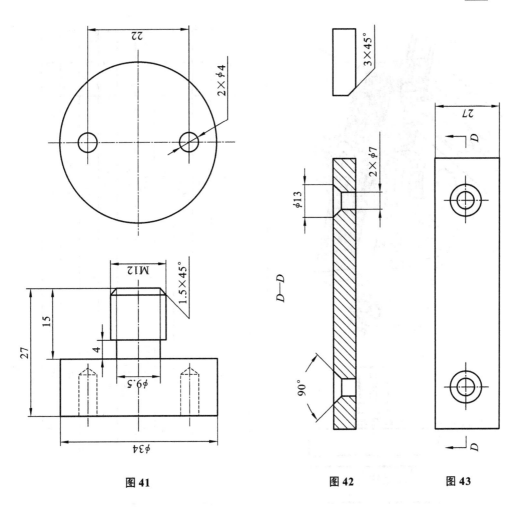

图41　　　　　　　　　　图42　　　　　图43

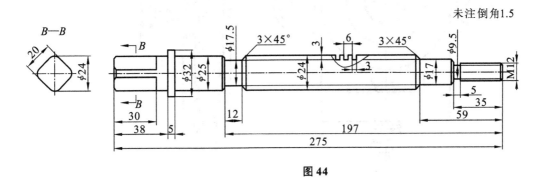

图44

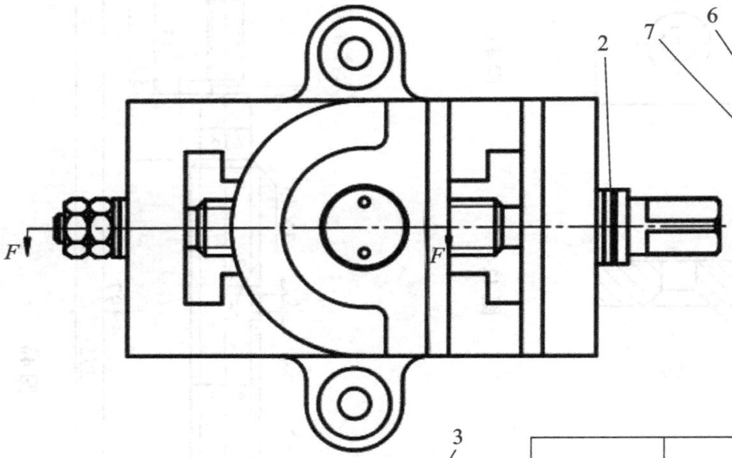

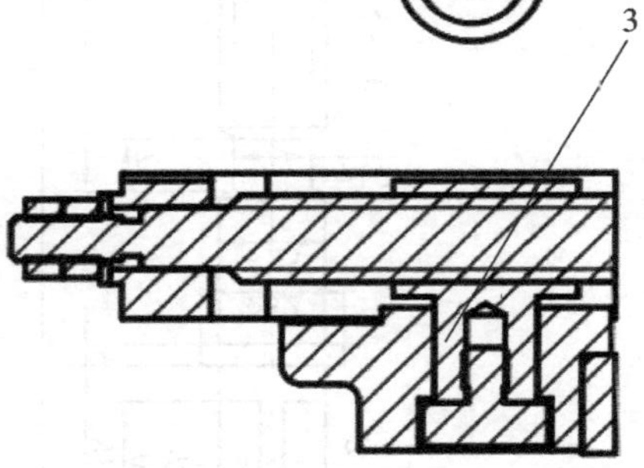

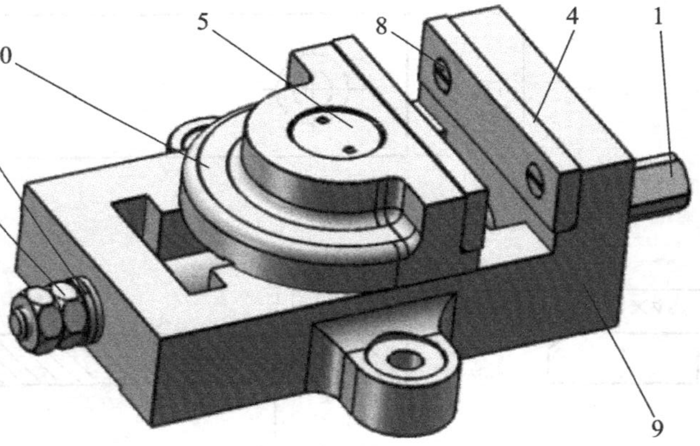

项目号	零件号	说明	数量
1	丝杠	Q275	1
2	垫圈	Q235	1
3	滑块	Q235	1
4	钳口	Q235	2
5	圆螺丝钉	Q235	1
6	垫圈1	Q235	1
7	螺母	Q235	2
8	锥螺丝钉	Q235	4
9	虎钳底座零件图	HT150	1
10	动掌	HT150	1

图 45

$$\frac{F—F}{1:2}$$

➢ 钣金组合件

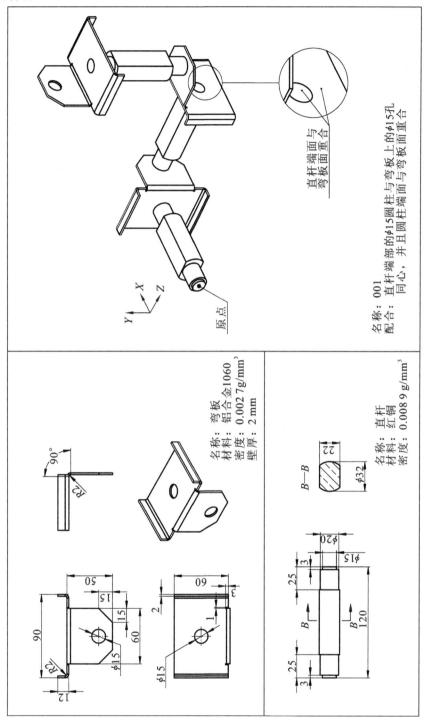

图 46